U0594261

矿井热害防治与供暖创新技术

王占银　倪少军　陈明辉　编著

吉林科学技术出版社

图书在版编目（CIP）数据

矿井热害防治与供暖创新技术 / 王占银，倪少军，陈明辉编著. -- 长春 : 吉林科学技术出版社，2019.8

ISBN 978-7-5578-5874-2

Ⅰ. ①矿… Ⅱ. ①王… ②倪… ③陈… Ⅲ. ①矿井－热害－防治－高等学校－教材 Ⅳ. ① TD727

中国版本图书馆 CIP 数据核字 (2019) 第 167283 号

矿井热害防治与供暖创新技术

编　　著　王占银　倪少军　陈明辉
出 版 人　李　梁
责任编辑　杨超然
封面设计　刘　华
制　　版　王　朋
开　　本　185mm×260mm
字　　数　340 千字
印　　张　15.25
版　　次　2019 年 8 月第 1 版
印　　次　2019 年 8 月第 1 次印刷

出　　版　吉林科学技术出版社
发　　行　吉林科学技术出版社
地　　址　长春市福祉大路 5788 号出版集团 A 座
邮　　编　130118
发行部电话 / 传真　0431—81629529　81629530　81629531
81629532　81629533　81629534
储运部电话　0431—86059116
编辑部电话　0431—81629517
网　　址　www.jlstp.net
印　　刷　北京宝莲鸿图科技有限公司

书　　号　ISBN 978-7-5578-5874-2
定　　价　65.00 元

版权所有　翻印必究

编委会

主　编

王占银　国家能源集团宁夏煤业公司麦垛山煤矿

倪少军　国家能源集团宁夏煤业公司麦垛山煤矿

陈明辉　国家能源集团宁夏煤业公司麦垛山煤矿

前　言

近年来，我国经济飞速发展，能源问题成为一大焦点，虽然我国地大物博，矿产储量丰富，但随着人口的剧增，现代工业城市的发展，对能源的需求也与日俱增。而矿山开采速度和开采深度的不断加大，致使热害问题凸显，产生诸多不利影响。解决矿井热害与供暖创新问题，改善井下工作环境是保证矿井安全生产的必要条件，同时也只有这样，才能更好的提高劳动效率，使矿井多产、稳产。

本书共分为理论与实践两大部分，第一部分主要研究了矿山供电、运输、安全、供暖技术与热害等方面的一般规律与方法，第二部分以麦垛山矿井为例，对其概况、井下局部降温、副立井风换热的方方面面进行阐述说明，有理有据，为我国矿井安全生产与技术创新提供理论指导与支持。

目　录

第一章　绪　论

第一节　矿井机电运输现状与安全管理对策

机电运输安全管理是采煤工作开展的前提，也是提高煤矿开采质量的重要保障。企业只有不断转变管理思路，才可以更好地实现经营目标。因此，在实际生产过程中，煤矿企业领导人要不断地提高安全生产意识，要加大机电设备维修力度与专业人才培养力度，从而为煤矿企业安全管理打下坚实的基础。

一、我国煤矿机电运输安全管理问题

近些年，我国煤矿开采需求不断增大，同时也使得煤矿机电运输安全事故概率增大，这不仅增加了企业的经营风险，同时也给煤矿工作人员的生命安全带来一定威胁。为了更好的降低煤矿企业安全事故概率，加强煤矿机电运输安全管理成为现阶段煤矿企业面临的重要难题。这里就几种常见问题进行分析:

（一）煤矿管理人员缺乏安全生产意识

经济与城市化建设速度加快，使很多企业领导者将工作重心放到了企业的经营效益上，而忽视了安全管理对企业发展的重要性。现阶段，我国煤矿行业普遍存在安全生产意识淡薄，生产质量低下等现状，造成这一现状的主要原因在于，煤矿企业领导者缺乏安全生产意识，企业为了更好地追求企业经济效益，不停加大开采规模，这种情况下就会导致原有机械运输设备不能满足过大的开采需求而引起机械故障的问题发生。其次，煤矿机电运输时，操作人员的安全操作意识与设备管理意识淡薄，导致机电运输管理趋于形式化、流程化，严重影响了机电安全管理工作的正常推进。

（二）技术人员的专业水平低下

现阶段，我国很多煤矿企业管理人员与技术人员文化程度较低，部分人员甚至没有专业技术资格证。但在实际生产管理中，企业为了加快开采量，一般会在员工下矿时进行为期较短的技术培训，短时间的技术培训根本不能让员工掌握设备操作的全部知识，因此，这些人员下井之后就很容易出现机电设备操作失误等情况。机电运输设备与其他设备不同，

它具有较高的危险性，需要大批量高知识、高技能人才进行专项操作。尤其是近年来，一些新型机电运输设备的投入，使得机电运输设备的操作更加快速地步入信息化，如果使用一些非专业人士进行操作，这不仅严重违反了煤矿机电运输设备安全管理规定，同时也会增加煤矿开采的危险性，给矿井下工作人员生命安全造成一定的威胁。

（三）机电运输设备过于老化

煤矿开采环境复杂，如果设备过度老化，势必会给企业和个人带来较大的威胁。当前对我国大部分煤矿企业而言，机电运输设备如果不是出现重大运行故障是不会轻易被更换的。因此，很多企业仍采用原来较为老化的机电运输设备进行煤矿开采。但实际中这些设备的运行效率较差，且煤矿开采质量与运输速度较慢，如果长时间使用下去会造成很大程度上的资源消耗。最新资料显示，设备带病工作或过度老化已被国家列入到煤矿设备淘汰目录里，因此，企业要不断对老化设备进行检修与更换，从而提高机电运输设备的使用效率。

（四）缺乏完善的安全管理制度

完善的管理制度是企业长远发展的保障，尤其是针对煤矿行业而言，煤矿行业的特殊性也决定其管理制度的严格性。但在实际生产中，这里发现我国很多企业内部并未建立完善的安全管理制度，有的企业甚至在施工操作上违背国家相关规定，导致安全管理制度形同虚设。管理制度不完善会导致煤矿企业内部管理混乱，会给整个煤矿开采与机电运输管理带来一定的危害，甚至严重影响着煤矿行业的整体稳定。

二、煤矿机电运输管理的对策

（一）加强煤矿企业安全管理意识

首先，煤矿企业必须转变管理思路，要明白机电运输设备在每个煤矿开采环节的重要性。其次，企业加强机电设备安装流程监督，要最大限度地减少煤矿机电运输设备安装过程中的质量问题。其二，要企业在转变管理意识的同时，还要加强煤矿基地勘察，要根据矿井实际情况选择适合矿井本身的机电运输设备，从而提高煤矿开采工作效率与安全质量。其三，要借助现代化的科学技术与信息手段，完成煤矿采集信息收集与汇总。最后，企业还要加强施工过程中人的安全管理意识培养，从而实现机电运输设备经营效益最大化。

（二）加强安全管理制度建立与完善

在实际煤矿开采过程中，完善的安全管理制度不仅可以提高煤矿生产质量，同时还可以更好的规范操作流程。因此，煤矿企业要不断地学习国家相关法律法规与制度管理条例，从而制定一系列适合本企业自身的安全管理制度，以此来提高煤矿工作人员的自我约束力。除此之外，煤矿企业还要将安全管理制度贯穿到煤矿施工的每个环节，以便提高各部门之间的执行力度。最后，煤矿施工人员要根据实际施工情况做好相关制度调整，煤矿所处环境不同，安全管理制度的实施情况也就有所不同，企业一定要根据自身发展做出合理调整，这样做的目的是为了更好地推进安全管理制度的施工。

（三）提高机电运输管理人员的专业素质与技能

机电运输人员专业技术的好与坏会直接影响煤矿开采工作的顺利开展。首先，企业要定期组织基层员工进行机电运输管理技能培训，以便提高专业人员的整体素养。其次，企业要通过组织人员进行机电安全事故演练来提升员工处理突发事故能力，从而有效提高员工的处理能力。最后，企业还要聘请专业技术人员到企业进行技术指导，使企业内部员工更好地学习国外或企业优秀企业的先进技术水平与管理水平，从而最大意义上的提高本企业机电运输管理人员的专业素质与技能。

（四）加大机电运输设备的检修与更新

机电设备经过长时间使用都会出现零部件老化或脱落等现象，这些现象一旦处理不及时就会引发大规模安全事故发生。因此，在日常生产中，企业一定要设置机电运输设备检修部门对所有机电设备的运行状态进行检修。同时还要对老化设备进行更新，做好设备定期维护工作以便延长机电设备的使用寿命。其次，要借助现代化的技术手段，对设备故障进行系统排查，及时发现设备问题，以便做好应急处理预案，增加企业实际经营效益。

（五）加强井下用电系统的安全管理

煤矿开采一般在地质条件较为恶劣的矿井下，机电运输设备的电路设置是保证井下正常施工的前提，因此，要格外重视。首先，企业要安排专业进行井下电路搭建，同时还要不定期地对现有线路运输情况进行检查和维护，以便保证线路的正常使用。其次，还要加强井下用电系统的安全管理，要定期组织人员进行专业学习，并做好电力系统优化，以便有效提高机电运输安全管理质量。

第二节　矿井热害与防治技术

一、矿井热害定义与类型

（一）定义

矿井内环境气温超过人体正常热平衡所能忍受的温度，导致劳动效率降低，事故频率增加，健康受损，甚至中暑休克。

（二）类型

中国矿井热害的类型有：

1. 正常地热增温型矿井热害，矿床一般分布在地热正常区，矿井温度随着开拓深度的增加而逐渐升高。

2. 异常地热增温型矿井热害，除一部分在区域地热异常区出现外，多数出现在局部地热异常区。这类矿区，当开采深度不大时（常在 500 米深度以内）即在井巷内出现高温。如安徽省罗河铁矿在 - 700 米水平，岩温高达 38℃ ~ 42℃。

3. 热水地热异常型矿井热害，主要是由深循环地下热水造成的。渗入地下深部加温后沿断层裂隙带上升的热水，沿裂隙进入矿井造成热害。由于热水流速快、水量大，常常造成热水淹井事故，矿井气温很快升高。

4. 煤炭或硫化物氧化型矿井热害。划分矿井热害类型的目的在于勘探预测矿床在井下开采时可能出现的矿井高温、矿井热害以及根据所划分的类型来设计治理矿井热害的措施。此外，机电设备生热和入风气温过高也可成为热源。

（三）致应

据南非金矿统计，从 1956 ~ 1961 年，在湿球温度 32.8℃ ~ 33.8℃下工作的工人，千人中暑死亡率为 0.57。影响人体热平衡的气候条件是温度、湿度和风速。各国对合适劳动环境的小气候进行了大量研究。除了较早采用的干球温度和湿球温度外，还先后提出了各种指标，如干、湿卡他 (Kata) 度（冷却度）、等价温度、实感温度、热力指数等，力求用某一综合性指标来确切反映劳动的适宜温度和湿度等。中国矿山仍以干球温度为指标，并规定井下工人作业地点的气温不得超过 26℃。

二、矿井热害的成因与影响

（一）矿井热害的成因

1. 地面大气温度的变化

井下的风量一部分是由地面风流流入煤矿内部供应的。众所周知，地面大气的温度是随季节做周期性变化的，夏季气温高，冬季气温低，甚至一天之内气温都有较大的波动。这种气温的周期性波动，对井下的气温有直接的影响。对于原岩温度在 28℃以上的矿井，巷道围岩调节圈对夏季风温的调节作用随着原岩温度的升高而减弱，还会出现季节性热害现象。

2. 围岩温度

围岩温度随着开采深度的加大呈线性增加，当流入巷道的风流与围岩存在温差时，两者之间就会产生热量传递。围岩的传热主要取决于围岩与风流之间的温度差和传热系数的大小，由于围岩受地热影响，温度高于井巷风流，对流换热过程中把一部分热量传给风流，使风温上升，且风流滞留时间越长，通风距离越远，换热现象也越显著。

3. 井下物质的氧化生热

煤矿中具有自燃倾向性的煤炭自开采后呈破碎状态，与空气接触，自身发生物理化学变化，氧化放出的热量也是使井下气温升高的一个重要原因，当散热较多时，甚至会引发煤炭的自然发火，造成矿井火灾。除此之外煤岩以及其他有机物的缓慢氧化，井下爆破作业等均会导致矿井气温的升高，高温热害的形成。

（二）矿井热害的影响

1. 影响作业人员的身体健康

人体的热平衡主要通过皮肤表面与周围空气的对流、辐射和蒸发散热，其中对流和辐射的效果主要取决于空气的温度，蒸发散热取决于相对湿度和流速。在矿井深部高温环境中，汗液蒸发是煤矿工人最主要的散热方式。随着深井气温的升高，环境呈高温状态，人体蒸发散热较慢，直接导致体温升高。若作业人员长期在高温环境中工作，将会使人的各项身体机能下降，轻则注意力分散，精神恍惚，严重时会给人的神经系统带来损伤，诱发各种疾病。

2. 影响煤矿的生产效率

当煤矿工人长期在高温环境中作业时，由于受气温的影响，精神状态不佳，易产生疲劳现象，肌肉的活动能力也会显著下降，这些都会导致生产效率大大降低。科学研究表明，当井下作业地点的气温高于人体体温时，每超出 1℃，工人的作业效率会下降 7% ~ 10%，当作业地点的温度超过 30℃时，事故的发生概率是温度低于 30℃时的 1 ~ 1.5 倍。《煤矿安全规程》规定生产矿井采煤工作面温度超过 30℃，机电设备硐室温度超过 34℃时，必须停止作业，撤出人员，采取措施，进行处理。

3. 瓦斯异常突出

一般认为，瓦斯在煤中的吸附属于单层物理吸附，温度升高，瓦斯解吸速度加快，瓦斯分子活化能升高，脱离煤的表面成为游离瓦斯分子。游离瓦斯分子大量积聚导致井下瓦斯浓度升高。在瓦斯应力和地应力的综合作用下，煤与瓦斯突然向采掘空间大量喷出，这种现象称为煤与瓦斯突出。发生煤与瓦斯突出时，采掘工作面的煤壁将遭到破坏，大量的煤与瓦斯将从煤层内部以极快的速度向巷道或采掘空间喷出，充塞巷道。同时此过程中还伴有强大的冲击力，将摧毁巷道设施，破坏通风系统，严重时，还会发生风流逆转，造成人员窒息；发生瓦斯爆炸、燃烧及烟流埋人事故。

三、防治矿井热害的措施

（一）非人工制冷降温技术

1. 通风降温

通风降温是通过加大井下的通风量来达到降温的目的，通过此种途径处理高温具有较好的效果。煤矿实际生产中，可通过以下几种通风措施降低温度。

（1）选择合理的通风系统：应尽可能选择进风路线长度较短的矿井通风系统，合理优化通风方式，进风路线越长，风流与围岩的接触越多，传热越多。一般而言，采用分区式通风可以缩短进风路线长度。

（2）采用下行通风方式：采煤工作面上部水平的围岩温度较低，新鲜风流从上部水平流入，与围岩之间传热获得的热量较少，使进风流温度较低。待新鲜风流到达采煤工作面时，工作面温升较低。

（3）加强通风管理：必须具有独立、完整的矿井通风系统。生产矿井必须采用机械通风，必须同时安装两台主通风机。矿井主要通风机必须在合理工况范围内运行，运行效率不得低于60%，风压不得高于最高允许风压的90%。

2. 煤层注水降温

开采之前利用钻孔将低温水注入煤体中，注水后，低温水通过压差、渗透、毛细作用进入煤层的各个部分充满整个煤体。使得煤体的含水量、导热系数和热容量增大，煤体的温度不易升高，同时由于水具有较大的比热容和汽化潜热，对矿井降温是十分有利的。

3. 个体防护

在井下的某些工作地点，气候条件较为恶劣，由于技术或经济上的原因采取其他降温措施难以达到理想的效果，这时可以采用让作业人员穿上冷却服的方法来实现个体防护，维持身体热平衡。冷却服可有效避免高温环境对人体的辐射和对流传热，同时具有吸收热能，将人体与高温环境隔绝的功能。

（二）人工制冷降温技术

1. 空气压缩制冷降温

空气压缩制冷降温是利用压缩空气作为制冷装置的工质，通过一级或多级压缩，把湿空气压缩到高压状态，向需冷工作面喷射冷气制冷，其吸热及放热过程均为定压过程。

2. 人工制冷水降温

目前，当采用通风降温技术不能有效降低矿井温度时，采用最多的是蒸汽压缩式制冷降温技术。按照制冷机组在井上、井下的安装位置不同，蒸汽压缩式制冷降温系统可分为：井下集中式、地面集中式、井上下联合式、分散式四类。实践证明，地面集中式和井上下联合式在经济方面具有优越性。自 20 世纪 70 年代蒸汽压缩式制冷降温技术出现以来，其发展迅猛，制冷技术不断成熟，已成为矿井降温的主要手段。

3. 人工制冰降温

人工制冰降温技术是通过地面制冰厂制取的颗粒状冰或泥状冰在风力、水力等动力下或依靠自身重力由垂直输冰管道输送到井下的融冰装置中，形成 0℃左右的水，再由供水管道送至需冷工作面，达到治理热害的目的。人工制冰降温系统包括三个主要组成部分：冰的制备、冰的溶解和冰的溶解，其中冰的融化是制冰降温系统中一个至关重要的环节，但目前这种技术还很不成熟，具有较大的发展空间。

第三节 绿色矿山建设创新技术

一、开采绿色化

煤炭资源的开采在带来经济效益和社会繁荣的同时，也造成了环境的污染和资源的浪费。近年来，孙村煤矿按照建设资源节约型、环境友好型企业要求，坚持“黑色煤炭、绿色开采，高碳产业、低碳经济”，通过加强技术创新，实现了变废为宝，改善了矿区环境面貌。

（一）消灭“废渣”，开发矿山“绿色开采”的新技术

根据集团公司“以矸换煤”的总体思路和部署，按照“矸石不转移、矸石不升井、矸石不上山”的要求，在浅部采区建立似膏体自流充填系统，将矸石破碎，与粉煤灰、水泥按照一定比例混合搅拌后，形成膏体通过管道自流输送至工作面采空区进行充填。在充填过程中，对工作面采用仰采布置，并采用沿空留巷支护技术，提高了充填效果，月充填量达到了 1.5 万吨以上，充填密实度达到了 96%以上。似膏体矸石充填技术填补了国内煤炭开采史上的空白，获得了国家专利技术。该技术从物料添加、混合、搅拌到输送全部采用自动化控制，具有用人少、充填速度快、运行可靠、似膏体滤水率低、充填密实度高等特点，从根本上解决了矸石山占地带来的环境污染的问题，减少了地表下沉。同时，消除了采空区自燃发火、老空水、底板水及有害气体等各类隐患，实现了只掘一条回采巷道开采一个采区的设想，提高了资源回收率。在深部采区建立原生矸充填系统，并建立一套煤矸分时分运系统，消化各地点产生的原生矸，实现了矸石不升井。目前，在 11121 工作面采用高档普采、见六回三充填方式进行开采，日充矸量达到了 400 吨、生产能力 1.2 万吨 / 月以上。创新实施似膏体矸石充填和原生矸充填系统以来，累计实现以矸换煤 85.1 万吨，矸石充填量 96.2 万吨，盘活资源量 300 多万吨，采区回收率达到了 95%，在解决环境污染的同时，提高了经济效益。

（二）转化“废风”，开启废弃物“造福社会”的新途径

矿井开采到 - 1100 水平后，围岩温度达到了 45℃ ~ 48℃，回风井回风温度在冬季也保持在 22℃左右，矿井水温度夏季在 24℃左右，冬季保持在 20℃左右。乏风排放到空气中不但会造成空气的污染，更造成热量流失。为充分利用地热，减少环境污染，自主研发了水源热泵系统，利用喷淋换热方式提取回风中热量，取代传统的燃煤锅炉满足立井井口冬季供暖、夏季降温的要求。用喷淋设施回收回风井热能技术开创了矿井热能回收利用的先河，消除了燃煤锅炉带来的煤炭消耗和二氧化硫、烟尘等有害气体排放，年创经济效益 200 多万元。

（三）利用“废水”，创造资源“增收节支”的新亮点

矿井开采到 -1100 水平后，每年将排放矿井水 120 万吨左右，不仅造成水资源流失，而且污染自然水体。2007 年，投资 1146 万元采用国际上最先进的反渗透处理工艺，自主研发了一体化水处理系统，对通过千米立排管路排至地面的矿井水进行综合处理。该技术具有技术先进、占地面积小、自动化程度高、处理量大、处理效果好等特点。经处理后的矿井水，水质直接达国家一类水标准，除可直接饮用外，供开发区工业园工业用水，年节约排污费 43.8 万元。2011 年，投资 1140 万元建成了华源矿井水处理系统，对华源三立井排水进行综合处理，实现了达标排放。

二、技术产业化

（一）科学技术是第一生产力

按照产业化发展的思路，积极将技术成果做成产业，实现了技术成果向生产力的转变，成为我矿技术创新和经济发展的一大亮点。

（二）似膏体矸石充填技术产业化

以拥有一项发明专利、六项应用专利为基础的似膏体矸石充填技术为核心竞争力，成立了泰安新业建材有限公司，在做好本矿似膏体矸石充填服务的同时，承揽集团公司内外矸石充填业务。公司自 2008 年成立以来，先后承接了河北峰峰集团通顺煤矿、辽宁铁法集团大明煤矿、沈煤集团西马煤矿、辽宁焦煤集团林盛煤矿等矿井矸石充填项目，工程总造价达到了 1.4 亿元，分别建成了当地矸石充填的示范项目，提升了新矿集团似膏体矸石充填的形象。

（三）井下降温技术产业化

以冰冷低温辐射降温技术为依托，成立山东新雪矿井降温科技有限公司，建成了全国煤矿制冷降温研发专业化公司，并通过了“省级高新技术企业”认证，成为国内最大的矿井集中降温业务和产品研发基地。目前，公司拥有十几项国家新型实用专利技术，并自主研发了 P60.0t 型片冰机、LS 型螺旋送冰装置、MK 系列空冷器、高低压换热器、井下局部降温机等矿井降温专用产品，先后完成了集团公司内部以及山东、河南、辽宁等十几个省份、几十家煤矿的制冷降温项目，成为井下制冷降温市场上的名牌企业。

（四）矿井自动化技术产业化

借鉴先进企业的成功思路，并借助高新技术优势，以发展矿井自动化技术为目标，打破本地注册公司的传统思想，在济南高新技术开发区成立了华腾自动化专业化公司。近年来，公司除承担集团公司内部矿井自动化改造项目外，先后在内蒙古、新疆、辽宁、沈阳、

陕西、四川等省市建立矿井综合自动化系统，抢先占领了市场，实现了快速发展。今年又承办了山东能源调度指挥中心大屏幕、大型LED综合显示系统、电子商务中心系统等自动化项目，同时，自主研发的综合物联网应用平台项目正在国家安标中心进行评审。

（五）矿井水处理和乏风利用技术产业化

成立矿井水处理厂，生产“千米纯”品牌的瓶装和桶装饮用水，产品远销潍坊、烟台等地。以新雪公司和华腾公司为主体，不断完善改进矿井乏风利用技术，先后为集团公司内外等十几家煤矿建成了乏风利用项目，为非煤产业增添了新的经济增长点。

三、创新系统化

创新是企业发展的不竭动力，也是建设“绿色生态矿山”的关键。孙村煤矿之所以能够自主创新似膏体矸石充填、乏风利用、矿井水综合处理等一大批先进技术，关键在于建立完善了一套系统而有效的创新机制，形成了全员创新的氛围，激发和调动了各级技术人员知难而进的创新积极性，从而破解了一项又一项难题。

（一）建立三级创新保障体系

成立了以总工程师为首、各专业副总和基层技术人员为一体的三级创新管理保障体系，制定了创新项目立项、实施、评议、奖励“四位一体”的管理办法，形成了一条从难题攻关、自主创新、成果共享、产业化发展的路子，建立了横向到边、纵向到底、政策灵活、运作规范的科技创新体系，形成了人人争先，竞相参与的新格局。

（二）完善科技创新管理制度

不断完善科技创新组织机制、考核机制、激励机制，从课题立项、申报、实施到最后验收实行全过程监督、考核，并在孙煤网站上公布，实现了创新规范化、程序化运作。

（三）实行创新考核激励机制

每年企业拿出200多万元奖励有贡献的科技创新人员，并对科技创新带头人奖励小轿车，开创了集团公司的先例。同时将技能人才纳入创新体系管理，每年拿出60万元专门奖励在技术比武中的获奖选手。建立工人专家库、设立首席技师、成立大学生班组长和机电工等一系列的措施，激发了各类人才干事创业的激情，为经济发展提供了强有力的技术支撑和人才保证。

第二章　矿山供电

第一节　矿井供电系统

一、矿井供电系统概述

由矿井的各级变电所、各电压等级的配电线路共同构成了矿井供电系统。对矿井的供电系统，一般采用两种典型的方式：深井供电系统、浅井供电系统和平硐供电系统。

（一）基本要求

电力是煤矿的主要能源，为确保安全供电和生产，煤矿对供电有四个要求：

1．供电安全

供电安全包括人身安全、矿井安全、设备安全三个方面。

2．供电可靠

供电可靠是指不间断供电。根据负荷的重要程度，煤矿电力负荷分为三类，各类负荷对供电的可靠性要求不同，采取的供电方式也不同。

3．供电质量

供电质量是指供电电压、频率基本稳定为额定值。我国煤矿一般要求电压允许偏差不超过额定电压的 ±5%，频率允许偏差不差过 ±(0.2 ~ 0.5) 赫兹。

4．供电经济

供电经济是指矿井供电系统的投资、电能损耗及维护费用尽量少。这就要求合理的确定供电系统，优选质量高、损耗少、价格低的系统设备，但是必须在满足上述三个要求的前提下，尽量保证供电的经济性。此外，考虑到以后的发展，在煤矿供电设计时还应留有扩建的余地。

（二）电力负荷分类

一类负荷：凡因突然停电可能造成人身伤亡或重要设备损坏或给生产造成重大损失的负荷为一类负荷。如主通风机、提升人员的立井提升机、井下主排水泵、高瓦斯矿井的区域通风机、瓦斯泵以及上述设备的辅助设备等。对一类负荷供电必须有可靠的备用电源，一般由变电所引出的独立双回路供电。

二类负荷：因突然停电可能造成较大经济损失的负荷为二类负荷。生产设备多为二类负荷，如非提升人员的主提升机、压风机以及没有一类负荷的井下变电所等。对大型矿井的二类负荷，一般采用具有备用电源的供电方式。

三类负荷：不属于一、二类负荷的所有负荷都属于三类负荷。如生产辅助设备、家属区、办公楼、机修厂等。对三类负荷供电的可靠性没有要求，可采用一条线路对多个负荷供电，以减少设备投资。

（三）矿井电压等级

目前，我矿使用的供电电压为：

10KV 地面变电所的电源电压。

6KV 大型设备的主要动力用电电压及下井电压。

1140V 综采工作面的常用动力电压。

660V 井下采掘运输等设备的动力用电电压。

380V 地面低压动力用电电压。

220V 地面照明或单相电器的用电电压。

127V 井下煤电钻、照明及信号装置的用电电压。

36V 矿用电器控制回路常用电压。

（四）供电系统类型

1. 深井供电系统

适用矿层埋藏深、倾角小，采用立井和斜井开拓，生产能力大的矿井。如右图 6kV 高压电能从矿井地面变电所母线引出，先由沿井筒敷设的铠装电缆送至井下主变电所，再送到采区变电所或移动变电站降压，得到 660V 或 1140V 低压电，然后经过采掘工作面配电点，向采掘机械等设备供电。

2. 浅井供电系统

对矿层埋藏不深（距地表 100m ~ 200m 内）的情况，处于经济和运行方便的考虑，一般采用浅井供电系统。

（1）对于采区距井底车场较远（>2km）、井下负荷小、涌水量不大的矿井，可经架空线路，将 6kV ~ 10kV 高压电由地面变电所送至与采区位置相应的地面变电亭，再降压至 380 或 660V，再沿钻眼送至井下采区变电所。

（2）当采区负荷小而井底车场负荷大时，对井底车场的供电，可沿井筒敷设高压下井电缆供电；对采区的供电，可沿钻眼敷设低压电缆提供。

（3）对采区巷道很长、负荷又大，为保证正常电压，可经高压架空线路，将电能送至与采区对应位置的配电点，沿钻眼敷设高压电缆，向井下采区变电所供电，再由该变电所降压，向工作面提供低压电力。

二、煤矿矿井供电系统安全

煤矿井下生产安全一直是社会较为关注的话题，矿井供电系统安全性不足，会成为严重隐患，威胁井下作业安全。因此，有必要探究矿井供电系统安全影响因素，采取技术措施提高供电系统安全性。

（一）供电系统安全问题分析

1. 矿井供电系统问题

（1）变压器容量不足

影响变压器容量不足的最主要因素有两个：①设计问题，变压器设计容量不足；②在实际使用过程中违规加载，使变压器超负荷使用，使变压器温度升高，而变压器的绝缘性能则降低，容易发生短路，导致变压器毁坏，进一步引发矿井事故，甚至还可能会发生火灾。煤矿矿井中有大量瓦斯，一旦遇有明火，就会严重威胁矿井安全。

（2）供电系统供电回路问题

一般情况下，通过采用双回路供电方式来保证煤矿井中供电系统的安全性。双回路拥有两个相互独立的供电电源，如此便可确保当一个回路产生故障时，另外一个回路则能继续供电，这种供电方式会对煤矿井中供电系统的可靠性产生积极影响，如果不利用双回路方式供电，若当回路中发生故障中断供电，就会使煤矿井下的通风机及水泵等暂停工作，很容易发生安全隐患，引发矿井安全事故，危害矿井作业人员生命安全。

（3）设备保护不完善

根据国家有关规定，矿井中使用的电气设备必须拥有齐全的保护设计。而在实际工作过程中，因为矿井工作人员安全意识淡薄，经常为图一时方便而违规操作，经常发生甩保护与甩保险现象，这就会为矿井中供电系统安全带来很大隐患，无法确保矿井下作业人员的安全。

2. 电气火花事故

矿井中使用的电气设备，必须拥有防爆功能，否则一旦产生电火花，将会引起瓦斯爆炸，引发重大安全事故，严重危害人民群众的生命及财产安全。引发矿井下安全事故的原因主要有以下几个方面：（1）电气设备不规范使用产生电气火花；（2）电力电缆经常在潮湿环境中使用或超负荷使用会形成短路产生电气火花；（3）电气设备相关使用人员不规范操作引起电气火花；（4）另外由于其他因素引起的电火花。总而言之，为了煤矿行业安全发展，电火花是绝对禁止的，必须作为重点，严防死守，确保煤矿井下供电安全。预防电火花、预防瓦斯超限作为煤矿井下安全生产管理的两大重点内容，必须高度重视。

3. 设备超载运行

一些矿场只顾追求高收益而致使电气设备超负荷使用，长期超负荷使用，不仅电气设备容易产生故障，还会大大缩短电气设备的使用寿命，更甚者会引发系统短路，产生火灾等。

（1）谐波

由于非线性负载会产生谐波现象。在矿井作业中，大量利用提升机会产生谐波，并在特定条件下引发对弱电系统的干扰，还会影响仪表的检测与自动化运行等。

（2）雷击、漏电事故

在实际工作中，检修人员容易忽视矿井地面上架空线路的防雷、检修与试验工作，当汛期到来之际，雷电将会严重威胁矿井供电系统，还会较大程度的影响矿井安全。当前煤矿矿井下漏电事故时有发生，对煤矿作业安全影响很大。因为矿井下工作条件恶劣，矿井巷道比较复杂，这就增加了矿井下电气设备、电缆线等的巡视检查工作难度，如果发生漏电又没有及时发现，就很容易引发事故。

（二）如何提高井下供电系统安全性

1. 提高供电系统稳定性

（1）当设计井下供电系统时，必须为变压器留有充足的富余容量，依据电气的总功率确定变压器的富余容量，一般变压器的容量必须比总功率多。煤矿企业的业务管理部门必须监督变压器的现场使用情况，禁止违反规定随意加载负荷。

（2）对于刚开采的煤矿，相关部门一定要检查矿井的电气设备安装情况，特别是电网接口处的闭锁装置，没有采用双回路电的，必须责令整改，如若上述两项都不符合要求，必须取消煤矿的营业资格，待到设备检查合格后方可继续营业。

2. 预防静电、火花爆炸事故

矿井下的电气设备、电线电缆、开关和接触器等必须使用质量合格的产品，可大大减少事故的发生概率。必须有专人负责管理矿井下的电力系统，当供电系统发生故障时，如有必要，必须立即断开电源，并及时查找故障部位，并对其进行检修，防止事故进一步扩大。此外必须严格管控矿井下的可燃物品，当有火花出现时，要第一时间处理，避免爆炸产生。另外，还应对井下电气设备进一步加强检修，保证合格率，降低电气系统故障带来的危险。

3. 做好隐患排查、处理

安全第一，在煤矿生产作业中也不例外，这是最重要也是矿井作业人员必须时刻牢记的。在进行煤矿生产活动时，相关工作人员必须严格遵守国家法律法规及有关行业的规定，杜绝违章、违法操作行为。要依据变压器运行特点来核查变压器是否有超负荷运行情况，发现超负荷探明原因，及时维修，当符合运行要求时方能再次运行。加装电抗器等设备可有效解决谐波效果的问题。此外，除非有特殊情况，否则变频器不要轻易使用，变频器在产生谐波的同时还会影响电气弱电系统，更甚者会令仪表监控系统产生崩溃。

4. 采取措施避免雷击、漏电事故

结合目前的防雷技术做好矿井的防雷设施试验、检修、整改等工作，确保防雷性能可靠。加强安全巡检是重点，尤其是配电盘与电力电缆，必须定期检查或利用摇表测试是否漏电，不能只单纯依靠肉眼察看。

三、防越级跳闸技术在矿井供电系统中的研究及应用

（一）越级跳闸机理

在日常生产中，我们所说的矿井供电系统越级跳闸主要指，当供电系统发生故障后，负责该级供电线路的开关未及时跳闸断电，而其上一级开关发生了跳闸动作。发生越级跳闸的机理主要为：

1. 供电线路较短。矿井所用供电线路一般较短，通常在 1km 与 3km 之间，整条线路电流值不会存在太大偏差，若用电流值大小来判断线路具体故障位置通常不可行，只能选用逐级延时跳闸的方式来科学、合理的整定开关，这样在遇到等级过多的供电线路时，易造成上级的设定时间到达上限时长几乎一致于下级的设定时间，当供电系统发生故障时，易引发越级跳闸故障。

2. 开关控制电源缺少专用电源。矿井中防爆开关中布设的保护装置所用的电源大多来自供电线路，当遇到供电系统发生故障时，如供电系统发生短路故障后，会使得线路电流迅速增大，电压出现下降，而因保护装置的电源来自线路，因此保护装置所用电源本身就存在问题，可能会出现误动作，发生越级跳闸故障。

3. 失压保护造成。人们通常会应用失压脱扣器来进行防爆开关失压保护，但失压脱扣器的动作状态与电压存在一定关系，在供电系统出现短路故障后，会导致供电电压降低，使失压脱扣器发生动作，引发各级开关发生无序跳闸现象。

4. 运行方式存在较大差异引起的。当系统实际运行方式存在较大差异的情况下，系统会存在很大的电流差值。当运行方式为最大运行方式时，会有较大的电流值，而当实际运行方式为最小运行方式时，而系统电流值又会较小，这样易引发越级跳闸。

（二）煤矿防越级跳闸技术

在实际生产中，我们常见的矿井供电系统防越级跳闸技术主要有三种：采用最新的网络智能继电保护、给防爆开关加装独立电源以及以 GOOSE 闭锁为基础的短路保护。若选用网络智能继电保护技术可对矿井供电系统进行有效的全线防越级保护，该种保护易设置，且具有较高的可靠性，灵敏性也相对较好，但实际改造作业投资过大，成本较高。另外给防爆开关装设专用后备电源，这样可很好地解决由于线路发生故障，引发的保护装置供电电源波动带来的越级跳闸问题，但若想增设独立电源必须得进行独立布线，这样一方面操作起来较烦琐，另一方面会显著增大防越级跳闸成本，具有一定局限性。对此，这里主要研究了如何采用以 GOOSE 闭锁为基础的短路保护进行防越级跳闸。

基于 GOOSE 闭锁的保护技术属于一种可进行选择性的保护技术，其主要是以矿井当前的以太网为基础，借助以太网把开关动作信号通过 GOOSE 技术向开关设备进行传输，以达到选择性跳闸的目的。该项技术不仅相对较好实现，而且可靠性相关较高，实际经济性也相对较好。

当前很多矿井都铺设了光纤主干网，供电系统中的很多保护大多以各种形式都接入了监控系统。基于 GOOSE 闭锁的短路保护系统，可通过在当前的保护上加设必要的以太网接口，并对 GOOSE 的有效闭锁时间进行整定，以让 GOOSE 的各种动作信号都在通信接口上完成，统一管理整个供电系统，当系统出现故障后，进行选择的保护，以实现最终有效防止矿井供电系统越级跳闸的目的。

当矿井供电系统出现故障时，其实际等效电路如下图所示，当图中的 k4 出现故障时，故障电流在各点都可检测到，当电流处于动作范围后，所装设的保护盒会进行相应的分析处理会自动发送 GOOSE 闭锁报告，在把 GOOSE 初始化有效完成后，保护盒 1、保护盒 2 以及保护盒 3 会在闭锁间进行定值，不会发生任何动作，而是 4 开始动作，以及时切除相应的故障线路，当在切除后，若故障电流值还在动作条件范围内，则会依据上述顺序，由 3 点把具体故障线路切除，而保护盒 1 与保护盒 2 不发生动作，这样可达到最小面积停电，以最快的速度把相关故障线切除，进而确保整个矿井供电系统的顺利有序运行。

第二节　井下电气的三大保护

煤矿井下供电系统的过流保护、漏电保护、接地保护统称为煤矿井下的三大保护。

一、过流保护

（一）井下过流故障的形式与危害

1. 过载现象

过载现象是井下电机烧坏的主要原因之一。它指的是流经设备及电缆的实际电流超过其额定电流，导致电流密度增加，设备发热迅速的现象。当设备和电缆发生过载，电流引起的发热现象严重，温度会超过绝缘材料的最高允许温度，从而破坏绝缘，若不及时切断电源，会造成漏电和短路事故。

井下设备过载的主要原因有几个方面：首先是电气设备选型不对，设备容量小，或电缆截面积较小，设备工作时负荷电流超过额定值。其次是由于人员操作不当引起，刮板输送机在机身机尾存在积渣堆煤的情况下，连续点动启动，会在启动电流冲击下引发过载现象，使电动机过热，甚至烧毁电机线圈。此外线路过长造成终端设备电压过低或电动机机械性堵转，误将 1140V 电网中的电动机接线改为 660V 等都会引起过载。

2. 短路现象

短路的特点是电流的突然增大，电网电压下降，发热剧烈。短路发生时，电气设备或电缆会很快烧毁，进而发生火灾。短路故障的主要原因有是电气设备或电缆绝缘遭到破坏，造成相间短路，影响电网中其他电气设备的正常工作。

3. 断相现象

断相故障是由于三相电源中的一相供电线路或一相绕线组烧断引起的。断相故障发生时，运转中的电机是单相运转，由于此时转子转矩比三相运行时小得多，在负载不变的情况下，电流比原来大得多。如不切断电源，将会烧毁电动机。断相故障的产生原因主要是熔断器单相熔断，电缆与电动机或开关的接线端子连接不牢固，松动脱落；电动机定子绕组与接线端子接触不牢脱落等。

经以上分析得知过流故障会严重影响安全生产的顺利进行，随着矿井的不断延深，瓦斯突出情况严峻，安全形势不容乐观，这对我们在电气保护方面尤其是过流保护方面要求更高。鉴于以上问题，应针对性的分析各种过流保护装置及应用。

（二）井下过流保护装置的介绍

1. 熔断器

熔断器的额定电流指的是允许通过熔断器的最大电流，熔断器熔件的额定电流指的是熔断器不熔断情况下所允许通过的最大电流。随着负荷电流的增大，熔件熔断时间就会缩短，当电流超过其额定电流的 8 倍时，熔件会发生熔断，造成单相运转故障。所以熔断器只能在严重过载或者线路短路时起到保护作用，一般适用于保护小功率电气设备和控制回路。

2. 电磁过流保护器

这种保护装置的保护动作是瞬时的，只要流经继电器线圈的电流达到或者超过整定电流时，保护装置会迅速动作，这一整定电流是按着电动机的起动电流整定的，准确性较低。这种过流保护器只能对短路故障进行保护，动作迅速，能同时切断三相电源。

3. 电子保护器

电子保护器具有短路、过载、断相、漏电、检测等诸多保护功能，体积小、保护电流调节范围宽、故障率极低、免维护、适用范围广。通常短路保护是以最小两相短路电流的 1.2 倍作为短路保护的动作值，但是在实际供电系统中，会出现动作值小于最大设备起动时的电流值的情况，对此必须考虑如何提高灵敏度的办法。

4. 低压电缆、真空断路器

在低压供电系统中，电缆是发生短路最易引发火花外泄的环节，因此需要采用屏蔽电缆，并完善它的监视保护系统，采取低压屏蔽电缆接地连接措施，可以在发生故障时能超前断电，把故障控制在最小范围内，这是一种积极有效的防范措施。

目前，真空断路器和接触器已成为防爆开关的主要设备，由于它断电电流大，分断能力强，特适合于目前采掘设备增宽的要求，它电弧不外泄，比空气开关更安全，且寿命长、维修量小、运行可靠，它和电子综合保护装置相配合，对于过流保护有更加优良的保护性能，从而使馈电保护真正成为供电系统保护的后备保护，并且有一定的选择性。由于它分断速度快，提高了保护的快速性，缩短了故障时间，控制了故障范围，对安全供电生产极为有利。

二、漏电保护

（一）井下漏电原因分析及危害

1. 井下漏电的主要原因

煤矿井下漏电系统的漏电原因分为三种，首先是电器设备线路或电缆由于线路损坏导致的电泄露，煤矿井下长期处于潮湿的环境中，导致开关和电缆等设备长期处于潮湿状态，加上电动机工作中处于热胀冷缩的状态，容易造成线路被潮气入侵而发生绝缘层变薄，降低绝缘效果，较为常见的漏电设备是开关和电线电缆等发生的漏电；其次是在井下矿用的电线电缆接线时发生不按照正常程序进行的电路安装引发的漏电情况，另外矿用屏蔽电缆接线时发生的动力贿赂，导致接线操作不规范和接头松动情况也容易发生漏电；第三种是管理者缺乏严格的管理，电缆设备在安装时长时间浸泡在水中或没入无法散热的位置，加上在移动电动机的电缆电线等线路时容易发生电缆被卡或拉力过大而损坏绝缘设备，这些原因都会导致漏电的发生。

2. 井下漏电的危害

井下作业人员在井下漏电环境中作业会造成触电危险，当井下处于高瓦斯或粉尘等有害气体的环境中，漏电容易产生火花，导致井下瓦斯发生自燃甚至爆炸；井下作业时需要对岩石进行爆破处理，若带引爆的雷管接触到漏电线路会导致电雷管的引爆，造成人员伤亡事件；长时间的漏电会增加对电缆和漏电设备的损坏，发送损坏的线路发生短路的同时释放大量的热，也是造成火灾的威胁之一。

（二）系统选择性漏电保护

1. 选择性保护系统的漏电保护系统是一种低压电网保护系统，该系统与其他漏电保护装置不同，可以将接地安全性和在线绝缘电阻等有机结合起来，形成有效的漏电保护，该系统与直流检测式漏电保护组成，无法发生任何性质的漏电事故，总开管都会第一时间切断电源，其余开关都会因为断电，总开关会切断电路供电。在恶劣的井下作业环境中，电气设备的绝缘层受到影响，低压地区的电缆受岩石损坏容易发生漏电危险，此时漏电装置如果处理不当会造成线路短路，因此安装合理的漏电保护装置，低压继电器分为选择性漏电装置和无选择性漏电装置，都具有关闭漏电的功能，当发生漏电事故时，选择性漏电装置可以迅速切断电源，停止送点，保证其他线路的正常安全运行，减少因为漏电带来的损失。煤矿采用的漏电保护装置是电源式电源保护装置，通过装置实现漏电的预防，将多种漏电保护装置结合为一体，可以形成更加完成可靠的漏电保护装置，确保井下作业人员安全。

2. 煤矿井下作业不同的运行方式从结构上可以了解总线呈现放射性网络结构，系统中的电缆分布广泛，在电网正常运行时，不会对地产生低压，但当线路发生单向漏电时，对称的参数遭到破坏，容易发生漏电，而此时选择性漏电保护装置结合附加直流电源检测，利用支路的电压判断漏电的位置，达到选择性目的，选择性漏电保护装置由单片机组成，系统硬件结构超出后可以判断零序电流电压在动作的相位范围之内，判断支路发生漏电的位置，从而及时达到保护作用。

3. 为提高漏电保护系统的可靠性，通过变压器可以提高煤矿井下的电压水平，通过在电网绝缘电阻上增加电阻实现漏电控制，通过实现故障位置检测、漏电闭锁检测和总开关动作时间的检测，取得平均时间值，从而准确找到漏电故障的位置，实行漏电线路的闭锁；选择性漏电保护系统中的电流传感器和单片控制，该装置具有断电性选择，弥补了传统漏电保护装置的不足，该系统装置可以有效缩短人身触电时间和漏电时间，保护井下机电设备，避免漏电事故的恶化，保护井下作业人员的人身安全。为提高判断漏电信息的准确度和降低漏电故障造成的损失，可以利用硬件对电路进行汇总和交流，实现对选择性漏电保护装置的信息位置处理，简化程度提高设备判断漏电故障的准确性，利用零序电流进行选择漏电故障支路的判断，如果某个支路发生漏电故障，其余分支有零电序通过，根据零序电流的大小区分故障支路和非故障支路，发生故障时发出质量，切断开关动作并保障井下用电安全。

（三）无线网络技术视角下井下漏电保护系统

1. 以无线网络为基础的漏电保护硬件设计

无线信号传输模块、信号采集、协调器模块、上机位是以无线网络为基础的漏电保护硬件设计的主要组成硬件。信号采集模块收集电流和零序电压时主要通过传感器进行。被采集的信号被送入CC2530芯片之前还要经过滤波、数模转换等处理。通常，每隔一段时间，母线上的零序电压传感器就会采集并发送相应的信号，但CC2530芯片和支路零序电流采集模块只有在特定情况下才会启动，即电压信号处于设定范围时不会触发CC2530芯片，同时其他支路零序电流采集模块也会处于休眠状态。而CC2530芯片被触发后会分析所有的信号，当线路发生故障，器控制相应支路的继电器就会被触发并对馈电开关进行控制，与此同时，协调器节点会收到无线信号传输Zigbee模块传输过来的故障信息，最后通过RS485总线让工作人员能够根据上机位最后收集并展示的信息来了解线路故障的情况并及时进行故障处理。

2. 以无线网络为基础的漏电保护软件设计

软件同系统硬件共同工作才能让漏电保护系统发挥更大的效用。在以无线网络为基础的漏电保护软件设计中，软件部分主要分为三个程序：协调器控制程序、信号收集程序和传输程序。信号收集、传输程序就是传输、收集信号，而协调器控制程序的功能是应答请求加入网络的信号并委屈进行网络地址分配，同时还要向上机位发送所有节点传输过来的数据。

软件程序运行时，Zigbee网络的信号会请求进入处理器，信号进入后控制器开始运作：母线上的零序电压传感器会接到测量任务，根据设定时长对零序电压进行间隔测量并将数据发送出去。最后漏电保护处理器根据传输的数据判定是否触发警报。

三、接地保护

（一）煤矿井下接地系统安装的必要性

煤矿井下作业环境恶劣，作业空间有限，人身直接碰触电气设备的机会较多，加之巷道空气湿度大，机电设备外壳容易锈蚀，顶板掉矸等机械损伤经常会损坏电缆绝缘，诱发漏电、短路等电气故障，而电气设备一旦带电，将有可能造成人身触电事故，并且电气故障产生的电气火花可能会引发瓦斯、煤尘爆炸，影响操作人员的安全。因此，接地保护作为煤矿井下电气设备三大保护之一，对保证井下安全供电显得尤为重要。

煤矿安全规程规定电压在 36V 以上和由于绝缘损坏可能带有危险电压的电气设备的金属外壳、构架，铠装电缆的钢带（钢丝）、铅皮（屏蔽护套）等必须有保护接地。

（二）接地保护系统在煤矿安全生产中的作用

接地保护的原理是用导体将电气设备外壳通过接地体与大地连接起来，当人员触电时，接地体和人员将作为两个并联导体，漏电电压将通过人体和接地体这两个并联导体与大地构成回路，将电流导入大地，而通常人体电阻远大于接地电阻，所以接地体将起到分流作用，来保证触电人员不会受到大电流的伤害。

可见有了接地保护后，人体触及带电设备外壳时，设备外壳与大地之间的电流的路径是接地装置和人体所形成的并联电路。接地电阻越小，通过按地装置的电流越大，在人体电阻一定的情况下，通过人体的电流就越小，有了接地装置，当带电导体与带电体外壳连接后，接地电流通过导体流入地下，同时，设置接地装置电阻，可减少人体分担的电流，达到安全电流 30mA 以下，以保证触电人员的安全。

井下保护接地的侧重点在于限制裸露漏电电流和人身触电电流的大小，最大限度地降低故障的严重程度。假设没有接地保护，电气设备发生缺相或相间短路等故障后，人体一旦触碰电气设备，就会导致电流通过人体，直接与大地接通，这时强电流将只通过人体形成，造成人体触电事故，由于装设了保护接地装置，碰壳处的漏电电流大部分将经接地极入地。即使设备外壳与大地接触不良而产生火花，但由于接地装置的分流作用，使电火花能量大大减小，从而避免引爆瓦斯、煤尘的危险。

（三）煤矿井下接地保护系统的安装及其要求

接地保护是为了降低电气装置外露导电部分和装置外导电部分在故障情况下可能带的电压，减少对人身的危害。

1. 井下在接地保护中又分为主接地和局部接地，煤矿安全规程规定：（1）主接地极应当在主、副水仓中各埋设 1 块。主接地极应当用耐腐蚀的钢板制成，其面积不得小于 $0.75m^2$、厚度不得小于 5mm；（2）下列地点应当装设局部接地极：采区变电所（包括移动变电站和移动变压器）；装有电气设备的硐室和单独装设的高压电气设备；低压配电点或者装有 3 台以上电气设备的地点；无低压配电点的采煤工作面的运输巷、回风巷、带式输送机巷以及由变电所单独供电的掘进工作面（至少分别设置 1 个局部接地极）；连接高压动力电缆的金属连接装置。

2. 井下保护接地的基本要求。接地装置的连接线应采取防腐措施。结合神华宁煤集团清水营煤矿井下接地系统安装及其要求进行分析。清水营煤矿井下潮湿，巷道错综复杂，11 采区变电所 10kV 电源由高压铠装电缆引入，为整个 11 采区提供电源。接地装置布置：在 11 采区水泵房主副水仓各设置了一块厚 10mm，1m × 1m 的镀锌钢板作为主接地极。在其他各配电点和水仓设置局部接地极，局部接地极采用 ϕ 50mm，L=1500mm 的镀锌钢管，钻 20 个 ϕ 6mm 的透孔，并全部垂直埋入巷道底板。若配电点附近有水沟，则一般将局部接地极平放于水沟中，若没有水沟则将局部接地极全部垂直埋入巷道底板。

3. 井下接地网的连接形式：清水营煤矿井下高压铠装电缆的铠装层和橡套电缆金属屏蔽层均需与配电装置外壳连接，再通过电气设备的接地端子用 -25 × 4 镀锌扁钢与接地极相连接。低压供电电缆一般采用四芯的橡套电缆，其中有一芯与电气设备内接地端子连接，再通过电气设备的接地端子用 -25 × 4 镀锌扁钢与接地极相连接。这种接地方式中，利用供电的高、低压电缆中的金属外皮和橡套电缆的接地芯线，把分布在井下中央变电所采区变电所及其他地点的电气设备的金属外壳在电气上连接起来，并与安设于主、副水仓中的主接地极、各配电点的局部接地极、接地母线等和接地导线连接起来组成的，它们共同构成一个井下接地网，保证电气设备不正常运行时的人员以及设备安全。

（四）井下机电设备接地存在问题及其安装使用管理

1. 井下机电设备局部接地存在的主要问题。（1）局部接地极设在巷道干燥处，没有设置在水沟或潮湿的地方。（2）局部接地板、接地线的制作工艺不符合要求，搭接长度不够等。比如钢管打的穿孔直径或者数量不符合要求，有效面积和厚度不符合要求。制作材料未使用防腐材料并且未做防腐处理等。（3）局部接地极连接处松动后没有及时维修或紧固。

2. 井下机电设备局部接地的安装使用管理。（1）明确局部接地极、接地线制作标准。第一、规范局部接地极制作：制作局部接地极时严格按照设计图纸施工。第二、根据局部接地极设置地点确定制作与安装：设置在水沟内的局部接地极，用面积不小于 $0.6m^2$，厚度不小于 3mm 的钢板或同等有效面积的钢管制作。设置在其他地点的局部接地极采用直径不小于 35mm，长度不小于 1.5m 的钢管制作或采用直径不少于 22mm，长度为 1m 的两根钢管制作。（2）规范局部接地设计安装使用管理。第一、局部接地极的安装地点按《煤矿安全规程》要求设置。第二、确定局部接地极安装标准：钢板和钢管制作的局部接地极均要求平放于水沟深处，而设在其他地点的接地极必需的局部接地极必须全部垂直埋入巷道底板。第三、规范局部接地装置的配备与供应。煤矿供应部门应统一制作接地装置，解决接地装置使用材料不规范的问题。第四、建立局部接地极使用管理机制。煤矿机电部门应按煤矿安全规程要求，定时测量接地电阻，把对局部接地的检查维护列入日常检修计划，维护单位设立专门维护管理台账，确保局部接地极的完好，且设置在水沟中的局部接地极必须确保水沟中有水。

第三节 矿用电气设备

矿用电气设备是专为煤矿井下条件生产的不防爆的一般型电气设备，这种设备与通用设备比较对介质温度、耐潮性能、外壳材质及强度、进线装置、接地端子都有适应煤矿具体条件的要求，而且能防止从外部直接触及带电部分及防止水滴垂直滴入，并对接线端子爬电距离和空气间隙有专门的规定。

一、矿用一般型电气设备

专为煤矿井下条件生产的不防爆的一般型电气设备，这种设备与通用设备比较对介质温度、耐潮性能、外壳材质及强度、进线装置、接地端子都有适应煤矿具体条件的要求，而且能防止从外部直接触及带电部分及防止水滴垂直滴入，并对接线端子爬电距离和空气间隙有专门的规定。

（一）特点

矿用一般型电气设备是一种没有采取任何防爆措施，用于煤矿井下无瓦斯、煤尘爆炸性混合物场所的电气设备。矿用一般型电气设备与一般电气设备不同，它在绝缘、爬电距离、电气间隙、防潮和防尘、井下运行条件诸方面均有特殊要求，铭牌的右上方有明显的“KY”标志。

（二）技术要求

1. 具有一定的机械强度

矿用一般型电气设备除电气部分外，主要包括设备外壳、电缆引入装置、接线端子及连锁机构。矿用一般型电气设备的外壳必须采用不燃性或难燃性材料制成，但外壳上的观察窗、透明件、衬垫、电缆引入装置的密封件及控制手柄例外。设备外壳应具有一定的机械强度，并能承受规定的低冲击能量的冲击试验。对于便携式设备应能承受规定的跌落试验。矿用一般型电气设备的外壳应具有一定的防护等级，一般应不低 IP54。但对外风冷电动机风扇进风口和出风口处的防护等级不可低于 IP20 和 IP10。用于无滴水和粉尘侵入的硐室中的设备，最高表面温度低于 200℃的起动电阻和整流机组，其防护等级不能低于 IP21。没有裸露带电元件的设备、用外风扇冷却的设备和焊接用整流器的防护等级不得低于 IP43。

2. 表面温度

矿用一般型电气设备的表面温度也有一些特殊要求。一般电气设备表面温度应不超过85℃（电动机和油浸变压器除外）。操作手柄，手轮不高于60℃。在结构上能防止人接触的部位，可不高于150℃。

矿用一般型电气设备外壳的所有紧固件的螺栓直径应不小于M6。对于经常打开的盖子的紧固螺栓应设有防止脱落装置。紧固螺栓要加弹簧垫圈等防松装置。

设备外壳上的电缆引入装置必须能防止电缆扭转、拔脱和损伤，在设备内部应有一定的空间，以保证电缆护套达到一定的长度 (8mm)。对电缆引入处要采用橡胶或其他密封材料密封，以防止粉尘或水由电缆引入处渗入壳内，保证外壳达到一定的防护等级。对于电缆引入的接线端子的导电零件要用铜或黄铜制造，以保证良好的导电性能。接线端子要把有接线片或无接线片的芯线可靠连接。矿用一般型电气设备的接线端子间及接线端子对地间的电气间隙、爬电距离应符合规定。对于电压高于127V的接线端子不能采用老化后易燃的酚醛塑料做绝缘件。

3. 外壳必须有接地螺栓

矿用一般型电气设备的外壳必须有接地螺栓。对于携带式和移动式电气设备可不设外接地螺栓，但必须采用接地芯线电缆。接地螺栓应采用不锈钢材料制成或进行电镀防锈处理。接地端子应具有一定的机械强度，并保证连接可靠，即使受到温度变化、振动等影响，也不能发生接触不良现象。每个接地端子只能连一根动力电缆的接地芯线或两根控制电缆的接地芯线。塑料外壳以及塑料、金属组合外壳的接地端子间要用截面积为6mm²以上的导线连接。

为了保证电气设备的安全运行，防止误操作，矿用一般型电气设备的所有开关把手在切断电源后必须都能自锁。对于直流电压高于60V、交流电压高于36V的设备，要设置阻止带电开盖的装置。不能设置这种装置的，应设置“断电开盖”的警告标志。对于上述电压等级的设备，凡开盖或取下设备零、部件后，可能触及带电部位时，要设置防护等级不低于IP20的防护罩并设置“当心触电”的警告标志。

矿用一般型电气设备要具有耐潮湿性能，并要按规定进行湿热试验。为了保持良好的导电性能，设备的母线、设备的控制电路、辅助电路导体都应采用铜材制成。

矿用一般型电气设备主要有油浸变压器、高低压开关设备和控制设备及插接装置等。它们除应满足矿用一般型电气设备的要求外，还应满足一些特殊技术要求。

对油浸变压器的特殊要求，主要是外壳的防护等级要达到IP44，同时在变压器的油箱上要有油标，以显示壳内油位的高低。无论在何种情况下，油面必须高于壳内裸露带电部件10mm以上，以保证变压器安全运行。油箱下部放油用的塞要采用特殊结构，使其只有使用专用工具才能打开，防止随意打开，造成壳内油液的流失。

4. 高压开关的特殊要求

对高压开关的特殊要求主要是：为保证高压开关的安全可靠性，高压开关设备要设置有选择性的检漏保护、短路和欠电压保护。用作高压电动机，变压器的高压控制设备要配置短路、过负荷和欠电压保护，还可以设置漏电闭锁和远距离控制装置。低压开关设备也应配置检漏保护、短路和欠电压保护。对于使用自动重合闸的低压开关设备，还应有漏电闭锁保护装置，并需配置双套保护装置，以做备用。当一套保护装置发生故障时，另一套能投入正常工作，保证低压开关安全使用。同样，低压控制设备也应当配置短路、过负荷、单相断路及漏电等保护装置，还可以设置漏电闭锁和远距离控制装置，提高低压控制设备的安全性和可靠性。高低压开关设备和控制设备如果实行远距离控制，其控制线路的额定电压不能高于36V。

二、矿用防爆型电气设备

包括隔爆型、本质安全型、增安型、充油型、正压型、防爆特殊型和上述类型的复合型设备。

隔爆型电气设备：标志为KB。20世纪初最先出现于德国，现为各国广泛采用。其原理以间隙隔爆为基础，除符合矿用一般型电气设备要求外，对其外壳的材质和强度、隔爆接合面间隙宽度、长度和加工光洁度等，都有严格规定。外壳不仅承受壳内部可燃性混合物可能产生的最大压力，还能使爆炸的生成物和火焰经过接合面向外传播时逐渐冷却，不致引燃壳外可燃性混合物。适用于容易产生瓦斯、煤尘爆炸危险的场所。

本质安全型电气设备：标志为KH。以前称安全火花型，最早出现于英国，1939年就有制造本质安全型电气设备的有关规定。原理是适当选择电气参数，使电气回路在正常工作或规定的故障状态下产生的电火花和热效应均不致引燃爆炸性混合物。这种设备无须隔爆外壳，可用于经常存在爆炸危险的环境中。但受最小点燃能量的限制，只能在通信、信号、仪器仪表和控制回路中使用。

增安型电气设备：标志为KA。起源于德国，曾称安全型或防爆安全型。在正常运行时不产生电弧、火花或危险温度的电气设备上，采取提高安全程度的措施，防止内部发生短路及接地故障，严格控制外壳表面温度，达到防爆目的。该型设备不需要笨重的隔爆外壳，成本低，维护简便，在联邦德国已广泛应用于鼠笼式电动机、照明灯具及接线盒等设备上，中国目前尚少使用。

充油型电气设备：标志为KC。将可能产生火花、电弧或危险温度的带电部件浸在油中，使其不与油面上的爆炸性混合物接触，防止点燃引爆。该型设备仅适用于装设在有防火措施同室内的固定电气设备，如交流断路器和变压器等。

正压型电气设备：标志为KF。密封外壳内导入正压新鲜空气或充入惰性气体，保持一定正压，以阻止壳外爆炸性混合物进入的电气设备。该型属于化工厂防爆类型，煤矿井下未采用。

防爆特殊型电气设备：标志为KT。结构上不属于上述各型规定，而采取其他防爆措施的设备，如耐腐蚀、耐燃性较好的网罩或微孔隔爆结构等。

复合型防爆电气设备：设备的不同部分属于不同防爆类型的电气设备，如一台隔爆型磁力起动器，其控制回路可为本质安全型，称隔爆兼本质安全型。

所有矿用电气设备都必须由国家指定的检验机构按照有关规程的要求进行检查，合格后才准许在井下使用。

第四节　井下供电安全技术

一、井下供电安全面临的威胁

现代社会讲究“以人为本”。对于煤矿开采来说，供电安全事故不仅会降低煤矿开采的效率，还会严重危害煤矿开采人员的人身安全。在我国的煤矿开采工作当中，瓦斯泄露、煤尘污染、漏电等事故频发，煤矿安全生产问题已经引起我国政府和社会的重视。煤矿企业必须对引起安全事故的原因进行分析，针对性采取解决对策。

（一）变压器容量小

随着经济的发展，我国的煤矿开采行业出现了高速增长，许多企业都开始对矿井进行扩建。矿井的扩建导致矿井规模的增加，机械设备和工作人员的数量大大增长，对于电能的需求也大大增加。如果供电系统没有随之进行调整，就会导致主变压器和各个分变压器的容量跟不上矿井对于电能需求的增加速度。长此以往，供电系统的主变压器和各个分变压器处于超负荷状态下工作，很容易出现局部发热、绝缘层发生老化等问题，增加漏电事故发生的可能性，降低变压器的使用寿命。如果情况严重，甚至会导致电缆燃烧、瓦斯爆炸，给企业带来巨大的经济损失。

（二）供电电能质量差

科学技术的发展和进步，对于各行各业都产生了巨大的影响。从煤炭开采行业的角度说，技术水平越来越高，煤炭开采所利用的机电设备越来越先进，性能越来越高，功率越来越大。这些机电设备和先进技术的引入和应用，大大提高了煤炭资源的开采效率。但是，很多大功率的机电设备在运行的时候都会产生谐波分量，这些谐波分量会沿着低压供电线路返回到供电系统当中，降低所提供电能的质量水平。低质量的电能会对基点保护系统的运转造成负面影响，还会降低监测系统的性能，给供电运行带来安全隐患。

（三）使用淘汰设备

为了确保煤矿井下的供电安全，我国出台了很多相关的行业法规政策。其中，我国相关法律政策特别强调的一点就是：煤矿企业在生产过程中，严禁在分支线路上使用空气开关。这是因为空气开关在使用过程中会产生能量电弧，这些能量电弧在井下充满易燃易爆气体的环境中极其容易引发爆炸，造成严重后果。但是，根据我国煤矿行业监督部门的调查显示，仍然有一些中小型企业非法使用空气开关。使用国家政策规定的淘汰设备，将会给煤炭开采带来巨大的风险，引发严重的后果。

（四）监测系统问题

一些中小型的煤矿开采企业由于自身的资金调价有限，没有在矿井中配备安全监测系统；还有一些企业由于自身技术水平限制，虽然安装了安全监测系统，但是自动化程度不够，不能将矿井下的安全信息及时反馈给地面上的监测部门。这些情况都不利于提高井下供电的安全性，让监测部门无法掌握供矿井供电系统的实际运行情况，再出现问题的时候不能够第一时间进行处理，将安全事故造成的负面影响降到最低程度。

二、提高井下供电安全性的对策

（一）配备辅助设施

为了防止煤矿供电系统的电源出现问题，影响了日常的供电工作，每个矿井至少要配备两个备用电源，确保日常供电正常。对于井下的煤炭开采来说，通风系统、排水系统和传输系统非常重要。煤炭企业可以在矿井下直接设置配电设备，利用电源单独为这几个工作系统进行供电。井下供电通常采用双回路供电，不同的回路必须要从不同的变电所中接入，并且搭配能够自由切换回路的辅助装置。这样，在电源的一个回路出现问题是，供电系统可以切换到另一个回路，维持正常供电。

（二）合理布设

矿井下的供电线路需要经过比较长的一段距离。供电线路比较长，就容易发生电能泄露的状况，给供电安全带来威胁。想要改善这种状况，必须要从供电线路的布设入手。合理的供电线路布设，能够提高供电效率，降低电能的损耗。合理布设的手段有分列分段供电、提高电压等级、增大电缆井机界面等。分列分段供电，能够根据不同地区的用电量提供不同强度的电能；提高电压等级，能够降低供电过程中的电能损耗；增大电缆经济截面，能够提高供电的效率。

（三）完善继电保护

继电保护系统能够在供电系统出现故障的时候，向管理人员发出警告信号，方便管理人员及时采取措施，减少企业的经济损失。所以，想要提高井下供电的安全性，就必须不断对继电保护装置和系统进行完善。煤矿企业要结合井下的实际情况来设计基点保护方案，对所有的高压动力设备和控制设备设置继电保护措施。继电保护方案的设计要结合行业发展的最新动态，积极引进先进的技术成果，提高我国煤矿行业的继电保护水平。

（四）保养供电设施

供电设施都具有正常的使用年限。但是，如果煤矿企业在煤矿开采的过程中，不注意对供电设施的保养维护，就会导致供电设施的使用寿命变短。煤矿企业要及时关注供电设施的运行状态。对于处于使用年限范围内的供电设施，要加大维护保养力度，在出现故障时第一时间进行排除，以免发生更大的危险。对于即将到达使用年限的供电设施，煤矿企业要及时对其进行更新换代。

三、矿井下供电安全管理

（一）严格执行相关管理制度和安全技术措施

1. 工作票制度。

2. 工作许可制度。

3. 工作监护制度。

4. 工作间断、转移和终结制度。

5. 停电、验电、放电、装设接地线、装设遮拦、挂标识牌的安全技术措施。

（二）操作井下电气设备应遵守的规定

1. 非专职人员或值班电气人员不得擅自操作电气设备。

2. 操作高压电气设备主回路时，操作人员必须佩带绝缘手套，并穿绝缘靴或站在绝缘台上。

3. 手持式电气设备的操作手柄和工作中必须接触的部分必须有良好的绝缘。

（三）检修、搬迁井下电气设备、电缆应遵守的规定

井下不得带电检修、搬迁电气设备、电缆和电线。

检修或搬迁前，必须切断电源，检查瓦斯，在其巷道回风流中瓦斯浓度低于1%时，再用与电源电压想适应的验电笔检验；检验无电后，方可进行导体对地放电，控制设备内部安有放电装置的，不受此限。所有开关的闭锁装置必须能可靠地防止擅自送点，房子擅自开盖操作，开关把手在切断电源时必须闭锁，并悬挂“有人工作，不准送电”字样的警示牌，只有执行这项工作的人员才有权取下此牌送点。

（四）井下用好、管好电缆的基本要求

1. 严格按《煤矿安全规程》规定选用。

2. 严格按《煤矿安全规程》规定连接。

3. 合格悬挂，不埋压、不淋水。

4. 采区应使用分相屏蔽阻燃电缆，严禁使用铝芯电缆。

5. 盘圈、盘“8”字型电缆不得送电使用。（采掘机组除外）。

（五）机电系统违章行为

1. 违反停送电规定，机电设备检修时不停电、不挂牌、不闭锁。

2. 使用失爆的电气设备。

3. 对计划大范围停电检修或高压电气设备停电检修，无停电措施就施工。

4. 电工高压作业人员无人监护。

5. 多种电气设备无标牌或标牌与实际不符。

6. 对故障未排除的供电线路强行送电。

7. 防爆电气设备不经检查并签发合格证就入井使用。

8. 机电设备运行检查及交接班记录滞后填写。

9. 局部通风机不实行“三专”（专用变压器、专用开关、专用线路）供电，掘进工作面动力设备不实行“两闭锁”（风电闭锁、瓦斯电闭锁），或虽然有但失灵。

10. 带电检修、搬迁电气设备、电缆和电线。

11. 非检修人员或值班电气人员擅自操作电气设备。

12. 在井下拆开、敲打、撞击矿灯。

13. 井下供电电缆有“鸡爪子”“羊尾巴”、明接头。

14. 煤电钻未安设综合保护装置。

第五节　采区供电

一、采区供电系统设计

（一）井下供电系统设计总体原则

1. 必须认真贯彻国家有关安全生产的各项方针政策和法规，严格遵守有关现行的设计技术规程、规范及规定。

2. 应从整体出发，对提出的设计方案进行必要的计算，并要求施工图纸齐全。深入论证电源、负荷及线路布局的合理性，并要从定量和定性两方面来论证其安全可靠性和经济稳定性。

3. 在保证供电安全及可靠的前提下，力求所用的开关、启动器和电缆等设备最少。

（二）采区供电系统设计步骤

为了设计出技术上可行、经济上优越的井下采区供电系统方案，可以参照以下步骤进行采区供电系统设计。

第一，在做设计前，要对整个采区用电负荷所有情况进行全面系统的了解和总结归纳，制作出采区用电设备的平面布置图和负荷统计表。

第二，依照采区工作面用电设备的平面分布情况及相互间用电关系（包括容量、电压等级、保护等级等）进行科学的分类分组，并根据采区用电设备分组情况设立负荷集中供配电点，当采区作业面上存在功率大、供电距离远、以及保护等级高的用电负荷时，要采用井下防爆式移动变电站或双干线电缆进行独立供电对这些特殊大功率负荷进行独立供电。

第三，若采区工作面上存在经常移动或者运行过程中会由于电缆悬挂形成弯曲的用电设备时，应采用带铠装保护电缆其设计长度必须满足用电设备最大供电距离要求；如采用橡套电缆时则其设计长度应比用电设备最大供电距离增加约 10%，以避免橡套电缆在受温度影响出现收缩时满足不了用电设备的用电需求。

第四，对于产量较大的煤矿井下工作面进行供电设计时，应采用双回路高压电源进线及两台或两台以上的移动变电站进行供电设计，并要在移动变电站高、低压侧分别设计联络开关，从而提高井下采区供电系统供电的可靠性，确保工作面生产用电正常供应。

（三）井下采区供电中主要存在问题分析

首先，井下供电系统中电压波动较为严重，大型设备启动与工作面供电可靠性间存在明显矛盾问题。另外，随着大量以电力电子为核心的非线性电力负荷的采煤机械设备在井下供电系统中的应用，其运行过程中产生的大量谐波分量，将直接影响到整个井下采区供电系统的供电质量和供电可靠性。再次，井下供电系统原有的设计规划中，可能由于没有充分考虑煤矿井下生产量的扩大问题，其所选的配电变压器容量无法满足不断增加的电机拖动系统所需启动容量，造成电机拖动系统不能正常启动，或启动时间过长，不仅会影响整个供电系统的供电可靠性，同时还会增加电机启动冲击破坏的危害。

（四）采区供电设计技术原则及措施

1. 尽量选择较高井下供电系统电压

为了确保井下采区电气设备能够正常稳定高效运行，依照电业规程规定要求，动力线路在正常情况下的电压波动不允许超过 ±5%，这就要求在进行井下供电电缆线路设计时，660V 供电系统其正常允许最大电压损失约为 33V，而 380V 供电系统电压允许损失为 19V。为了解决电压损失与供电可靠性间的矛盾，确保井下采区供电系统具有较高的供电质量和供电可靠性，其电缆截面设计选型时往往偏大，但这又会增加供电系统投资成本。若在设计过程中，采用 660V 甚至 KV 级电压进行井下供电系统设计时，不仅可以提高供电系统可靠性和供电电能质量水平，同时还可降低供电电流，减少供电线路的能量损失。例如将井下供电系统供电电压由 380V 提高到 660V 后，其电压损失值约占总值的 9.56%，而在 380V 供电系统中其电压损失值则占总值的 10.36%，因此提高供电电压等级后，供电线路的电压损失将有效降低，供电质量也得到有效提高，同时供电线路的电能传输效率也得到很大提升。

2. 利用需用系数求供配电变压器容量

应将变压器所供的井下所有用电负荷的额定功率全部累加起来求出 ∑Pe 后，再对 ∑Pe 乘上一个需用系数 Kx，这样就可以合理计算出供配电变压器的有效功率，即 ∑Pe.Kx，再除以井下供电系统的功率因素值，就可以得出供配电变压器的容量。利用需用系数求出的供配电变压器容量可以有效提高整个井下采区供电系统供电的经济性，避免盲目采用额定功率总和进行供配电变压器容量的选择，造成供配电变压器长期在低效工况区运行，造成大量的电能损耗。在实际井下采区供电系统设计中，供配电变压器的需用系数取值在 0.37 ~ 0.62 范围是比较切合实际供电需求的取值范围。

3. 电机拖动系统控制方案的设计

对于功率相对较小且在启动和运行过程中对供电系统冲击不大的机电设备，应采取直接启动方式，不仅可以确保供电可靠性，同时可以简化电机控制系统，便于日常检修维护。如工作面前部的输送机功率大多在几百千瓦时，就可以采取带延时的直接启动方式，其在启动过程中无须特殊控制保护装置，同时具有操作简单经济实用的优点。在煤矿井下采区供电系统中大多数功率不大的异步电动机通常采用该种延时直接启动的方式。而对于功率较大能够空载启动且对启动转矩没有特殊要求的电动机，则可以采用降压启动方式（包括软启动器、变频调速等）。对于功率大、负荷集中且必须重载启动的电机拖动装置，则应采取提高电压等级（如 3.3KV 供电线路进行直接启动）或变频调速进行供电系统设计。如井下采区作业面后部的刮板输送机，就应采用 3.3KV 高电压进行直接供电启动。

4. 电缆型号及截面的设计

在煤矿井下供电系统设计时，其电缆型号及截面的选型设计通常包括按电压损失进行选型设计、按照长期运行电流进行选型设计、按照短路热稳定条件进行选型设计、按经济电流密度进行选型设计、以及按照机械强度进行选型设计等多种设计方法。而煤矿井下用电设备的供电电缆大多为动力电缆，其在进行选型设计时，推荐采用按照允许电压损失来进行电缆型号和截面的选型设计，然后再按照长期运行电流和电机启动条件要求进行计算，从而确保供电电缆正常稳定、节能经济的供电运行。

二、采区供电质量提高的方法

现在采区供电多存在工作面的移动性，采区供电线路长，尤其鸡西局为老矿这一情况更为突出，线路电压损失过大，采区用电设备长期在欠电压下工作，造成过载运行，电机过热，寿命降低。同时欠电压运行效率低，转速下降，从而降低设备的效率。当容量较大的异步电动机启动时，过大的启动电流将使电网电压突然大幅度降低，尽管该状态为短暂的，也会对其他运行设备造成极为不利的影响，严重的可使满载的电机堵转。还有就是供电质量下降将导致功率因数降低，从节能观点出发改善供电质量也是十分必要。

采区供电系统中，要想减少供电电压损失的办法有：

1. 缩短供电距离，这点实际上较难做到；

2. 增大供电线路导线截面，但同时也增加电网一次性投入；

3. 降低变压器的损失，可电压变压器的短路阻抗为标准值，故也难以实现；

4. 采取并联电容器提高功率因数，会导致采区变电所系统复杂，峒室面积增大等问题，因此也不是有效方法。

第三章　矿山运输

第一节　矿井安全监控与通信

一、煤矿安全监控系统

煤矿安全监控系统是主要用来监测甲烷浓度、一氧化碳浓度、二氧化碳浓度、氧气浓度、硫化氢浓度、矿尘浓度、风速、风压、湿度、温度、馈电状态、风门状态、风筒状态、局部通风机开停、主要风机开停等，并实现甲烷超限声光报警、断电和甲烷风电闭锁控制等功能的系统。

（一）系统要求

国务院颁布的《关于进一步加强企业安全生产工作的通知》（国发 [2010]23 号）和国家安全生产监督管理总局国家煤矿安全监察局颁布的《关于建设完善煤矿井下安全避险“六大系统”的通知》要求全国煤矿安装监测监控系统、井下人员定位系统、紧急避险系统、压风自救系统、供水施救系统和通信联络系统等技术装备。其中要求建设完善矿井监测监控系统，充分发挥其安全避险的预警作用。

（二）特点

煤矿井下是一个特殊的工作环境，有易燃易爆可燃性气体和腐蚀性气体，潮湿、淋水、矿尘大、电网电压波动大、电磁干扰严重、空间狭小、监控距离远。因此矿井监控系统不同于一般工业监控系统，其与一般工业监控系统相比具有电气防爆；传输距离远；网络结构宜采用树形结构；监控对象变化缓慢；电网电压波动大，电磁干扰严重；工作环境恶劣；传感器（或执行机构）宜采用远程供电；及不宜采用中继器等特点。

（三）系统组成

矿井监控系统一般由传感器、执行机构、分站、电源箱（或电控箱）、主站（或传输接口）、主机（含显示器）、系统软件、服务器、打印机、大屏幕、UPS- 电源、远程终端、网络接口电缆和接线盒等组成。

1. 传感器将被测物理量转换为电信号，并具有显示和声光报警功能（有些传感器没有显示或声光报警功能）。

2. 执行机构（含声光报警及显示设备）将控制信号转换为被控物理量。

3. 分站接收来自传感器的信号，并按预先约定的复用方式远距离传送给主站（或传输接口），同时，接收来自主站（或传输接口）多路复用信号。分站还具有线性校正、超限判别、逻辑运算等简单的数据处理能力、对传感器输入的信号和主站（或传输接口）传输来的信号进行处理，控制执行机构工作。

4. 电源箱将交流电网电源转换为系统所需的本质安全型直流电源，并具有维持电网停电后正常供电不小于 2h 的蓄电池。

5. 传输接口接收分站远距离发送的信号，并送至主机处理；接收主机信号，并送相应分站（传输接口还具有控制分站的发送与接收、多路复用信号的调制与解调、系统自检等功能）。

6. 主机一般选用工控微型计算机或普通微型计算机、双机或多机备份。主机主要用来接收监测信号、校正、报警判别、数据统计、磁盘存储、显示、声光报警、人机对话、输出控制、控制打印输出、联网等。

二、矿井安全监控电子信息化技术

（一）瓦斯安全监测系统

施工中的重要难题之一就是瓦斯的安全问题，当前有很多种方法用于瓦斯的安全监测，虽然这些方法具有不同的种类和结构，但是大部分具有类似的功能和基本原理，一般有传输设备、监控中心、分站点、传感器等构成瓦斯的安全监测系统，系统中的各个部分之间联系紧密，共同实现传输信息和采集信息的功能。

实际中存在多种传感器，包括风速传感器、温度传感器、一氧化碳传感器等，这些设备对于矿井安全生产具有十分重要的意义和作用。矿井下面对各个传感器的信息进行采集，然后进行信号处理并向监控主机进行信号传送，同时指令会被传输至分站点并且进行相应的安全报警工作。

（二）矿井通风网络监控系统

矿井通风监测系统和安全监测系统具有类似的结构，其主要是通过计算机仿真技术、信息技术结合动态系统模拟技术和通风网络安全技术，进而推动矿井在作业时通风网络的安全性能的提升，其主要结构包括地面控制、传输设备、分站点、传感器等。

提升瓦斯安全的重要指标之一就是提升矿井的通风网络设备，它能够实现对矿井事故中风流的有效控制，进而实现科学应对灾难的目的。

（三）矿井矿压监测系统

实际当中地面控制中心、传输设备、矿压传感器共同构成了矿井矿压监测系统，它能够灵敏地判断矿井在施工时的压力变化。矿压传感器会接受液压支架上的压力信号，然后传送相关信息。每个矿井采取都应当设置相应的监测点，这样地面监控中心就能够及时准确地接收到采取的情况。在井下的分站检测中可以联合多个矿压传感器，这样更加有利于及时信息传输的实现。通常来说通讯电缆以及调节器共同组成传输设备，其主要作用在于进行多媒体信号的传输。

每个分站点经过矿压传感器发送来的监测信息都能够通过地面上的计算机屏幕显示，能够在一定参数范围内进行监测，当遇到超过传感器限定值的情况就会出现报警操作，这样就会切换到紧急处理的状况，工作人员据此进行相应的处理活动。通过地面计算机能够实现重要参数及时准确的存储，并在此基础上进行相应参数的对比，同时还能够随时调用任何资料，这样就能够实现对以往数据准确性的查询。

（四）井下安全考勤系统

井下安全考勤系统结构相对简单，主要构成部分包括计算机中心和支线通讯，监测的内容包括入境考勤点和出井考勤点两个方面。

当前正在使用两个类型的安全考勤系统，但是两者却具有不同的运行方式，一种考勤系统运用金属片打卡的方式，它在地面上设置入井和出井的考勤点。另一种考勤系统采用矿灯灯头打卡的方式，这种系统在井上和井下设置考勤点，能够实现对安全考勤问题的实时监测。

（五）专家智能系统

当前很多因素都会对煤矿生产中应用的监控信息技术产生影响，这样监控系统高层次的管理作用就很难发挥出来。很多状况下每个相关部门和单位具有这些信息技术的所有权和所用权，但是在实际的运行中较高标准的管理并没有实现，安全预测、决策的功能还远没有实现。专家智能系统是信息技术发展中成果最高的一种，对于煤矿企业中高层次管理具有非常重要的作用。当前这些系统还没有实现广泛的应用，但是确实为未来发展的重要方向，该系统的主要构成部分包括专家信息数据库和数据资源采集智能决策系统。

三、矿井通信

（一）地下矿井通信技术

对于我国的地下矿井通信技术而言，其已经正在朝着全矿形势正在转变，从单一的语音功能实现变为了多方面的语音，在数据传播和语音通话上也体现得非常的强大。当前的地下矿井通信技术主要包括了漏泄、有线、无线以及网络通话四种。

1. 漏泄通信

该技术是无线通信技术的雏形。其主要是由传输、移动和通信基站来构成，并且所采用的系统一般是泄漏电缆形式来传递，在覆盖方面也非常广泛。

2. 有线通信

对于我国的地下通信而言，其首先使用的就是有线通信，该方式是利用电力电缆来进行通信工作的。考虑到地下工作环境的复杂性，这些电缆在铺设中很容易受到水的冲击和腐蚀，因此在使用中很容易出现损坏和漏电的现象，所提供的信号质量是非常不稳定的。

3. 无线通信技术

无线通信技术是当前井下工作使用最广泛的一种，该系统主要是由传输、供电、控制和移动等方面共同组成。该通信在使用过程中具有系统和结构复杂和基数比较大的特点，并且在工作开展中所投入的成本比较高，这比较适合大型的工作环境。除此之外，该通信技术还比较适合环境比较复杂的体系，由于这些施工环境的复杂性，那么对于维修管理的要求也会变得更加高。

4. 网络通话

该技术是刚成型了一种技术，在使用该技术的过程中，我们必须保证通话的质量和稳定性。由于网络通话会受到磁场的干扰，因此必须设定符合其单一的工作频率来保证通话的质量和效果，确保信息能够及时地传递和运输。

（二）通信技术在矿井通信系统中的应用

随着无线通信技术的快速发展，为了满足智能手机、移动终端网络需求，无线技术快速发展，其是一种可以允许电子设备连接到一个无线局域网的技术，一般通过无线电波进行联网，这种无线通信技术部需要布线、传输速度快、组网方便，是当下使用最广的一种无线网络传输技术，将其应用在矿山生产中，可以满足矿区移动办公需求。

1. 井下定位跟踪系统

由于矿区的生产环境比较恶劣，为了确保矿井工作人员的生命安全，需要对矿区的工作人员进行精确定位。将网络结合全球卫生定位系统和传感技术，在每一个矿井作业人员身上安装接收器，定位跟踪系统根据煤矿工人的工作场地自动定位，并实时对工作环境进行监视、控制，一旦出现异常情况，定位跟踪系统立即发出警报，矿井及时安排工作人员和设备进行撤离，从而确保煤矿生产安全。

2. 智能化控制系统

随着现代采矿业的发展，将煤矿通信系统引入智能等技术，将物联网、控制器、传感器、红外线、感应器等应用到煤矿监控系统，可以实现对煤矿的生产过程进行实时监控，了解煤矿生产过程中的温度、湿度、二氧化碳浓度、瓦斯浓度等参数。监控系统将采集到的数据信息传递到煤矿监控系统，通过移动端进行远程操作控制，及时调整矿井通信设备运行温度，防止通信设备因为温度导致起火或者爆炸等现象。

第二节 电气设备及电气工种的操作规程

一、电气设备的操作规程

（一）设备的画面操作

1. 操作权限的选择

操作人员要清楚在相应的情况下使用适当的画面操作权限进行画面操作，完成生产过程。

2. 操作模式的选择

电气设备的操作模式包括四种：集中自动、集中手动、机旁手动、操作台手动，操作人员应该清楚在相应的情况选择相应的模式。

3. 画面报警信息的显示

操作人员要及时对画面的报警信息进行记录并及时反馈设备维护人员。

4. 画面的连锁条件及连锁的解除

操作人员在操作时要确认画面上的连锁条件是否满足，并能够及时正确的对设备连锁进行解除，在安全的情况下保证生产的继续进行。

（二）设备的就地（机旁）操作

1. 操作权限的选择

在机旁操作箱上操作设备，主要用于设备的调试和检修，也用于需要人工确认的生产环节。操作人员需要熟练地掌握如何将操作权限选择到就地。

2. 现场操作指示的确认

在就地（机旁）操作时，操作人员需要明确操作箱上按钮的作用及指示灯是否正常指示。

（三）操作人员的职责

1. 操作人员负责确认现场仪表信息的画面显示，当出现画面数据显示（如有现场显示的流量表和压力表等）不正常时，在有条件的情况下，确认现场显示是否正常。

2. 操作人员负责现场操作台、箱及配电箱的外表卫生的清扫。

3. 操作人员负责参与设备的辅助点检工作，如现场操作台、箱的按钮是否正常及指示灯显示是否正常。

4. 操作人员在操作过程中如发现设备故障，或设备异常情况应及时通知电钳负责人员对设备故障及异常进行及时处理，保证设备的正常运行。

二、电气工种的操作规程

（一）井下变电所运转员

1. 停电

（1）按下控制该停电线路配电柜的“分闸”按钮，分闸指示灯亮，配电柜断路器断开，退出手车。

（2）停进线柜或联络柜时，先停负荷柜，依次停联络柜，进线柜。停电程序同第 1 条。

（3）验电：手车退出后要验电，验电时，应使用电压等级合格的验电器。戴绝缘手套，穿绝缘鞋，站在绝缘台上工作。

（4）放电：当验明无电后，再进行接地、三相短接放电工作。接地放电时，应先接地端后接相端，最后三相短接。接地线和三相短接线在整个工作中不许拆路。停电完毕。

2. 送电

（1）接到调度送电命令，并确认送电线路后方可送电操作。

（2）拆接地线：先拆三相短接线，后拆接地线。

（3）推入手车，并关好配电柜门。从观察窗检查动触头与静触头是否完全接触，接触不好或接触面不够不能送电。

（4）按下“合闸”按钮，合闸指示灯亮，断路器吸合。

（5）送进线柜或联络柜的电时，要先送进线柜、联络柜，然后依次送负荷柜。

（6）高、低压配电柜跳闸或停电时，在恢复送电前先查明原因，处理后按照第（4）、（5）条要求送电。

3. 注意事项

（1）供扇风机的高低压开关严禁随便停电，当需停电时，应由矿总工程师批准后方可执行，送电则由瓦斯检查员许可后才允许送电。

（2）送电后要巡查设备运行情况，如发现指示不正常和特别声响，应立即停电处理。不准带电检修或移动设备，一切裸露电气设备都要安设栅栏，并挂“高压危险，小心触电”警示牌。

（3）严禁带负荷拉隔离开关或拉手车。

（4）检修变电所设备时，检查将所检修设备内是否留下工具等。

（5）有下列情况之一时，值班人员要先操作后汇报：

① 直接威胁人身与设备安全的。

② 所内高压设备发生严重接地的和短路冒火的，或响声剧烈的。

③ 电容器、变压器严重漏油、喷油的。

（6）部分工作停电，安全距离 6KV 小于 0.7M，未停电设备，应装设临时遮拦，可用干燥木柴、橡胶或其他坚硬绝缘材料制成，装设应牢固可靠，并悬挂“止步，高压危险”警示牌。

（二）井下硐室值班电工

1. 操作准备

（1）接班后应了解电气设备运行情况。

（2）检查电气设备上一班的运行方式、操作情况、异常运行、设备缺陷和处理情况。

（3）了解上一班发生的事故、不安全情况和处理经过。

（4）阅读上级指示、操作命令和有关记录。

（5）了解上一班内未完的工作及注意事项，特别是上一班中停电检修的线路、有关设备的情况。

（6）检查各线路的运行状态、负荷情况、设备状况和仪器仪表指示、保护装置是否正常。

（7）清点检查工具、备件、消防器材和有关资料。

（8）接班人员应在上一班完成倒闸操作或事故处理、并在交接班记录簿上签字后方可接班。

2. 操作顺序

停电倒闸操作按照断路器、负荷侧开关、电源侧开关的顺序依次操作。送电顺序与此相反。

3. 正常操作

（1）值班配电工负责监视变（配）电所内电气设备的安全运行，重点监视以下内容：

（2）仪表和信号指示、继电保护指示应正确。

（3）电气设备接地应良好，高压接地保护装置和低压漏电保护装置工作正常，严禁甩掉不用。

（4）值班配电工负责变电所内高、低压电气设备停、送电操作：

（5）停电操作。值班人员接到停电指令或持有“停电操作票”的作业人员及检查人员的停电要求后，做如下操作：

① 停高压开关时，应核实要停电的开关，填写“倒闸操作票”，确认无误后方可进行停电操作。停电操作必须戴绝缘手套、穿绝缘靴或站在绝缘台上，操纵高压开关手柄，切断断路器，并在手柄上挂上“有人工作，禁止合闸”的警示牌。如检修开关或变压器时，在切断断路器后，必须拉开隔离开关。

② 低压馈电开关停电时，在切断开关后，实行闭锁，并在开关手柄上挂上“有人工作，禁止合闸”的警示牌。

（6）送电操作。当值班人员接到送电指示或作业人员已工作完毕，原联系人要求送电时，应核实好要送电的开关，确认送电线路上无人工作时方可送电，严禁约定时间送电。

送电操作如下：

① 高压开关合闸送电：填写“倒闸操作票”，取下停电作业牌，戴好绝缘手套，穿绝缘靴或站在绝缘台上，闭合隔离开关，操作断路器手柄或按钮进行合闸送电。

开关合闸后，要听、看送电的有关电气设备有无异常现象，如有异常现象，立即切断断路器，并向调度及有关人员汇报。

② 低压馈电开关送电操作如下：取下开关手柄上的“有人工作，禁止合闸”牌后解除闭锁，用操作手柄合上开关。同时，观看漏电保护绝缘显示，当显示数低于规定值时，必须立即切断开关，责令作业人员进行处理或向调度室及有关人员汇报，严禁甩掉漏电保护强行送电。

（7）值班人员必须随时注意各开关的继电保护、漏电保护的工作状态，当发生故障时应及时处理，并向有关部门汇报，做好记录。

4. 特殊操作

（1）在供电系统正常供电时，若开关突然跳闸，不准送电，必须向调度室和有关人员汇报，查找原因进行处理，故障排除后，方可送电。

（2）发生人身触电及设备事故时，立即断开有关设备的电源，并及时向矿调度及有关领导汇报。

5. 收尾工作

（1）必须认真做好各种记录，清理室内卫生。

（2）向接班人详细交代本班电气设备运行方式、操作情况、本班内未完的工作及注意事项。

（三）矿井安装电工

1. 安全规定

（1）上班前不准喝酒，严格遵守劳动纪律及各项规章制度。

（2）在井下距检修地点20米内风流中瓦斯浓度达到1%时，严禁送电试车。达到1.5%时，必须停止作业，并切断电源，撤出人员。在井下使用普通型电工测量仪表时，所在地点必须由瓦斯检测人员检测瓦斯，瓦斯浓度在1%以下时方允许使用。

（3）井下安装如需进行电焊、气焊和喷灯焊接时，必须按《煤矿安全规程》的有关条款执行。

（4）入井安装的防爆设备必须有“产品合格证”“防爆合格证”“煤矿矿用产品安全标志”。

2. 操作准备

（1）施工前应熟悉图纸资料、安装质量标准及安全技术措施。

（2）检测、核对安装的设备、电缆、技术参数及安装时所用材料。各种技术数据及技术要求与设计相符并符合《煤矿安全规程》的规定。

（3）检查安装、运输的现场环境，清除安装场地的障碍和杂物，了解工作场所的安全状况及相关工作环节的情况。

（4）安装的设备必须按照电气试验规程中规定的试验项目做各种试验，试验合格后方准使用。

（5）低压电缆必须测试绝缘，高压电缆必须做直流耐压和泄漏试验，试验合格后方准使用。

3. 正常操作

（1）设备装车运输时必须固定可靠。对小型贵重设备、仪表、易损零部件应采取保护措施后，再进行搬运。

（2）施工所用的起重用具，必须进行详细检查，确认完好无损后，方可使用。起重设备时，检查支架棚子应安全牢固，正式起吊前应进行试吊。被吊物上严禁站人，吊起的重物下严禁有人。

（3）安装施工时必须严格执行停送电作业制度。从事高压作业时，必须按停电、验电、放电、挂停电标志牌等顺序工作。

（4）安装防爆设备时，要保护防爆面，不准用设备做工作台，以免损坏设备，安装完毕后，应符合防爆性能要求。

（5）安装后的检查

① 各类电气设备的安装必须符合设计要求，设备安装垂直度、电缆的敷设、接线工艺应符合安装质量标准。

② 检查连接装置，各部螺栓、防松弹簧垫圈应齐全紧固。

③ 电气间隙、爬电距离、防爆间隙及接地装置应符合标准。

（6）试运转

① 安装设备的手动部件应动作灵敏可靠，开关的触头闭合符合技术要求。

② 按设计整定继电保护装置。

③ 瓦斯浓度在1%以下时方可进行试送电，送电时必须严格执行停送电制度。工作前停电挂牌的开关要撤牌，谁挂牌谁摘牌。

④ 完成上述工作后由组长与司机、维护人员一起进行设备试运转。

4. 收尾工作

（1）设备经有关人员检查验收合格后，交付使用单位，并做好工作记录。

（2）清理场地、工具、材料、仪表、仪器。试运转正常后撤离现场。

（四）矿井电工

1. 安全规定

（1）上班前不喝酒，遵守劳动纪律，上班时不做与本职工作无关的事情，遵守本操作规程及各项规章制度。

（2）高压电气设备停送电操作，必须填写工作票。

（3）检修、安装、挪移机电设备、电缆时，禁止带电作业。

（4）井下电气设备在检查、修理、搬移时应由两人协同工作，相互监护。检修前必须首先切断电源，经验电确认已停电后再放电（采区变电所的电气设备及供电电缆的放电，只能在硐室内瓦斯浓度在1%以下时才准进行)，操作手把上挂“有人工作，禁止合闸”警示牌后，才允许触及电气设备。

(5)操作高压电气设备时，操作人员必须戴绝缘手套，穿高压绝缘靴或站在绝缘台上操作。操作千伏级电气设备主回路时，操作人员必须戴绝缘手套或穿高压绝缘靴，或站在绝缘台上操作。127伏手持式电气设备的操作手柄和工作中必须接触的部分的绝缘应良好。

(6)井下电气维修工工作期间，应携带电工常用工具、与电压等级相符的验电笔和便携式瓦斯检测仪。

(7)井下使用普通型仪表进行测量时，应严格执行下列规定：

① 普通型携带式电气测量仪表，只准在瓦斯浓度为1%以下的地点使用。

② 在测定设备或电缆绝缘电阻后，必须将导体完全放电。

③ 被测设备中有电子插件时，在测量绝缘电阻之前。必须拔下电子插件。

2. 操作准备

(1)井下电气维修工入井前应检查、清点应带的工具、仪表、零部件、材料，检查验电笔是否保持良好状态。

(2)供电干线需停电检修时，事先必须将停送电时间及影响范围通知有关队组。

3. 正常操作

(1)井下中央变电所、有值班员值班的采区变电所的高压开关设备的操作，必须由值班员根据电气工作票、倒闸操作票进行停送电操作。单人值班的由维修工监护，无人值班的采区变电所、配电点，或移动变电站的操作，由检修负责人安排熟悉供电系统的专人操作，由检修负责人监护。

(2)对维修职责范围内设备的维修质量，应达到《煤矿矿井机电设备完好标准》的要求,高低压电缆的悬挂应符合有关《煤矿安全规程》中的要求。设备检修或更换零部件后，应达到检修标准要求。电缆接线盒的制作应符合有关工艺要求。

(3)馈电开关的短路、过负荷、漏电保护装置应保持完好，整定值正确，动作可靠。

(4)移动变电站的安装、运行、维修和管理必须按照煤炭部“煤矿井下1140伏电气设备安全技术和运行的暂行规定”的要求执行，其漏电保护主、辅接地极的安装、维护必须符合要求。

(5)各类电气保护装置应按装置的技术要求和负载的有关参数正确整定和定期校验。

第20条电流互感器二次回路不得开路，二次侧接地线不准断路。在电压互感器二次回路进行通电试验时，应采取措施防止由二次向一次反送电。

(6)在检查和维修过程中，发现电气设备失爆时，应立即停电进行处理。对在现场无法恢复的防爆设备，必须停止运行，并向有关领导汇报。

(7)电气设备检修中，不得任意改变原有端子序号、接线方式，不得甩掉原有的保护装置，整定值不得任意修改。

（8）漏电保护跳闸后，应查明跳闸原因和故障性质，及时排除后才能送电，禁止在甩掉漏电保护的情况下，对供电系统强行送电。

（9）电气设备的局部接地螺栓与接地引线的连接必须接触可靠，不准有锈蚀。连接的螺母、垫片应镀有防锈层，并有防松垫圈加以紧固。局部接地极和接地引线的截面尺寸、材质均应符合有关规程细则规定。

（10）铠装电缆芯线连接必须采用冷压连接方式，禁止采用绑扎方式。

（11）连接屏蔽电缆时，其半导体屏蔽层应先用三氯乙烯清洗剂（阻燃清洗剂）将导电颗粒洗干净。对于金属屏蔽层，不允许金属丝刺破芯线绝缘层。屏蔽层剥离长度应大于国家标准规定的耐泄痕性 d 级绝缘的最小爬电距离的 1.5 ~ 2 倍。

4. 特殊操作

（1）凡有可能反送电的开关必须加锁，开关上悬挂“小心反电”警示牌。如需反送电时，应采取可靠的安全措施，防止触电事故和损坏设备。

（2）在同一馈电开关控制的系统中，有两个及以上多点同时作业时，要分别悬挂“有人工作、严禁送电”的标志牌，并应有一个总负责人负责联络、协调各相关环节的工作进度。工作结束后、恢复送电前，必须由专人巡点检查，全部完工并各自摘掉自己的停电标志牌后，方可送电。严禁约定时间送电。

（3）当发现有人触电时，应迅速切断电源或使触电者迅速脱离带电体，然后就地进行人工呼吸抢救，同时向地面调度室汇报。触电者未完全恢复，医生未到达之前不得中断抢救。

（4）当发现电气设备或电缆着火时，必须迅速切断电源，使用电气灭火器材或砂子灭火，并及时向调度室汇报。

5. 收尾工作

（1）工作完毕后，工作负责人对检修工作进行检查验收，摘掉停电牌，清点工具，确认无误后，恢复正常供电。并对检修设备进行试运转。

（2）每班工作结束上井后，必须向有关领导汇报工作情况，并认真填写检查维修记录。

（五）矿井大型设备维修电工

1. 操作准备

（1）作业前对所用工具、仪表、保护用品进行认真检查、调试，确保准确、安全、可靠。

（2）检修负责人应向检修人员讲清检修内容、人员分工及安全注意事项。

（3）作业前要搞清整个供电系统各部的电压等级，使用与电压等级相符的合格的验电笔时，要逐渐接近导体。

（4）在进行定期检修或大修设备前，应按照作业计划，做好相应的准备工作。

2. 正常操作

（1）需要对 6 千伏以上高压电气设备检修作业时，还必须遵守“高压设备作业规程”。

（2）操作高压电气设备时，必须戴合格的绝缘手套、并穿电工绝缘靴或站在绝缘台上，由一人操作，一人监护，在停电后的开关上，挂上“有人工作，禁止合闸”的停电警示牌。

（3）对所规定的日、周、月检内容按时进行维护检修，不得漏检。

（4）各种电气安全保护装置应按规定进行定期检修、试验和整定。

（5）对所维修的电气设备应按规定进行巡回检查，并注意各部温度和有无异响，异味，异常震动。

（6）注意各种仪表应指示准确（如电流表、电压表、电度表等），发现问题及时处理。

（7）对高低压开关的保护装置应按规定进行定期整定。

（8）检查电动机的运行情况，注意轴承温度，线圈温度，有无异响，异味等。

（9）对提升机等大型设备的各项机电保护、后备保护、闭锁功能及相应的检测装置应定期检查试验，并保证动作灵敏可靠，指示正确。

（10）各种安全保护装置、监测仪表和警戒标志，未经领导批准，不准随意拆除和改动。

（11）经检修负责人和操作监护人共同确认无问题后，方可按操作顺序进行送电。

（12）对检修后电气设备，机械保护进行测试和联合试验，确保整个系统保护灵敏可靠。

3. 收尾工作

（1）设备检修后在送电前要清点人员、工具、测试仪器、仪表和更换的材料、配件是否齐全。

（2）对检修作业场所进行清扫，搞好设备和场所的环境卫生。

（3）检修后的设备状况，要由检修负责人向操作人员交代清楚，由检修、管理、使用三方共同检查验收后，方可移交正常使用。

（4）认真填写检修记录，将检修内容、处理结果及遗留问题与司机交代清楚，双方签字。

（六）电气试验员

1. 操作准备

（1）试验前工作负责人应对全体试验人员详细布置试验内容和安全注意事项，试验人员要有明确分工，坚守岗位，各行其责。

（2）试验前必须了解被试验设备情况，熟悉有关技术资料，采取安全合理的试验方案。

（3）做高压电气设备停电试验时，必须严格执行操作票制度，慎重核实设备编号、线路后，才能按规定程序进行倒闸操作。

2. 正常操作

（1）高压电气试验：

① 因试验需要断开设备接头时，拆前应做好相位标记，恢复后应进行核查。

② 试验前检查试验装置金属外壳，应有可靠接地线，高压引线应尽量缩短，必要时用绝缘物支持牢固。试验装置的低压电源，应使用明显断开的双极隔离开关和电源指示灯，

两个串联的电源开关，并加装过载保护装置。

③ 试验前应先测量被试设备的绝缘电阻，合格后才可进行其他试验项目。耐压试验应在其他试验项目都合格后才能进行，否则应请示上级主管技术人员。

④ 用摇表测量大电容电气设备的绝缘电阻时（如电缆、发电机，大型变压器），先将导线离开被试物后，再停止转动摇表。

⑤ 试验前和变更试验接线时，应坚持复查接线，通电前调压器手把应保持在零位，合拉闸必须互相呼应正确传达口令，加压时应重复要求加压的数字，避免加压错误。

⑥ 加压前应通知有关人员离开被试设备或退出现场后，方可加压。对有人工作的邻近设备有感应电压时，应采取预防措施。

⑦ 对有电容的设备，试验前后均应充分放电，对有静电感应的设备，应接地线后才能接触。放电时需用有限流电阻的专用放电棒，放电人员应戴绝缘手套。

⑧ 试验操作过程中，应精神集中，随时注意异常情况，操作人员应穿绝缘靴或站在绝缘垫上。

⑨ 改变接线、寻找故障或试验结束时，应先断开试验电源，然后放电，必要时还应将升压设备的高压部分接地。

⑩ 带电试验应有根据现场情况制定的安全措施，特殊试验、研究性试验和在运行系统做试验时，必须有试验方案，并经有关技术负责人批准后，才能进行。

⑪ 试验用低压电源、变压器中性点、消弧电抗器、电压互感器、电流互感器、二次回路等的接地线，或二线一地系统的工作地线，必须在设备停电后拆除。

⑫ 不能采用变压器中性线，作为试验用接地线。

⑬ 在试验过程中，禁止采用冲击办法加压，应缓慢升至试验电压，并在耐压时间内保持不变。

⑭ 在泄漏、耐压试验中，当发现升压到某一值时，调压器继续升压而电压表指示不再上升或电压表指示突然回零，应立即将调压器手把调至零位，断开开关，切断电源，找出原因。

⑮ 为了防止过电压，在一些试验中要加装球间隙保护（球间隙放电值为被试物试验电压的 110%）。

⑯ 高压试验时，被试物的非试验相、非试验侧均应接地，在换相时必须切断电源。

⑰ 未装地线的大电容被试设备，应先进行放电，再做试验。直流耐压试验每一阶段或试验结束时，应将设备对地放电数次，并短路接地。

⑱ 井下试验设备的接地线、接地极应保持接触良好，接地电阻符合要求。

（2）继电保护的检验与整定：

① 继电保护装置检验、整定前应做好下列准备工作：应备有整定方案、原理接线图、回路安装图、前次检验记录、有关的检验规程、适用的仪表仪器、设备、工具连接线、备用零件和正式的检验记录表格。

② 进行继电保护试验的工作人员，应取得变电所值班人员同意后，方准开始在变电所内进行工作。值班人员按操作规定程序，切断被检验开关的一次回路，并挂接地线。将进行检验的保护装置与其他设备的跳闸回路断开，断开直流电源熔断器。并说明周围设备的运行状态及注意事项后才准开始工作。

③ 在检验继电保护装置时，为了避免运行中的设备误跳闸或将备用设备误投入，应先确定被检验的装置中哪些回路在检验时应预断开，运行中的哪些盘或盘的哪些部分必须加以适当的防护。

④ 了解被试保护设备的一次接线及运行方式，并考虑到当利用负荷电流及电压检验时，如果系统发生事故或被检验装置发生误动作，应有保证供电的安全措施。

⑤ 继电保护装置检验用的电源应基本稳定，如果由于电压波动对检验结果造成影响时，应采取必要的稳压措施。

⑥ 继电保护在拆装和试验前，应与检修及值班人员联系。必要时需由工作负责人填写工作票，做好安全措施后，方可进行检验工作。

⑦ 继电保护在带电拆装时，要断开直流电源，电流互感器二次应短路。电压互感器二次开路后的接头必须用胶布包好，防止接地和短路。井下严禁带电检验继电保护装置。

⑧ 拆装继电保护装置时，要做好标记，必要时画接线草图，防止接线错误。

⑨ 试验过程中需输入大电流时，应力求缩短时间。

⑩ 试验回路不应接地，以免电源短路。

⑪ 继电器除油壶内可以注入油脂外，其他一律不准注入任何油脂。

⑫ 继电器检验调整完毕后，应认真填写试验报告，将试验结果通知值班人员。

⑬ 检验时使用的试验仪器、仪表、工具及所采用的其他设备、装设的临时线都应拆除，检验时所拆除的导线都应恢复，各信号继电器掉牌指示都应复归。

（3）电气仪表检验：

① 拆装仪表前，应与检修人员联系好，必要时需由工作负责人填写工作票，做好安全工作措施后，方可进行工作。

② 拆装仪表时应详细做好接头标记，应拴标牌及绘制接线图。

③ 运行中拆装仪表时，电流回路的短路线应连接可靠，电压线用胶布包好，防止接地或短路。

④ 仪表回路中若装有零序接地保护，拆装仪表时应在熟悉《电业安全工作规程》人员的监护下进行，必要时应停用继电保护的直流电源，防止零序接地保护误动作。

⑤ 试验电源的电压、频率、相序等应与仪表相符。

⑥ 带有外附专用分流器、专用附加电阻或专用附件的仪表，应与附件联合进行校验。

⑦ 校验开始时，应缓慢升压（或增流），如发现被试仪表有异常现象，应立即降低电压（或电流），断开电源进行检查。

⑧ 在校验仪表时，电源熔断器熔丝不宜选的过大。

⑨ 在现场检验仪表时，不允许直接使用交流电网作为电源。所有由交流电网供电的调节回路，均应使用变压器把他们与仪表二次回路隔离。送电至电压互感器二次网路之前，必须采取措施，使该电压不致被电压互感器变换至高压侧。

⑩ 检验经互感器连接的交流仪表时，要在短接电流互感器和断开电压互感器的情况下进行。

⑪ 凡属在二次回路中进行工作时，如该回路与继电保护或自动装置有关时，均应填写专门的申请票，预先制定防止上述装置误动作或拒动的措施。

⑫ 在二次回路中工作结束后，应恢复原有接线，检查接线的正确性和一次、二次回路相位的一致性。

（4）固定设备的试验：

① 在正常运行的固定设备上进行测试工作时，必须与当班司机联系，并说明测试过程中司机应注意事项。如有变更情况，要与司机交代清楚。

② 在正常运行设备上进行测试工作时，必须使该设备退出正常运行系统。投入备用设备运行正常后，才能进行测试工作。

③ 在无备用设备情况下进行测试时，在进行测试前，必须对该设备系统采取措施，使该设备达到正常运行要求，以防在测试过程中停电停机后出现危急情况。

④ 在非正常状态下进行测试时，必须有安全技术措施，经技术负责人批准后，才能进行测试。

⑤ 矿井提升绞车动态测试紧急制动后，必须对钢丝绳进行检查，当钢丝绳符合要求后，绞车才能投入正常运行。

⑥ 进行矿井水泵测试时，在水泵起动前应关闭水泵闸门，使电机在轻载状态启动，然后逐步打开闸门，增加电机负载。

3. 收尾工作

（1）验工作结束后，试验负责人应认真核对试验项目和记录，当试验结果无误后，才能拆除试验接线，恢复设备原有接线。

（2）恢复试验前的线路状态。当需要对线路恢复送电时，应撤回线路上的所有工作人员，确认线路上无人工作时，摘除有关警示牌，由值班人员按送电顺序送电。

（3）清点工具、仪表、材料，清扫工作环境卫生，方可离开工作场所。

（七）防爆检查工

1. 操作准备

（1）清点检查用工具、仪表、零部件、绝缘材料，检查验电笔是否保持良好状态。

（2）需要停电检查前，应提前与有关部门取得联系。

2. 电气设备入井前检查

（1）入井使用的电气设备必须对隔爆接合面的粗糙度、间隙及接线引入装置等隔爆部位进行详细检查。隔爆性能必须符合防爆标准的要求，严禁失爆设备入井。

（2）防爆电气设备入井前，应检查其“产品合格证”“防爆合格证”“煤矿矿用产品安全标志”及安全性能。

（3）必须填写入井设备检查记录，合格的设备方可签发入井合格证。

3. 井下电气设备的检查

（1）防爆检查员在井下检查电气设备时，应与所在地区负责人或维护人员一起检查。

（2）设备周围环境是否清洁，有无妨碍设备安全运行和检修的杂物。

（3）是否有良好的通风散热条件，外壳有无缺损。

（4）安装是否牢固可靠，有无歪斜及震动现象。

（5）设备完好，符合防爆性能和要求，做到：

① 电源电缆、控制线和信号线电缆接线规范，引出引入密封良好，不用的喇叭口应用挡板封堵严密，无失爆现象。

② 有无异常声响、过热、异味。

③ 控制部分、闭锁装置、信号显示是否正常、有效。

④ 接地应规范、牢固、无锈蚀。

（6）检查工作完毕后，填写检查卡片或检查记录。在检查中发现失爆或重大问题时，必须责令被检查单位当场处理，检查员在现场监督直至处理完后方可离去。

（八）防爆电器修理工

1. 操作准备

（1）修理前准备好必要的材料、配件、工具、测试仪器及其他工具。

（2）在起、拉、吊、运防爆电气设备前，应对使用的器具进行检查。

（3）防爆电器设备检修前，必须对防爆设备的完好程度、防爆壳体及防爆面进行全面检查，详细记录检查情况。

（4）对防爆设备脏污、锈蚀部分和油漆脱落部分进行清理。

2. 正常操作

（1）严格实行定期检修制度，井下防爆电气设备应定期升井到进行大修。

（2）拆装防爆电器设备时，应用专用工具，严禁野蛮拆装和违章操作。

（3）防爆电气设备拆开后，防爆面要妥善放置保管，对不符合防爆要求的，必须进行处理，对沾污或局部有可处理损伤的防爆面，经处理后的粗糙度和防爆间隙应符合防爆标准的规定，防爆面应进行钝化处理并涂防锈漆。

（4）对损伤的触头、接点、线圈、消弧罩等零部件修理后应达到检修质量标准要求，保证安全使用，对无法修复的各种零部件必须更换。

（5）选用熔片、保护装置的整定应与电气设备性能一致，严禁用保险丝代替熔片。

（6）修理电气设备时，不准任意改动原设备的端子位序和标记，所换的组件必须是校验合格的，固定要牢固，接线要合理。

（7）经修理后的防爆电气设备的机械传动部分应动作灵活，主回路动静触头和辅助接点接触符合规定要求，内部接线牢固、无松动，电气保护动作灵敏可靠。

（8）防爆电气设备修完装盖前，必须详细检查防爆墙，应无遗留的线头，零件等杂物，保持防爆设备主防爆墙和各个接线盒防爆腔内清洁无杂物。

（9）对防爆电气设备涂刷防锈漆和防护漆时，不得沾污防爆面。

（10）按规定项目对设备防爆性能进行检查试验，并记录主要参数，达不到规定要求的，要找出原因，重新修理并试验，直至合格为止。电气试验合格后，出具产品检修证书，签字盖章入库存放。

（11）实行防爆电气设备检修责任制，谁检修、谁负责，严格按防爆设备检修标准认真检查。

（12）对修理后仍不能保证安全使用或严重损坏无法修理的电气设备，应予以报废，做好报废标记后送指定地点。

3. 收尾工作

（1）每台防爆电气设备完成检修工作后应整理检修记录及试验报告。

（2）防爆电气设备应编号管理，建立修理档案。修理档案应注明检修设备编号、型号、检修日期、检修内容、更换的主要零、部件、安全保护装置的整定值、保险片（丝）的额定通过电流值等项内容、试验情况和检修人的签字等项内容。

（3）清点工具、仪表、材料，清扫工作环境卫生，电气设备停好电后方可离开工作场所。

（九）矿灯工

1. 安全规定

（1）严格执行交接班制度和工种岗位责任制，坚守工作岗位，遵守有关规章制度。

（2）矿灯应统一编号，实行专人专灯、固定充电架、集中管理。

（3）应保持矿灯房内充电间和修理间的排风装置工作正常，通风良好。室内禁止烟火，灭火设备完好。上、下水道畅通。

（4）矿灯有下列缺陷之一时，不得发出使用：

①灯头、灯盖锁失灵。

②充电不足。

③灯头圈松动。

④玻璃破裂。

⑤灯盒、灯头或灯线破损。

⑥接触不良形成“眨眼”。

（5）对充电设备和矿灯要经常检查，发现问题要及时处理。

（6）充电架上的电压表和充电指示器应定期校验和检查，充电架上的电压表每月应使用标准电压表校验一次。

2. 操作准备

（1）矿灯充电室内温度应保持在 15℃ ~ 25℃之间。

（2）充电架应保持清洁，每天应擦拭一次，每半年检修一次。

3. 操作顺序

在一般正常情况下的充电程序如下：

（1）日常充电：矿灯对号上架—关闭灯头开关—接通充电回路，开始充电—完成充电过程，切断充电回路—结束充电。

（2）初次充电：充电 8 小时—进入充电过程—切断充电回路—结束充电。

4. 正常操作

（1）收回的矿灯应进行下列检查：

① 灯锁、灯头开关、灯圈、玻璃、灯头壳及灯线等有无损坏，闭锁装置是否有效。

② 电池槽是否有破损、漏液、变形。透气孔是否堵塞。

③ 有无红灯、灭灯现象。

④ 短路保护装置或短路保护器是否正常。

（2）日常充电：

把用过的矿灯对号放到充电架上，关闭灯头开关，然后把灯头上的充电插孔插到充电架的充电插头上，顺时针旋转 180°，指示灯红灯亮即为正常充电，绿灯亮表示电池已充满，全架矿灯充电完毕后，充电电流在 0.1A ~ 0.3A 之间为正常。

（3）充电注意事项：

① 充电工作应由专人负责。

② 每隔 1 小时观察一次充电电压，保持在 7V ~ 9V 之间为正常。

③ 应经常清理充电座弹簧片，使其与灯头正极保持良好的接触。

④ 充电时显示若出现红、绿灯交错闪烁现象，说明该矿灯有问题或正、负极接触不良，应取下进行故障处理。

⑤ 红、灭灯的电池应及时更换、检修。

（4）灯头部的拆卸与维护：

① 用三角套扳子拧松三角保险螺钉，取下灯头圈。

② 取下灯头圈、灯面玻璃、灯泡、反射器。

③ 检查灯头开关、电缆等有无松动。

④ 用叉口改锥将帽挂钩螺钉取下，取下帽挂钩保险弹簧片、充电开关和衬片，即能检查充电触头。

⑤ 用扳手旋下电缆固定螺母，用改锥旋下电缆端部的焊片即可从灯头上取下电缆。发现有损坏现象时，应将损坏部分剪掉，可用剪刀将电缆护套割去 30 ㎜（电缆长度不小于 1.1 米），在割掉护套 8 ㎜处用手钳子将新轧头扎紧，套上橡皮垫圈，使他位于轧头和

固定螺母之间，然后用扳手将固定螺母装在灯头上拧紧。电缆端部分别焊上焊片，套上套管并和灯头正负极接通。

⑥ 通过上述检修后，按相反次序重新将灯头装好即可。

（5）上半部分的拆卸与检查：

① 矿灯使用半年后，应将上盖拆下进行检查修理。

② 用叉口改锥将锁盖螺钉拧松，取下锁盖及螺钉，这时盖身即可取下。检查完后，将盖身放在电池顶部，固定好锁盖，拧紧锁盖螺钉。

（十）主排水泵司机

1. 安全规定

（1）遵守有关规章制度，上班前不喝酒，上班时不得睡觉，不做与工作无关的事情。

（2）注意检查工作地点顶板及支护情况，发现问题要及时汇报处理，严禁在不安全的情况下开泵。

（3）在以下情况下，水泵不得投入运行：

① 电动机、水泵故障没有排除。

② 电压降太大，电压不正常，电动机不能正常启动。

③ 水泵不能正常工作。

④ 管路漏水，吸、排水管路不能正常工作。

⑤ 水泵开关和控制设备损坏、失爆、漏电或不能保证安全使用。

2. 操作准备

（1）检查水泵的对轮销子及防护罩是否齐全、各紧固螺钉是否牢固。

（2）检查电气设备是否完好，防爆性能是否符合规定。

（3）检查水泵安装是否牢固、平稳，电机、泵体和底盘是否紧固，对轮间隙是否符合标准。

（4）检查水龙头是否漏水或堵塞，检查水仓的水位，查看吸水管路是否漏水。

（5）检查盘根密封和压盖松紧程度，轴承油量油质是否合格，出水闸阀是否关严。

3. 操作顺序

水泵在一般正常情况下按以下操作顺序进行：

（1）启动：水泵充水—操作启动开关—启动水泵电机—逐渐打开水泵排水阀门—完成水泵启动—正常排水。

（2）停机：关闭水泵出水口阀门—断电停机—开关复位。

4. 正常操作

（1）水泵的启动操作按以下要求进行：

① 打开水泵灌水阀及放气孔，将泵体内灌满引水。

② 启动开泵，观察水泵的转动方向，观察压力是否正常。

③ 逐渐开大出水闸阀，检查水泵是否上水，直至水泵正常运转。

（2）司机应精力集中，注意水仓的储水量变化，注意水泵的声音、检查轴承的温度和电机温度是否正常，不得擅自离开工作岗位。

（3）水泵的停止操作按以下要求进行：

① 先关闭出水闸阀，然后切断电源停泵。

② 将启动开关手把打到“零”位，将开关闭锁。

（十一）主通风机司机

1. 安全规定

（1）上班前禁止喝酒，上班时不得睡觉，不得做与本职工作无关的事情。严格执行交接班制度岗位责任制，遵守本操作规程及《煤矿安全规程》的有关规定。

（2）当主要通风机发生故障时，备用通风机必须在 10 分钟内开动，并转入正常运转。

（3）当矿井需要反风时，必须在 10 分钟内完成反风操作。

（4）主通风机司机应严格遵守以下安全守则和操作纪律：

① 不得随意变更保护装置的整定值。

② 操作高压电器时应用绝缘工具，并按规定的操作顺序进行。

③ 协助维修工检查维修设备工作，做好设备日常维护保养工作。

④ 地面风道进风门要锁固。

⑤ 除故障紧急停机外，严禁无请示停机。

⑥ 通风机房及其附近 20 米范围内严禁烟火，不得有明火炉。

⑦ 开、闭风闸门，如设置机动、手动两套装置时，须将手动摇把取下以免伤人。

⑧ 及时如实填写各种记录，不得丢失。

⑨ 工具、备件等要摆放整齐，搞好设备及室内外卫生。

⑩ 严格按照调度室命令进行通风机的启动、停机和反风操作。

2. 操作准备

（1）通风机的开动，必须取得调度室的准许开机命令。

（2）通风机起动前应进行下列各项检查：

① 轴承润滑油油量合适，油质符合规定，油圈完整灵活。

② 各紧固件及联轴器防护外罩齐全，紧固，传动胶带松紧适度和无裂纹。

③ 电动机碳刷完整，接触良好，滑环清洁无烧伤。

④ 保护整定合格，各保护装置灵活可靠。

⑤ 电气设备接地良好。

⑥ 各指示仪表、保护装置齐全可靠。

⑦ 各启动开关手把都处于断开位置。

⑧ 电源电压符合电动机起动要求。

⑨ 风门完好，风道内无杂物。

3. 操作顺序

主通风机在正常情况下按以下操作顺序进行：

（1）启动：接到启动主通风机命令——检查风门是否处于正确状态——松开机械闸——操作启动设备——启动风机电机——完成电机启动——完成风机启动——报告矿调度室或有关部门。

（2）停机：接到停机命令——压防爆门——断电停机——锁紧机械闸——报告矿调度室或有关部门。

4. 正常操作

（1）启动操作

打开风门，打开机械闸，按下风机柜的启动按钮，风机正常启动后，压紧防爆门。

（2）主要通风机的正常停机操作

① 接到主管上级的停机命令。

② 断电停机。

③ 根据停机命令决定是否开动备用通风机，如需开动备用风机，则按上述正常操作要求进行。

④ 不开备用风机时，应打开井口防爆门和有关风门，以充分利用自然通风。

（3）主通风机应进行班中巡回检查：

① 巡回检查的时间一般为每小时一次。

② 巡回检查的主要内容为：

A 各转动部位应无异响和异常振动。

B 轴承温度不得超限

C 电动机温升不超过规定要求

D 各仪表指示正常

③ 电机电流不超过额定值，严禁超载运行。

④ 电压应符合电机正常运行要求，否则应报告矿主管技术人员，确定是否继续运行。

⑤ 随时注意检查负压变化情况，发现异常情况应及时向矿调度室部门汇报。

⑥ 巡回检查中发现的问题及处理经过，必须及时填入运行日志。

（4）主要通风机司机的日常维护内容：

① 轴承润滑：

A 润滑轴承应按规定要求定期换油，日常运行中要及时加油，经常保持所需油位。

B 滚动轴承应用规定的油脂润滑，油量符合规定要求。

C 禁止不同型号的油混杂使用。

② 备用通风机必须经常保持完好状态。

A 每 10 天进行一次轮换运行，最长不超过 1 个月。

B 轮换超过 10 天的备用通风机应每月空运转一次，每次不少于 1 小时，以保证备有通风机完好，可在 10 分钟内投入运行。

5. 特殊操作

（1）主要通风机紧急停机的操作：

① 直接断电停机（高压先停断路器）。

② 立即报告矿井调度值班室和主管部门。

③ 按矿主管技术人员决定，关闭和开启有关风门。

④ 电源失压自动停机时，先拉掉断路器，后拉开隔离开关，并立即报告矿井调度室和主管部门，待排除故障或恢复正常供电后，再行开机。

（2）主要通风机有以下情况之一时，允许先停机后汇报：

① 各主要传动部件有严重异响或非正常震动。

② 电动机单相运转或冒烟冒火。

③ 突然停电或电源故障停电造成停机，先拉下机房电源开关后汇报。

④ 其他紧急事故或故障。

（3）主要通风机的反风操作：

① 反风应在矿长或总工程师直接指挥下进行。

② 用反转电动机反风时：

A 停止当前通风机运转。

B 待电动机停稳后，用换相装置反转启动电动机。

C 对于异翼固定的通风机直接反转启动通风机，对于异翼可调角度的通风机，则先调整异翼调整器，改变异翼角度。然后反转启动电机。

③ 其他形式通风机按说明书要求进行。

④ 在更换备用通风机做空转实验时，需按现场指挥的正确指令进行。

（十二）五小电器修理工

1. 操作准备

（1）准备检修中需要的材料及零配件。

（2）计划本班应修的小型电器件数。

（3）准备好各种工具和检测用的仪器仪表。

2. 正常操作

（1）清点和整理本班交回的小型电器，清扫煤尘和杂物。

（2）详细检查小型电器的隔爆接合面的粗糙度和间隙及接线螺钉锈蚀情况。对不合格的小型电器，按《煤矿机电设备检修质量标准》的要求进行修理或更换。

（3）更换损坏的零部件，修复失爆或不符合要求的隔爆面，测试绝缘，对受潮的小型电器进行干燥处理，经修理后，电气性能应符合安全要求。

（4）涂漆。

① 有关部位涂耐弧漆

② 有关部位涂防锈漆

（5）收尾工作。检修后的小型电器必须进行电气检验和试验，工作应正常，电器绝缘应符合规定要求，隔爆面应达到防爆标准规定，设备应达到完好标准。

① 填写检修记录，登记上台账，做到账、卡、物相符。

② 检修后的小型电器经防爆检查组验收合格后方可入库。

③ 清点检修用的小型电器工具，打扫场地。

（十三）矿井大型设备维修钳工

1. 安全规定

（1）上班前不准喝酒、上班不得做与本职无关的工作，严格遵守本操作规程及各项规章制度。

（2）维修工进行操作时应不少于 2 人。

（3）两个或两个以上工种联合作业时，必须指定专人统一指挥。

（4）作业前要切断或关闭所检修设备的电源、水源等，并挂“有人作业”警示牌。

（5）高空作业时，必须戴安全帽和系保险带，保险带应扣锁在安全牢靠的位置。

（6）禁止血压不正常，有心脏病、癫痫病及其他不适合从事高空作业的人员参加高空作业。

（7）高空作业时禁止上下平行作业，若必须上下平行作业时，应有可靠的安全保护措施。

（8）禁止在设备运转中调整时间。

（9）需要在井下焊接作业时，必须按《煤矿安全规程》中的有关条款执行。

（10）在试验、采用新技术、新工艺、新设备和新材料时，应制定有相应的安全措施。

2. 操作准备

（1）熟悉设备检修内容、工艺过程、质量标准和安全技术措施，保证检修质量及安全。

（2）设备检修前要将检修用的备件、材料、工具、量具、设备和安全保护用具准备齐全。

（3）作业前要对作业场所的施工条件进行认真的检查，以保证作业人员和设备的安全。

（4）作业前要检查各种工具是否完好。

3. 正常操作

（1）维修人员对所负责范围内设备每班的巡回检查和日常维护内容如下：

① 检查所维护的设备零部件是否齐全完好可靠。

② 对设备运行中发现的问题，要及时进行检查处理。

③ 对安全保护装置要定期调整试验，确保安全可靠。

④ 检查设备各部位油量、油质和润滑油量、油质应符合规定要求。

（2）按时对所规定的日、周、月检内容进行维护检修，不得漏检。

（3）拆下的机件要放在指定的位置，不得妨碍作业和通行，物件放置要稳妥。

（4）拆卸设备必须按预定的顺序进行，对有相对固定位置或对号入座的零部件，拆卸前应做好标记。

（5）拆卸较大的零部件时，必须采取可靠的防止下落和下滑的措施。

（6）拆卸有弹性，偏重或易滚动的机件时，应有安全防护措施。

（7）拆装机件时，不准用铸铁、铸铜等脆性材料或比机件硬度大的材料做锤击或顶压垫。

（8）在检修时需要打开机盖和箱盖换油时，必须遮盖好，以防落入杂物、淋水等。

（9）在装配滚动轴承时，又无条件进行轴承预热处理时，应优先采用顶压装配，也可用软金属衬垫进行锤击。

（10）在对设备进行换油或加油时，油脂的牌号、用途和质量应符合规定，并做好有关数据的记录工作。

（11）对检修后的设备，检查设备的传动情况。

（12）设备检修后的试运转工作，应由工程负责人统一指挥，由司机操作的，在主要部位应设专人进行监视，发现问题，及时处理。

（13）设备经下列检修工作后，应进行试运转：

① 设备经过修换轴承。

② 电动机经过解体大修，调整转子，定子间隙。

③ 提升系统修换和更换天轮、提升矿车、连接装置及钢丝绳，调整、检修制动系统，解体大修绞车本体。

④ 主通风机经过解体大修，更换叶片，调整叶片安装角度。

⑤ 主排水泵修换本体主要部件。

⑥ 减速器更换齿轮。

（14）试运转时，监视人员应特别注意以下两点：

① 轴承润滑等转动部分的情况及温度。

② 转动及传动部分的振动情况，转动声音及润滑情况。

（15）禁止擅自拆卸成套设备的零、部件去装配其他机械。

（16）传递工具、工件时，必须等对方接妥后，送件人方可松手。远距离传递必须拴好吊绳、禁止抛掷。高空作业时，工具应拴好保险绳，防止坠落，严禁在高空抛扔物件。

（17）各种安全保护装置，监测仪表和警戒标志，未经主管领导允许，不准随意拆除和改动。

（18）检修后应将工具、材料、换下零部件等进行清点核对。对设备内部进行全面检查，不得把无关的零件，工具等物品遗留在机腔内，在试运转前应由专人复查一次。

（19）检修中被临时拆除或甩掉的安全保护装置，应指定专人进行恢复，并确保动作可靠。

（20）试运转前必须移去设备上的物件。

4. 收尾工作

（1）检修结束后应会同司机及使用维护负责人共同验收，验收中发现检修质量不合格，验收人员应通知施工负责人，及时加以处理。

（2）认真填写检修记录，检查部位、内容、结果及遗留问题等，双方签字，并将检修资料整理存档。

（3）搞好检修现场的环境卫生，检修清洗零部件的废液，应倒入指定的容器内，严禁随便乱倒。电焊、氧焊、喷灯焊接后的余火必须彻底熄灭，以防发生火灾。

（十四）采、掘工作面电工

1. 安全规定

（1）严格执行交接班制度和工种岗位责任制度，坚守工作岗位，严格遵守停送电制度及有关规章制度。

（2）必须随身携带合格的验电笔和常用工具、材料、停电警示牌及便携式瓦斯检测仪，并保持电工工具绝缘可靠。

（3）在检修、运输和移动机械设备前，要注意观察工作地点周围环境和顶板支护情况，保证人身和设备安全，严禁空顶作业。需要用棚梁起吊和用棚腿拉移设备时，应检查和加固支架，防止倒棚伤人和损坏设备。

（4）排除有威胁人身安全的机械故障或按规程规定需要监护的工作时，不得少于两人。

（5）所有电气设备、电缆和电线，不论电压高低，在检修检查或搬移前，必须首先切断设备的电源，严禁带电作业、带电搬运和及时送电。

（6）只有在瓦斯浓度低于1%的风流中，方可按停电顺序停电打开电气设备的门，经目视检查正常后，再用与电源电压相符的验电笔对各可能带电或漏电部分进行验电，检验无电后，方可进行对地放电操作。

（7）电气设备停电检修检查时，必须将开关闭锁，挂“有人工作、禁止送电”的警示牌，无人值班的地方必须派专人看管好停电的开关，以防他人送电。环形供电和双路供电的设备必须切断所有相关电源，防止反供电。

（8）当要对低压电气设备中接近电源部分进行操作检查时，应断开上一级的开关，并对本台电气设备电源部分进行验电，确认无电后方可进行操作。

（9）电气设备停电后，开始工作前，必须用与供电电压相符的测电笔进行测试，确认无电压后进行放电，放电完毕后开始工作。

（10）采掘工作面开关的停送电，必须执行“谁停电、谁送电”的制度，不准他人送电。

（11）一台总开关向多台设备和多地点供电时，停电检修完毕，需要送电时，必须与所供范围内的其他工作人员联系好，确认所供范围内，无其他人员工作时，方准送电。

（12）检修检查高压电气设备时，应按下列规定执行：

① 检查高压设备时，必须执行工作票制度，切断前一级电源开关。

② 停电后，必须用与所测试电压相符的高压测电笔进行测试。

③ 确认停电后，必须进行放电，放电时应注意：

A 放电前要进行瓦斯检查。

B 放电人员必须戴好绝缘手套、穿上绝缘鞋、站在绝缘台上进行放电。

C 放电前，还必须先将接地线一端接到接地网上，接地必须良好。

D 最后用接地棒或接地线放电。

④ 放电后，再将检修高压设备的电源侧接上短路接地线，方准开始工作。

（13）在使用普通型仪表进行测量时，应严格执行下列规定：

① 测试仪表由专人携带和保管。

② 测量时，一人操作，一人监护。

③ 测试地点瓦斯浓度必须在 1% 以下。

④ 测试设备和电缆的绝缘电阻后，必须将导体放电。

⑤ 测试电子元件设备的绝缘电阻时，应拔下电子插件。

⑥ 测试仪表及其档位应与被测电器相适应。

（14）检修中或检修完成后需要试车时，应保证设备上无人工作，先进行点动试车，确认安全正常后，方可进行正式试车或投入正常运行。

2. 操作准备

（1）准备采区机电设备检修、维护用的材料、配件、油脂、工具、测试仪表及工作中其他用品。

（2）办理计划停电审批单、高压停电工作票，与通风队联系安排瓦斯检测事项。

（3）在工作地点交接班，了解前一班机电设备运行情况，设备故障的处理情况及遗留问题，设备检修、维护情况和停送电等方面的情况，安排本班检修、维修工作计划。

3. 正常操作

（1）接班后对维护地区内机电设备的运行状况、电缆线吊挂及各种保护装置和设施等进行巡检，并做好记录。

（2）巡检中发现漏电保护、报警装置和带式输送机的安全保护装置失灵、设备失爆或漏电、采掘和运输设备、液压泵站不能正常工作、信号不响、电话不通、电缆损伤、管路漏水等问题时，要及时进行处理。对处理不了的问题，必须停止运行，并向领导汇报。防爆性能遭受破坏的电气设备，必须立即处理或更换。

（3）安装和拆卸设备时应注意以下事项：

① 设备的安装与电缆敷设应在顶板无淋水和底板无积水的地方，不应妨碍人员通行，距轨道和钢丝绳应有足够的距离，并符合规程规定。

② 直接向采煤机供电的电缆，必须使用电缆夹，无法上电缆夹的电缆放在专用的电缆车上。

③ 橡套电缆之间的直接连接，必须采用冷压、冷补工艺。综掘机及煤电钻的负荷电缆，

禁止使用接线盒连接。其他电缆的连接按有关规程规定执行。

④ 用人力敷设电缆时，应将电缆顺直，在巷道拐弯处不能过紧，人员应在电缆外侧搬运。

⑤ 搬运电气设备时，要绑扎牢固，禁止在上三角区吊挂电缆。工作面的电缆及开关的更换，必须满足设计要求。

⑥ 搬运电气设备时，要绑扎牢固，禁止越宽超高。要听从负责人指挥，防止碰人和损坏设备。

（4）对使用中的防爆电气设备的防爆性能，每月至少检查一次，每天检查一次设备外部。检查防爆面时不得损伤或沾污防爆面，检修完毕后必须涂上防锈油，以防止防爆面锈蚀。

（5）采区维修设备需要拆检打开机盖时要有防护措施，防止煤矸掉入机器内部。拆卸的零件，要存放在干净的地方。

（6）电气设备拆开后，应把所拆的零件和线头记清号码，以免装配时混乱和因接线错误而发生事故。

（7）拆装机器应使用合格的工具或专用工具，按照一般修理钳工的要求进行，不得硬拆硬装以保证机器性能和人身安全。

（8）在检修开关时，不准任意改动原设备上的端子位序和标记。在检修有电气连锁的开关时，必须切断被连锁开关中的隔离开关，实行机械闭锁。装盖前必须检查防爆腔内有无遗留的线头、零部件、工具、材料等。

（9）开关停电时，要记清开关把手的方向，以防所控制设备倒转。

（10）采、掘工作面电缆、照明信号线、管路应按《煤矿安全规程》规定悬挂整齐。使用中的电缆不准有鸡爪子、羊尾巴、明接头。加强对采、掘设备用移动电缆的防护和检查，避免受到挤压、撞击和炮崩，发现损伤后，应及时处理。

（11）各种电气和机械保护装置必须定期检查检修，按《煤矿安全规程》及有关规定要求进行调整、整定，不准擅自甩掉不用。

（12）注意检查刮板输送机液力耦合器有无漏液现象，保持其液质、液量符合规定。液力耦合器用易熔合金塞内无污物，严禁用不符合标准规定的其他物品代替。

（13）电气安全保护装置的维护与检修应遵守下列规定：

① 不准任意调整电气保护装置的整定值。

② 每班开始作业前，必须对低压检漏装置进行一次跳闸试验，对煤电钻综合保护装置进行一次跳闸试验，严禁甩掉漏电保护和综合保护运行。

③ 移动变电站低压检漏装置的试验按有关规定执行。

④ 在采区内做过流保护整定试验时，应与瓦斯检查员一起进行。

（14）采区机械设备应按规定定期检查润滑情况，按时加油和换油，油质油量必须符合要求不准乱用油脂。

4. 特殊操作

（1）井下供电系统发生故障后，必须查明原因，找出故障点，排除故障后方可送电。禁止强行送电或用强送电的方法查找故障。

（2）局部通风机、瓦斯自动检测报警断电装置与电源必须实行连锁。严禁任意停止局部通风机运转，局部通风机及其供电系统需要停电时，必须经通风管理人员批准，并采取相应措施后方可停电。在恢复送电前，必须经瓦斯检查员检查瓦斯浓度后方可送电，开动局部通风机。

（3）发生电气设备和电缆着火时，必须及时切断就近电源，使用电气灭火器材灭火，不准用水灭火，并及时向调度室汇报。

（4）发生人身触电事故时，必须立即切断电源或使触电迅速脱离带电体，然后就地进行人工呼吸，同时向调度室汇报，触电者未安全恢复，医生未到达之前不得中断抢救。

（十五）空气压缩机司机

1. 安全规定

（1）严格遵守以下安全守则和操作纪律：

① 操作高压电器时，要一人操作，一人监护。操作时要戴绝缘手套、穿绝缘靴或站在绝缘台上。

② 不得随意变更保护装置的整定值。

（2）下列情况禁止操作：

① 在安全保护失灵的情况下，严禁开机或运行。

② 在电动机、电器设备接地不灵的情况下，严禁开机或运行。

③ 在指示仪表损坏、不安全情况下，严禁开机或运行。

④ 在设备运行中严禁紧固地脚螺栓。

⑤ 风包有压情况下，严禁敲击和碰撞。

（3）每十天倒换空气压缩机运行。

2. 启动前的准备工作

（1）运行时，所有门板必须关闭，严禁检修设备。

（2）观察油分离器内的油位，液面位于视油镜的中心附近为正常，若低于该位置，应添加润滑油。

（3）打开排气球阀，观察机内启动储气罐的储存压力表，若无压力指示，关闭进气阀门，让机组在“空载”状态下启动。

（4）在启动前，油气分离器压力应为零，否则，必须打开安全阀完全卸载后，机组方能启动。

3. 启动及运转

（1）按动监控器面板上的“手动模式”键或“自动模式”键。

（2）通过油气分离器顶盖上二回路油管的视油镜，观察回油情况，空压机满载时，应有较大流量，卸载时，油量很小，甚至没有。

（3）运行正常后主机排气温度 65℃～105℃、油温＜70℃。

（4）检查各系统工作是否正常，是否有漏油、漏气现象，是否有不正常的声音，发现有异常情况，应立即停机并切断所有电源。

（5）按规定记录好设备运行日志，及巡检记录。

（6）连续启动空压机时，在重新启动时必须压力释放后，方可开机。

4. 运转中注意事项

（1）当运转中有异音及不正常振动要立即停机。

（2）机器运转过程中严禁进行检修操作。

（3）运转过程中若出现报警，应停机检查。

5. 停机

（1）按动监控器面板上的“停机”键，空压机自动卸载后停机。

（2）出现下列情况时，应按“紧急停机”按钮停机：

① 空压机或电动机有故障性异响、异震。

② 电动机冒烟、冒火或电动机电流超过额定电流值。

③ 出现紧急故障。

（十六）空气压缩机维修工

1. 开机前检查

（1）油气罐泄水：慢慢打开油气桶之泄油阀，将停机时的凝结水排出，直到有润滑油流出时，立刻关闭。注意，打开油气桶油阀前，必须先确认油气桶内无压力。

（2）检查油位：必要时添加至油位计的上下限中间。观察油位应在停机十分钟后观察。

（3）检查空压机内控制电源是否正常，接地是否良好。

（4）检查空压机冷却系统是否正常，换热器是否清洁。

（5）检查机器内有无泄漏，螺栓有无松动。

（6）周边设备准备：送电，打开压缩机出口阀。

2. 开机与停止

（1）送电至压缩机控制盘。

（2）启动：按“ON”键启动压缩机运转。

（3）观察液晶显示器及指示灯是否正常，如果有异常声音、振动、闪烁、立即按下“紧急停止按钮”，停机检修。

（4）停止：按“OFF”键，压缩机自动停止。

3. 正常运行检查

空压机正常运行后，司机应定期巡回检查（一般为每小时一次）。如发现不正常现象，应及时汇报处理，巡回检查主要内容如下：

（1）注意空压机运行电压及电流是否正常。

（2）运转中每 2 小时检查仪表并记录电压、电流、排气压力、排气温度、油位等数值，供日后检修参考。

（3）电动机、空压机运行情况，各部位有无异响或非正常震动。

（4）冷却系统、供油系统、排气系统工作情况，应无严重的漏水、漏油、漏气现象，各安全保护和自动控制装置动作灵敏可靠。

（5）检查油位，开机后油位应在观油镜两条线之间，不能低于下限。

（6）注意排气温度，排气温度应保持在 10℃ ~ 95℃之间，超过 100℃自动停机。

4．日常检查检修

（1）定期清理冷却器：清理时，应从上往下吹。

（2）定期清理过滤器滤芯，避免阻塞凝结水的排放。

（3）空压机首次保养：500 小时更换空滤、油滤及高级冷却液。日后正常保养：空滤 2000 小时，油滤 3000 小时，油细分离器 3000 小时，高级冷却液 3000 小时更换。

（4）油细分离器更换步骤：

① 空压机停机后，将空气出口关闭，自动滤水杯排污阀打开，确认系统已无压力。

② 将油气桶上方管路拆开，同时将压力维持阀出口至冷却器管路拆下。

③ 拆除回油管。

④ 拆下油气桶上盖固定螺丝。

⑤ 用 M20 螺栓对角均匀顶起上盖。

⑥ 锁紧转轴螺栓，待油气桶上盖与桶体全部脱开后，旋转油气桶上盖。

⑦ 取下油分离器换上新油分离器。

⑧ 依拆开的反顺序将油气桶装好。

（5）初次使用压缩机后 500 小时后更换润滑油，以后在正常情况下，每 3000 小时左右更换一次。

（6）换油步骤：

① 完全停机并且等到油气桶内完全没有压力。

② 断开主电路，并在电闸处和空压机操作面板处作维护标记，以防他人启动机组。

③ 擦点加油盖周围的污垢。

④ 拧开加油口盖。

⑤ 拧开油漆桶和冷却器的放油球阀。

⑥ 关闭各部分放油阀。

⑦ 从加油口注 50%的新油。

⑧ 锁紧加油盖。

⑨ 启动机组运行 5 ~ 10 分钟停机。

⑩ 重复步骤①彻底放净系统中的油。

⑪ 加入正常油量，锁紧加油口盖，机组即可正常运转。

5. 电动机维护和保养

（1）使用环境应经常保持干燥，电动机表面应保持清洁，进风口不应受尘土、纤维等杂物的阻碍。

（2）当电动机的热保护及短路保护连续发生动作时，应检查故障来自电动机，还是超负荷，或保护装置整定值太低，清除故障后，方可投入运行。

（3）保证电动机轴承在运行过程中的良好润滑，运行2000小时应补充润滑油。注油时，应用注油枪将油注入油环。在注油前，先将排油管上的油堵取下，并接上塑料管将油引出机外，待注油完毕，将塑料管去掉，油堵拧紧。

6. 特殊操作

空压机紧急停机：当出现下列情况之一时，应紧急停机：

（1）压缩机或电动机有异响、异震。

（2）主电机运行电流过大。

（3）气压安全阀不停地工作时。

（4）保护装置或仪表失灵。

（5）突然停电或电源回路故障停电造成停机。

（6）在长期运转中发现油位计上的油看不见，且油温逐渐上升时。

（7）各部分温度过高。

（8）其他严重意外情况。

（十七）桥式起重机司机

1. 安全规定

（1）在起重机醒目处必须悬挂吨位牌、警示牌，注明起重机的额定起重量等警示内容。

（2）起重机上的吊钩、钢丝绳及吊环等应有制造单位的技术证明文件、检验证书。

（3）起重机必须有技术监督部门或技术监督部门委托机构颁发的起重机安全准运证。

（4）起重机工作时严禁任何人停留在桥架和小车上。

（5）在起重机上进行检查和修理时，起重机必须断电，并悬挂“禁止合闸”的警示牌，并设专人看护。

（6）起重机的钢丝绳及固定装置要经常检查，每月应涂润滑油一次。

（7）电动机、电气设备和电气外壳，均必须接地。

（8）各种安全装置、信号、起重工具在使用前，必须认真检查。

（9）司机在工作中应精力集中，严禁酒后上岗。

2. 操作准备

（1）开车前应详细检查各部件是否完好（如：控制器、制动器、钢丝绳、钩头等）。

（2）了解电源供电情况，查看电流、电压是否正常。

（3）检查起重机轨道上、工作范围内有无阻碍起重机运行的障碍物。

3. 正常操作

（1）开车前必须鸣铃示警，操作中接近工作人员时，应以连续铃声示警。

（2）司机应按指挥者的信号操作，当指挥人员的信号与司机意见不一致时，应立即询问，在确认信号与指挥者信号一致时方可开车。

（3）吊运捆绑重物必须使用钢丝绳捆绑，严禁超负载吊运。起吊前要进行试吊，确认安全并且平稳后方可吊运。

（4）钢丝绳不合格、捆绑不牢固或吊钩不平衡以及被吊物上有人或浮置物时，严禁起吊。

（5）严禁用人体重量来平衡被吊运的重物。起吊物件时，起重机下方严禁站人。

4. 特殊操作

（1）提升液态金属、有害液体时，无论重量大小，必须先升至离地面 0.1m ~ 0.2m，验证制动器的可靠性后再继续提升。

（2）在电力输送中断时，必须断开主开关，将控制处于“0”位。吊钩上有物件时，还应设置警戒。

5. 收尾工作

（1）起重机停止运行，必须将操作手柄打到“零”位，切断电源。

（2）拆除并清点起吊用的所有工具、器具和设备等。

（3）认真清扫工作现场的杂物，保持环境卫生整洁。

（4）司机在下班时应对起重机进行检查，将工作中发生的问题及检查情况在交接班记录中写清楚，并给接班人说明。

（十八）斜井提升绞车司机

1. 安全规定

（1）司机在刚开始操作绞车时，对绞车要有一定的“熟悉”期逐步达到能独立操作。

（2）酒后、极度疲劳等不正常情况下，不上岗操作。

2. 操作规定

（1）司机要熟悉各种信号的使用，操作时必须按信号执行：

① 所发信号不清有疑问时立即用电话或传话筒问清对方，重发信号，听清后再执行运行操作。

② 司机接到信号因故未能执行时，应立即通知信号工，申请信号作废，再执行时应重发信号。

③ 司机不得无信号自行开车，需要开车时应通知信号工，收到报需信号时方可开车。

（2）在操作过程中应按规定要求做好启动前的准备、起动加速、司机应参加所操作绞车的检修和验收。值班司机要严格执行交接班制度，并认真填写交接班记录和制动减速运行及正常终点停车等工作。

（3）绞车在起动和运行中应注意以下情况：

① 随时注意以下各点：

A 电流、电压、油压等各种仪表指示。

B 深度指示器变化。

C 信号变化。

D 各转动部位声音。

② 运行中出现以下现象之一，应立即断电用工作闸制动进行停车：

A 电流过大、加速太慢、起动不起来。

B 绞车有异响。

C 出现情况不明的意外信号。

D 出现其他非即停车不可的不正常现象。

③ 运行中出现以下情况之一时，应立即断电用安全闸进行紧急安全制动：

A 主要部件失灵。

B 加减速期间出现意外信号。

C 接近井口或上部车场不能减速。

D 其他需要紧急停车的运行故障。

④ 出现事故停车后，司机应立即上报主管部门，并检查处理停车故障，不能自已处理者即通知维修工检查处理，事后及时记入绞车运行日志。

⑤ 司机应严格遵守以下安全操作规定：

A 禁止超负荷运行。

B 非紧急情况下，运行中不得使用安全制动。

⑥ 停车期间司机离开操作台时必须做到如下几条：

A 使绞车处于安全制动状态。

B 将工作闸处于施闸状态。

（4）钢丝绳如果遭受突然停车等猛烈拉力时，应立即停车检查，未经检查不能恢复运行。因电源无电停车时，应立即断开总开关，并将主令控制器手把放到中间位置，制动手把拉到制动位置。

（5）斜井矿车掉道时，禁止用绞车牵引复轨。

（6）每班交接班时试过卷一次。

（7）检修后试车时，要作过卷、松绳保险试验。

（8）绞车检修时，应在闸把上挂“有人作业，禁止动车”警示牌，并将绞车处于安全制动状态，工作完毕后动车需慢启动。

（十九）钢丝绳检查工

1. 安全规定

（1）上班前不得喝酒，不得做与本职工作无关的事情，遵守有关各项规章制度。

（2）钢丝绳检查工应保持相对稳定，明确分工，对主要提升和运输设备的钢丝绳应由专人负责检查。

（3）以钢丝绳标称直径为准计算的直径减小量达到下列数值时，必须更换：提升钢丝绳或制动钢丝绳为10%。

（4）钢丝绳锈蚀严重，或点蚀麻坑形成沟纹，或外层钢丝松动时，不论断丝数多少或绳径是否变化，必须立即更换：

（5）使用有接头的钢丝绳时，有接头的钢丝绳，只可在平巷运输设备或30度以下倾斜井巷中专为升降物料的绞车。

在倾斜井巷中使用的钢丝绳，其插接长度不得小于钢丝绳直径的1000倍。

（6）摩擦轮式提升钢丝绳的使用期限不超过2年，平衡钢丝绳的使用期限应不超4年，如果钢丝绳的断丝、直径缩小和锈蚀程度不超过《煤矿安全规程》规定时，可继续使用，但不超过1年。

（7）钢丝绳的定期检查校验工作应符合《煤矿安全规程》有关规定。

2. 操作准备

（1）准备好合格的工具、量具和检验仪器，对在检查中需要使用的安全带进行认真检查。

（2）检查工作开始前要与司机、监护人员及信号工共同确定检查联系信号。检查期间不得同时进行提升机的其他作业。

（3）在检查之前应在绳上做好检查起始的标志和检查长度的计算标志。在同一根绳上每次检查的起始标志一致。

3. 正常操作

（1）提升钢丝绳必须每天检查一次，对易损坏和断丝或锈蚀较多的一段应停车详细检查。断丝的突出部分应在检查时剪下。检查结果应记入钢丝绳检查记录簿。

（2）验绳时禁止戴手套或手拿棉丝，应用裸手直接触摸钢丝绳，前边的手作为探知是否有支出的断丝，以免伤手，后面的手抚摸可能发生的断丝和绳股凹凸等变形情况。

（3）验绳时，应由2人同时进行，1人在井口，另1人在出绳口，以便检验全绳。

（4）应利用深度指示器或其他提前确定的起始标志，确定断丝、锈蚀或其他损伤的具体部位，并及时记录。对断丝的突出部位应立即剪下、修平。

（5）对矿车停车位置的主要受力段、多层缠绕的上、下层换层临界段和断丝、锈蚀较严重的区段，均应停车详细检查。

（6）若检查时发现钢丝绳出“红油”，说明绳芯缺油、内部锈蚀，应引起注意、仔细检查，必要时可剁绳头检查钢丝绳内部锈蚀情况。

（7）对使用中的钢丝绳月检时，除包含日检全部内容外，还应详细检查提升矿车在上井口和井底时，钢丝绳从滚筒到天轮段，详细检查绳卡处有无断丝，用游标卡尺测量直径。

（8）对使用中的钢丝绳进行防锈涂油作业时，应首先将钢丝绳表面的煤泥擦干净，但不得用汽油、煤油等挥发性油类清洗。

（9）根据气温和所需涂油脂的黏稠度，可采用加温的方法，使油脂容易附着在绳上，然后用手将油脂均匀涂在绳上。涂油时绳速不得大于0.3米/秒，如采用涂油容器涂油时，应注意按说明书要求进行。

（10）使用中的钢丝绳做定期试验需载绳样时，对斜井提升绳应在矿车端将危险段切除后截取。试样长度做单丝试验时应不小于1.5米，整绳试验时应不小于2米。为保证试验准确性，应注意不使试样受机械损伤，截取试样时尽量不采取加热法切割，如需要用加热法时，应将试样长度加长200mm。试样两端用软铁丝绑紧。

4．收尾工作

（1）做好钢丝绳检查记录。应将检查内容、检查结果逐项填入钢丝绳检查记录表，并将检查情况向司机通报。

（2）对每一根钢丝绳建立档案，记录好钢丝绳的使用地点、规格型号、启用时间、定期试验情况、检修问题及处理情况、检修日期、检修人等项内容。

（3）检查中发现异常情况应立即向有关领导汇报。

（4）在进行涂油等作业后应将井口、车房等处的废棉丝、油脂等易燃物清理干净后，方可离开。

（二十）管路工

1．管材的运送

（1）软质管或较短管材、配件可装矿车运送。管材的装载高度不准超出矿车高度，并要捆绑牢固。

（2）在电机车运输巷道运送时，应事先与运输部门取得联系，并严格执行电机车运输的有关规定。

（3）严格执行斜巷运输管理规定，并有防止管材脱落、刮帮和影响行人、通风设施的安全措施。

（4）管材、物料运到现场后，应放在指定地点，堆放整齐、牢稳，不得妨碍行人、运输和通风。

2．管路安装前的准备工作

（1）安装管路时，管路工应根据管路的安装用途和旋工场所的条件要求，带齐所需用具和配件，并检查其完好情况。

（2）安装前应详细检查管材质量，应无堵塞物，管盘应完好。

（3）在通风不良处安装时，除有措施外，还应配有瓦检员，在检查瓦斯、氧气及其他有害气体符合有关规定后方可工作。在电机车巷施工时，应与运输部门取得联系，并有专门措施。

3．管路的安装与拆卸

（1）管路要托挂或垫起，吊挂要平直，拐弯处设弯头，不拐急弯。管子的接头接口要拧紧，用法兰盘连接的管子必须加垫圈，做到不漏气、不漏水。

（2）在竖井内接管子时，应按照管子规格，先打好工字架。操作时，必须安装工作盘和保护盘。由上往下接时，第一节管子用双卡卡在横梁上，运一节接一节，螺丝上齐拧紧，每遇横梁都要用卡子卡牢。由下往上接时，第一节管子要与平巷管子连接牢固，同样运一节接一节，遇横梁用卡子卡牢。

（3）在倾斜和水平巷道中安装直径为 102mm（4 寸）或更大管径的管子时，必须先安管子托，管托间距不大于 10m。

（4）在斜巷内接直径为 102mm（4 寸）或更大管径的管子时，要接好一节运一节，并把接好的管子用卡子或 8 ～ 10 铁丝卡在或绑在预先打好的管子托架上。

（5）拆卸管子时，要 2 人托住管子，1人拧下螺丝。

（6）在倾角较大的小井、联络巷中拆接管时，必须佩带保险带，并有专用工具袋，用完的工具或拆下的部件随时装入袋内。拆接管子前，应先用绳子将准备拆接的管子拴好，绳子另一头牢固地拴在支架或其他支撑物上，以防止管子掉下。

（7）接防尘、消防管路时，应根据质量标准要求安设三通、阀门、消防栓和消防管，以便冲刷巷道和防灭火使用。所有采煤工作面顺槽、掘进工作面、带式输送机巷、刮板机巷都必须安装防尘管，所有装载点、转载点、溜煤眼均应安装喷嘴，且位置适当。机械触动式、电磁阀式、光电式、电控式等自动洒水喷雾装置的安装要按专门设计施工。

（8）敷设灌浆（或注砂）管路时，要严格按设计施工。

4．安装、拆卸管路的注意事项

（1）当管路通过风门、风桥等通风设施时，应事先与通风部门联系好，管路要从墙的一角打孔通过，接好后用灰浆堵严。管路不得影响风门的开关。

（2）在有电缆的巷道内敷设管路时，应尽量敷设在另一侧。如条件不允许，必须与电缆敷设在同一侧时，管路应离开电缆 300mm。

（3）用法兰盘连接管子时，严禁手指插入两个法兰盘间隙及螺丝眼，以防错动挤手。

（4）在接胶管或塑料管时，接头应用铁丝捆紧、连好、砸平。每隔 3m ～ 4m 要有一吊挂点，保持平、直、稳。井下不准延接、使用摩擦能产生静电的塑料管。

（5）新安装或更换的管路要进行漏气和漏水实验，不符合标准的不能使用。

（6）拆卸的管子要及时运走，不能及时运走的应在指定地点堆放整齐，并将拆下来的接头、三通、阀门、螺母、螺栓等配件全部回收妥善保管。

（7）正在使用的管路需要部分拆除或更换时，必须首先与有关部门联系好。拆除或更换瓦斯抽放管路前，必须有瓦斯检查员跟随检查，把计划拆除的管路与在使用的管路用挡板或闸门隔开，待瓦斯管路内的瓦斯排除后方可动工拆除。拆除或更换防尘、灌浆、注砂管路，一定等管路内的流体全部流净后，才准动工拆除或更换。

（8）发现管路损坏或漏水、漏气，要立即汇报并及时处理。

5．操作顺序

该工种操作应遵照下列顺序进行：

施工地点安全检查——验收物料——管路的安装与拆卸——检查质量。

第三节　刮板输送机

一、刮板输送机

用刮板链牵引，在槽内运送散料的输送机叫刮板输送机。KS 刮板输送机的相邻中部槽在水平、垂直面内可有限度折曲的叫可弯曲刮板输送机。其中机身在工作面 1 和运输巷道交汇处呈 90 度弯曲设置的工作面输送机叫“拐角刮板输送机”。 在当前采煤工作面内，刮板输送机的作用不仅是运送煤和物料，而且还是采煤机的运行轨道，因此它成为现代化采煤工艺中不可缺少的主要设备。刮板输送机能保持连续运转，生产就能正常进行。否则，整个采煤工作面就会呈现停产状态，使整个生产中断。

（一）部件组成

各种类型的刮板输送机的主要结构和组成的部件基本是相同的，它由机头、中间部和机尾部等三个部分组成。

此外，还有供推移输送机用的液压千斤顶装置和紧链时用的紧链器等附属部件。机头部由机头架、电动机、液力耦合器、减速器及链轮等件组成。中部由过渡槽、中部槽、链条和刮板等件组成。机尾部是供刮板链返回的装置。重型刮板输送机的机尾与机头一样，也设有动力传动装置，从安设的位置来区分叫上机头与下机头。

（二）分类

按刮板输送机溜槽的布置方式和结构，可分为并列式及重叠式两种，按链条数目及布置方式，可分为单链、双边链、双中心链和三链 4 种。

（三）工作原理

刮板输送机的工作原理是，将敞开的溜槽，作为煤炭、矸石或物料等的承受件，将刮板固定在链条上（组成刮板链），作为牵引构件。当机头传动部启动后，带动机头轴上的链轮旋转，使刮板链循环运行带动物料沿着溜槽移动，直至到机头部卸载。刮板链绕过链轮作无级闭合循环运行，完成物料的输送。

（四）优缺点

1. 优点

（1）结构坚实。能经受住煤炭、矸石或其他物料的冲、撞、砸、压等外力作用。

（2）能适应采煤工作面底板不平、弯曲推移的需要，可以承受垂直或水平方向的弯曲。

（3）机身矮，便于安装。

（4）能兼作采煤机运行的轨道。

（5）可反向运行，便于处理底链事故。

（6）能作液压支架前端的支点。

（7）结构简单，在输送长度上可任意点进料或卸料。

（8）机壳密闭，可以防止输送物料时粉尘飞扬而污染环境。

（9）当其尾部不设置机壳，并将刮板插入料堆时，可自行取料输送。

2. 缺点

（1）空载功率消耗较大，为总功率的 30%左右。

（2）不宜长距离输送。

（3）易发生掉链、跳链事故。

（4）消耗钢材多。成本大。

二、发展阶段

刮板输送机在煤矿的生产与建设中的发展，大致经历了三个阶段。第一阶段在 20 世纪 30 ~ 40 年代，是可拆卸的刮板输送机，它在工作面内只能直线铺设，随工作面的推进，需人工拆卸、搬移、组装。刮板链是板式，多为单链，如 V 型、SGD-11 型、SGD-20 型等小功率轻型刮板输送机。第二阶段是 40 年代前期由德国制造出可弯曲刮板输送机，它与采煤机、金属支架配合实现了机械化采煤。这种刮板输送机可适应底板不平凸凹凸不平和水平弯曲等条件，移设时不需拆卸，并且运煤量也有所增大，如当时的型号 SGW-44 型刮板输送机就是这个阶段的代表产品。进入 60 年代由于液压支架的出现，为了适应综采的需要，刮板输送机发展到了第三阶段，研制出大功率铠装可弯曲重型刮板输送机，如 SGD-630/75 型、SGD-630/180 型等就是属于这个阶段的产品。

（一）发展趋势

随着采煤工作面生产能力的不断增大，刮板输送机主要发展趋势是：

1. 大运输量。国外先进采煤国家已经发展到小时运输能力高达 1500t（80 年代）、3500t（90 年代）的刮板输送机。

2. 长运输距离。为了减少采区阶段煤柱的损失量，加大工作面的长度，刮板输送机的长度已经达到 335 米以上。

3. 大功率电动机。电动机的功率已发展到单速电机达 525kW，双速电机 500/250kW。

4. 寿命长。由于使用大直径圆环链，增加了刮板链的强度，延长了刮板输送机的寿命，整机过煤量高达 600 万吨以上。

（二）新型刮板

刮板输送机是煤矿、化学矿山、金属矿山及电厂等用来输送物料的重要运输工具。它是由中部槽、链条、刮板及牵引系统组成。其中，中部槽是刮板输送机的主要部分，钢制的中部槽已有近百年的历史，在长期的使用过程中存在以下缺点：

1. 重量大，安装和搬运费时费力。

2. 中部槽一般是由 6mm ~ 15mm 的钢板制成，在受到较大的冲击时易变形，修复比较困难。

3. 耐腐蚀性差。

4. 耐磨性差。

5. 物料与中部槽的摩擦系数大，刮板输送机的功率大部分消耗于物料与中部槽的摩擦力上，造成了能耗过大、投资增加。

用超高分子量聚乙烯是制造刮板输送机的中板，可解决钢制中板所存在的问题，得到塑料刮板输送机。对于小型刮板输送机可以通过改性超高分子量聚乙烯来制造刮板输送机。对于上面行走采煤机的大型刮板输送机，要采用钢塑复合的方法，用超高分子量聚乙烯作为衬里，提高大型刮板输送机的耐磨性，延长使用寿命，降低摩擦系数，从而降低功率消耗并降低对牵引、传动系统的要求，这对大型刮板输送机有巨大意义。本产品由山东科技大学研制，可用于煤矿、化学矿山、金属矿山及电厂等物料运输。

三、使用维护与操作规程

（一）使用维护

1. 刮板输送机开始投入运转期间，应注意检查刮板链的松紧程度，因为溜槽间的连接会因运转而缩小间距。而链子过松会出现卡链、跳链、断链和链条掉道的事。检查方法是反转输送机，数一数松弛链环数目，如有两个以上完全松弛的链环时，则需要重新紧链。

2. 工作面要保持直线。若工作面不直，会使两条链的张力不等，将导致链条磨损不均或使底链掉道、卡住或断链。

3. 输送机的弯曲要适宜，不要出现“急弯”，应使弯曲部分不小于八节溜槽，推移时要注意前后液压千斤顶互相配合，避免出现急弯。否则会引起溜槽错口，造成断链掉链事故，要特别注意输送机停车时不能推移。

4. 输送机铺得要平。由于溜槽结构的限制，它只能适应在垂直方向 3° ~ 5° 的变化，因此工作面底板如有局部凹凸应予平。且输送机铺设平整有利于刮板链的运转，可减小溜槽的磨损和使功率消耗减小。

5. 在进行爆破时，必须把输送机的传动部分及管路、机组电缆、开关等保护好。当输送机运送铁料、长材料时，应制定安全措施，以免造成人身事故。

6. 过渡槽机尾和中间槽的搭接处不准有过大的折曲，有折曲时应用木板垫好。

7. 特别注意联轴节振动情况，在输送机启动时检查液力联轴节振动情况，为了保护良好的散热条件，应经常清理保护盖板。

（二）操作规程

1. 着装整洁，持有效证件上岗。

2. 认真执行选煤厂安全规程，熟知本岗号与上、下岗号的工艺流程和设备启动、停止的先后顺序，明确集控信号。

3. 开车前必须认真检查机械设备和各部螺丝是否正常。

4. 检查过程中，人员要站在安全位置，禁止将身体各部位探入刮板及箱体内。

5. 运转中要仔细检查链板运行情况、链子松紧度，链子与头轮啮合是否正常。

6. 清理首轮杂物或箱体内积货必须停电。

7. 如发现掉链或货多压住，应立即停车，处理时人员站在机体两侧进行，严禁运行中处理故障。

煤矿使用的刮板输送机和带式输送机都是重要的矿山机械，其管理对于煤炭企业非常重要，煤矿技术人员对两种机械的管理必须一丝不苟、精益求精。

四、安全措施

（一）刮板输送机的回撤顺序

刮板及刮板链→刮板输送机机尾及其传动部冷却水管及电缆→刮板输送机机头及其传动部→机头弯曲过渡槽→中部槽及电缆槽。

（二）拆卸、装车及捆绑

1. 拆除刮板输送机时，应先停电闭锁，然后在机头过渡槽处将刮板上链掐开，闭锁机头电机给机尾电机送电，机尾电机正转点动将所有刮板链吐出，并用人工拉到煤壁侧分段从机巷装车运出。

2. 刮板输送机机尾拆除后，利用风巷绞车牵引到起吊装置下进行解体，将其传动部拆下，分别进行装车。装车具体方法是利用两个倒链分别吊住部件两头起吊一定高度后，将平板车推入设备下装车，捆绑时，每车捆绑不少于 6 处，每处不少于 6 股 8# 铅丝绞紧捆绑，即先用 8# 铅丝在四角进行捆绑固定，再用两根 Φ18.5mm 的钢丝绳绳扣配合花栏螺丝沿对角进行交叉捆绑。

3. 机尾过渡槽及其邻近两节中部槽均拉运到风巷进行装车。

4. 以上工作完成后，进行安装转盘道和铺轨工作，同时以备拆运中部槽用。

5. 中部槽及电缆槽拆卸时，首先应将两节齿条拆去放在煤壁侧，然后拆除电缆槽，每两节溜槽整体拆卸，中间连接哑铃销子不可拆卸。

6. 中部槽连同电缆槽均采用斜台装车，利用主绞车牵引平板车，并将平板车与斜台可靠连接，副绞车牵引中部框架进行装车，要求装一件捆绑好一件，捆绑方法同上，捆绑必须牢固可靠，设备捆绑好后，方可解掉副绞车钩头，每车要求只装两节溜槽和两节电缆槽。

7. 装车捆绑完毕后，经检查无问题时，去掉斜台与平板车间连接销，将副绞车钢丝绳移开轨道，利用主绞车提升到转盘道后，利用绞车运到 + 1170m 车场。

8. 刮板输送机机头解体后同样利用斜台装车，装车及捆绑方法与装中部槽相同。

9. 后部输送机回收前，后尾梁插板全部打出的情况下，先将后部输送机左右侧浮煤清净，检查后部输送机老空侧顶板维护情况，确认无隐患后，再检查上口扩帮段支护，在支护完好的情况下，抽出中间支柱，腾出回收通道后，开始回收，抽出后如发现顶板支护不可靠，必须用同规格的棚子套棚支护。

10. 拆卸回收期间，支架必须正常供液，设专人检查支架的完好情况，如有漏液等其他情况，必须立即进行处理，以防支架尾梁降落。

11. 后部输送机回收时，可分为两段同时进行回收（以 60# 支架为中心），即上段自上而下，下段自下而上顺序回收。

12. 回收机尾段时，可利用风巷回柱绞车配合导向滑轮进行回收。将导向滑轮利用新品 40T 链环或钢丝绳绳扣固定在 100# 架尾梁上帮的戗柱上，把 60# 架以上段从 100# 架上帮的空间拉出，拖至装车地点，分类装车运走。

13. 后部输送机机尾及传动部，可用 5 吨导链进行拉运。后溜机头段的回收，待端头支架回收完毕，把下口顶板维护好后，利用机巷安装的 JH-14 型回柱绞车配合导向滑轮进行回收，将导向滑轮利用新品 40T 链环或钢丝绳绳扣支设戗柱固定在 1# 过渡架尾梁侧机巷的合适位置，拉出后在机巷进行装车外运。装车和捆绑方法同前溜。

14. 回收后溜前，在 60# 架尾梁处打两棵戗柱或利用 40T 链环捆绑放置道木阻车器，防止回收 60# 架以上溜槽时设备下滑，在此处挂上金属网片，将上下段隔开，防止回收后溜后上口杂物滑下伤人。

15. 拉运后溜设备时，钢丝绳沿线不得有人工作或停留，人员必须站在两支架间观察设备的拉运情况，如有问题，立即停止拉运，处理好后方可继续进行。

16. 拉运后溜设备时，严禁人员进入或在支架尾梁处工作。为防止后溜下滑，支架与后溜连接链不得提前擅自拆除，必须按照顺序拆一件、运一件，拆运要协调，每次拉运溜槽不得超过 2 节。

17. 上下两段同时回收时，必须各派专人观察设备的拉运情况，且必须由现场跟班队干和盯岗人员统一指挥、现场监督。

18. 后溜设备回收完毕，回收上口棚梁和单体支柱，及时用旧枕木架设两个“#”字型木垛，接实上口顶板。里侧木垛与100# 支架尾梁切顶线齐，外侧木垛与100# 支架底座前端齐。回收上口棚梁和单体支柱时，应由里向外逐架逐棵进行回收，回收前先打好护身戗柱，严格执行“先支后回”的原则，待木垛、板梁接实后再回收支柱。

（三）安全技术措施

1. 所有参加拆卸人员必须熟悉设备结构、性能及工作原理，拆卸工作必须合理进行，不得硬敲硬撬，设备解体后裸露轴头等部位必须利用胶带包扎，严防损坏。

2. 在整个施工过程中必须有一名施工负责人统一指挥行动，参加施工人员必须精力集中，否则不得参加施工。

3. 施工期间工器具及零配件必须由专人负责管理，以免丢失。

4. 主副绞车及其他绞车提升钢丝绳必须有专人进行检查其完好情况，每提升一次必须检查一次，并做好记录，提升钢丝绳质量必须符合《煤矿安全规程》第八章的有关规定。

5. 主绞车钩头与平板车连接必须采用专用连接器，确保连接可靠。

6. 副绞车提升装车时，钩头与设备采用钢丝绳或马蹄环连接，连接必须可靠，否则不得提升。

7. 绞车司机必须持证上岗，严格按信号开车：主绞车为“一停，二提，三放”，副绞车为“一停，四提，五放”，严禁采用喊话或晃灯等方式代替信号。信号不清，严禁开车。

8. 绞车司机接班后必须认真检查绞车完好情况和固定钩头的完好情况，绞车固定必须牢固可靠。

9. 提升设备或装车时，严禁任何人在钢丝绳绳道运行范围内工作、行走或逗留，严防断绳伤人。

10. 超过100kg的物件，严禁人力搬运，如需调向或搬运时，必须借助起重工具进行。

11. 施工过程中不得有人将工具或其他东西放在刮板机齿轨或电缆槽上，严防下滑伤人。

12. 提升装车前，施工人员站在提升地点后5米处安全可靠地点，信号工发出预备信号，待绞车司机发出同样信号后，方可发出提升信号，其他人员不得随意发信号。

13. 起吊设备时必须严格遵守《设备起吊安全技术措施》中的有关规定。

14. 所有参加施工人员必须认真学习本安全技术措施，否则不得参加施工。

15. 施工时，必须有专人检查煤壁及顶板的安全情况，发现异常，立即采取措施进行处理，处理安全后方可继续作业。

16. 主、副绞车使用前，必须在绞车硐室内用单体支柱和钢筋网支护牢固可靠的全断面隔离防护栏，以防止断绳回弹后伤人。引起刮板输送机断链原料缺陷：成分偏析，钢号缺陷，是否使用合适钢号40Cr，35CrMo，42CrMo，35CrNi3等；热处理缺陷：热处理组织为回火屈式体，还有根据厂家来件看是否对链条进行了喷丸的强化。还有在热处理的时候是否有应力裂纹等产生，而导致链条出现缺陷。

五、刮板输送机管理

（一）刮板输送机一般管理

1. 刮板输送机一定要铺设平直，接头平稳严密，凹处使用木料垫平，机头、机尾压柱装置齐全。

2. 工作面刮板输送机机头与平巷刮板输送机要搭接合理，高度要高于 400mm，底链不拉回头煤。

3. 各部刮板输送机的刮板、螺丝齐全，中巷转载机要安设盖板，行人通过刮板输送机的地点要安过桥。缩、延刮板输送机必须有专用工具，解、紧链时必须使用紧链器。

4. 各刮板输送机链条必须松紧合适，各润滑部位经常加油，所有油脂符合规定要求，给液力偶合器加油时开关必须停电闭锁，液力偶合器的易熔合金保护塞必须按规定使用，严禁用其他物品代替。

5. 各刮板输送机司机必须由经过专业培训考试合格并取得合格证书的人员担任，到现场后要坚持先检查后工作，操作时不准正对刮板输送机机头，运转前要先点动两三次，间隔时间不少于 10s，让刮板输送机内的人员躲开，确认无问题后再正常运转。运转期间要时刻注意刮板输送机内有无笨重物料、大块煤矸等，并按信号及时停、开机。

6. 刮板输送机开不动时不得强行开动或打倒车，必须待查明原因、采取相应措施后再开，严禁用中巷刮板输送机外运大型设备及其他物料。

7. 刮板输送机运料时必须做到：利用语音信号与司机联系好；料要一字形依次摆平放稳；笨重的料必须停机运转后再放入或取出；沿途要设专人观察运料情况，并及时传话或信号联系；放料时先放前端，拾料时先抬后端再将料抬出；料过转载点时必须提前将料抬出并设专人码放；弯料及超重、超高料不得用刮板输送机运送。

（二）刮板输送机、转载机的检修管理

1. 检修人员必须取得操作资格证，在检修设备时，严格执行《煤矿安全规程》和“操作规程”的有关规定，并坚持敲帮问顶，找到危岩、悬矸，关掉此范围内支架总截止阀，必要时扶临时棚；且检修输送机和检修支架不可在同一地点进行。

2. 紧链、掐链工作。把调整链运行到机头 3m 左右处停机，把止链楔固定在第四框架上，反转输送机，一人紧跟刹车器，待紧到合适位置，拧紧刹车器—进行掐紧链—松刹车器，使输送机复到正转位置—点动输送机，取下止链器，试运行。严格按照紧链、掐链顺序进行操作，人员必须避开链条受力方向。紧链、搯链时，必须有专人把握刹车器，严禁松动或操作刮板输送机。

3. 刮板输送机司机必须在输送机机头采空区侧支架完好、安全可靠、距转载机机尾向里 0.5m ~ 1.0m 的地点操作，信号按钮和操作按钮必须吊挂，便于操作；输送机需反转时，

应在机头、机尾设专人看管。并清除可能进入底槽的煤及杂物。

4. 刮板输送机机头与转载机应搭接合理，不拉回头煤；各设备减速箱、联轴节加油部位及外露轴，必须上齐护铁，各保护装置齐全完好，转载机机尾、工作面输送机机尾应设护铁，人员经常跨越处应设过桥。

第四节　桥式转载机与破碎机

一、转载机

（一）转载机概述

1. 转载机的作用

在采煤工作面运煤系统中，装载机是使其正常运行必不可少的中间转载设备。它是一种能够纵向整体移动的短重型刮板输送机，被用来将工作面刮板输送机上的煤转移至巷道带输送机上。大多数情况下，转载机被选择安装于采煤工作面顺槽之中，与转载机配套使用的装置是伸缩带式传输机，此外，转载机还能与工作面刮板输送机进行配合，协调工作。由于转载机的长度相对比较小，在进行带式传输机伸缩时或者对采煤工作面进行推进时，它还可以随着传输机或者采煤工作面进行的移动而整体移动。

2. 转载机的种类

转载机的种类繁多，但在我国，其现行生产和使用的基本上是结构大致相同的桥式转载机，只是在型号、尺寸以及功率上有所不同而已。它的主要类型有两种：轻型和重型。SZQ-40 型、S2276R/132 型和 SZQ-75 型是经常被使用的三种型号。

3. 转载机组成

桥式转载机由三部分组成：机头部、机身部和机尾部。机头部同样由三部分组成，分别是导料槽、机头传动装置和机头小车。通常会在车轮外侧的车架挡板上安装定位板，用来对小车进行导向和定位，以防止小车偏移轨道。刮板链和溜槽共同组成机身部，而机尾部则由机尾架、压链板以及机尾轴共同构成。

（二）矿用转载机自移装置的设计

1. 矿用转载机自移装置的组成部分

矿用转载机自移装置由七大主要部分构成，具体的尺寸根据实际情况的不同而变化，该装置被设计在转载机两旁，即破碎机处，并被设计布置成对称状。垫架焊接并固定于转载机之上，并和升降千斤顶一起与转载机相接，同时升降千斤顶利用导轮行走于导轨上。而导轨则由四节导轨组合而成，其中一对为两节。在导轨的前端，存在一根压柱千斤顶，用来控制导轨前移和固定的状态，导轨同时会通过两根自移千斤顶和垫架进行连接，自移千斤顶的另外一个作用是为转载机的前移提供动力。升降千斤顶的根数随着转载机重量的不同而变化，一般为四根，在转载机的两旁对称分布，各两根。

2. 转载机自移装置的液位设计

高压管路、千斤顶以及操纵阀共同组成了简单可靠的液位系统。当动力被加载在工作面液压系统上时，千斤顶和高压管路共同完成规定的动作，每片操纵阀控制一组千斤顶，可以通过增加操纵阀的数目来影响自移。另外，工作面液压系统与回液管路相连接。

3. 矿用转载机自移装置工作原理

当所有准备工作就绪以后，自移的进行只需要两三个人就能够顺利完成。转载机前移有以下三个步骤：第一步是，使用自移千斤顶收缩，将导轨向前推进一个千斤顶行程，接着使压柱千斤顶向侧后方升起，其目的在于确保导轨位置稳定牢固。第二步是，抬升转载机，使其下面与巷道底板相隔 10mm，这个过程主要通过升降千斤顶来实现。中间部分与导轨相连，至于机尾部分则与巷道底相接，这种设计不仅可以使转载机自移时与巷道底板之间产生的滑动摩擦变成滚动摩擦，同时可以借助自移千斤顶向外伸出的力，推移转载机向前移动，使自移操作的次数减少。第三步是，收回升降千斤顶，让转载机回到地面，当然这些都必须在自移千斤顶的行程被推尽以后才能进行，待升降千斤顶被收尽之后，便可重复第一步的操作了。矿用转载机的自移就是在循环操作这些过程中完成的。

（三）矿用转载机自移装置的应用

目前，矿用转载机自移装置在矿井中具有广泛的使用。下面我将以综采工作面转载机液压自移装置为例，对矿用转载机自移装置在实践中的应用进行说明。在采矿业中，转载机是综采工作的主要设施，另外两个重要的器械是拉移装置和破碎机。挪动或者搬迁重量大的拉移装置，无疑需要耗费矿井下的工作人员很多时间，再加上拉移装置的存在前移速度相对较慢这一缺陷，必然产生大强度的劳动量。外界环境同样存在着一些不利因素，例如水煤泥产生的阻力也同样影响着工作的效率，在对井下煤矿进行采集时，转载机自移装置不需要太大的人力，能够进行自动移动。现在 SZZ764/132 型转载机，不论是在转载拉移能力方面还是在安全前移的可靠性方面都有所改善，该转载机液压自移装置具有自行前移的功能，进行快速推移，可用于高产高效工作面转载机以及破碎机，能够满足工作面高进度和快推进的要求，不仅打破了锚固拉移方式，而且可以实现近水平的快速推移，适应“三软”煤层，在倾斜角小于 25 度时实现设备的自动推移。

在矿井之下，职工想要移动重达 30 吨的工作面转载机和破碎机，需要花费相当大的力气，而且需要耗费较长的时间，综上所述，矿用转载机自移装置将矿井下的工人从繁重的工作中解脱出来，而且加快了安全生产的步伐，提高了采矿的效率，实现高效采矿，可节约大笔资金，更重要的是这种装置的应用可以为以后的采矿工作提供宝贵的经验。当然，这些设备还存在着一些不足之处，有待进一步改造设计，应对其不足之处进行改善，设计出更能满足采矿需求的转载机自移装置。

二、矿井上破碎机锤头的补焊方法

矿井上破碎机锤头是锤式破碎机核心零部件之一，排列在破碎机转子的锤轴上。工作原理是锤头在高速旋转状态下，与物料进行高强度的碰撞，利用撞击瞬间产生的撞击力破碎物料。因为破碎机锤头长期处于高冲击、高应力磨料磨损状态工作下，工作面磨损消耗非常严重。当破碎机锤头工作一定时间后，不可避免的出现磨损，如果不及时进行修复，不但影响工作效率，还可能损坏机械，但利用传统 D618 堆焊方法修复的破碎机锤头，再次使用时易在焊接处产生裂纹，返修率较高，而且焊接时也容易出现次品或废品，造成其不能使用，耽误生产。本试验在传统 D618 堆焊焊条配方基础上进行改进与创新，改变更合适的焊接材料，改进焊接工艺，来完成破碎机锤头的修复工作。

（一）破碎机锤头破损原因

基于破碎机锤头的工作环境——高应力、高磨损，致使锤头的工作表面磨损严重，通过分析研究表明，具体原因主要有两个方面：一方面破碎机锤头反复与被砸物体撞击，在工作应力的作用下，工作区域的金属晶格发生位错、畸变，释放一定的能量，锤头表面温度随之升高，温度升高又导致锤头金属微观组织发生变化，硬度降低，越接近锤头表面的地方，变化越严重，从而使锤头表面强度降低，表面的磨损越来越严重。另一方面，锤头在温度不均匀与内应力的共同作用下，锤头脆硬的材质容易形成裂纹，在锤头外部就形成了各种形态的延迟裂纹，裂纹发展到一定程度就会造成撕裂、破损。

（二）焊接设备及焊接材料

利用规格为 BX1-500-2 交流弧焊电焊机，空载电压为 70V，电流调节范围在 105A ~ 500A，额定输出电压为 40V，焊接工艺参数为焊接电流范围在 150A ~ 500A，电压在 35V ~ 40V。焊条采用两种：一种是直径为 5mm 的 J506 焊条，J506 是低氢钾型焊条，属于碱性焊条，抗拉强度 490MPa，比 E4315 等普通焊条大得多，碳含量不大于 0.12%，又有较高的韧性，能够承受较大的应力和冲击性载荷。另一种是直径为 4mm 的 EF-16 型煤矿专用焊条，EF-16 煤矿专用耐磨焊条是专门针对煤矿易磨损部件研制的含镍钨特殊防磨焊条，它的特点是：无裂纹、耐高温、工艺性好、成型美观、脱渣容易、韧性好、冷作硬化指数高，在受强冲击载荷下耐磨性好。具有很强的抗冲击、抗压力、抗磨粒磨损及金属间的磨损。是易磨损部件最有效的防磨材料。焊接前焊条要先进行烘干，在 300℃的情况下烘焙 1h 后方可使用，随焊随取。

（三）焊接工艺方案

1. 表面清理

焊接前对焊接区表面要进行清理，锤头表面不得有油污、铁锈和氧化物等污物。焊前可采用超声波对锤头进行探伤检测。如果破碎机锤头表面有较多的煤粉存在，可以用布条清除后，再用钢丝刷将铁锈清理干净，也可以用水洗刷，但洗刷后必须用气焊火焰把锤头待焊处烤干并除去锤头表面的氧化物保护膜。

如果锤头磨损面有金属物存在，可以用角向磨光机打磨去除，防止夹渣降低破碎机锤头表面的硬度。对于缺块、掉块等部位进行表面气刨处理，须焊补清除后再经粗车、打磨出金属光泽。

2. 打底焊

打底层焊接可以有效地防止堆焊层裂纹向锤头基体扩展，提高堆焊层与基体材料的结合强度。也就是在堆焊耐磨层之前，焊接一层韧性极高的底层材料，多为不锈钢，厚度为2mm ~ 6mm。冬天环境温度较低时，焊接前需要先将锤头预热到300℃ ~ 400℃，然后先堆焊一层较薄的过渡层，随即堆焊下一层，在打底焊时，将锤头放于平焊位置，用J506焊条沿磨损面四周施焊一圈，以防止堆焊时边沿翘起，如果有气泡、气孔的产生，要堆平后再进行下道焊缝焊接，每焊一层后要进行焊渣清理，清理干净后，再焊接下一层，打底堆焊厚度达到要求即可。

3. 焊接过程

焊接时，先把经过打底焊处理的锤头按正确位置摆放，这一点很关键，不要把锤头的磨损面向上放平堆焊，因为我们所使用的焊条特性是不易堆焊过多层，待修补的破碎机锤头正确放置位置如下：磨损较多的面向下，磨损较少的面向上，让磨损面成一个向上倾斜70°的面，焊接时从下往上竖着进行焊接，这样可以使焊接的液态铁水向下流，而下流的铁水又会被打底焊所焊的周围托住形成堆焊层，这样既能节省时间，又可以提高熔敷率，焊完一层后要将熔渣去除干净，然后立即焊接下一层，边堆焊边适度敲打堆焊层表面，目的是减小锤头焊接时产生的裂纹，并提高堆焊金属强度，韧性。

这样焊接几层后改变焊接方向，将焊接方向由上下焊接变为横向焊接，目的是提高焊接质量，减小焊接残余应力，减少焊接变形。焊接过程中，当锤头过热时要暂停焊接，并根据焊接情况及基体温度，确定是否需要进行喷水、喷雾处理，通常喷雾的降温效果及消除焊接应力等效果更理想。等温度下降到合适温度后，继续施焊。

焊接过程大部分都是采用多层堆焊，表面磨损的程度不同采用的层数也不同，堆焊完成后，焊层如有气孔、夹杂、裂纹或局部"缺肉"等缺陷，需要用角向磨光机打磨后，再进行局部补焊。

破碎机锤头表面补焊的四周（也就是说每道焊缝起始端焊接应超出破碎机锤头立面的3mm左右），待焊接结束后，需要用刨床找平刨平或用角向磨光机磨去多余的部分，使处理后的堆焊层尺寸达到破碎机立面尺寸的技术要求。

破碎机锤头表面如果磨损的深度较大，再用层层堆焊的方法就会变得困难，这时可以将截面为三角形的金属条焊接到堆焊层表面，三角形的一个边与堆焊表面层靠严后，用焊条与表面堆焊层逐渐焊接一个整体，直至达到焊接技术要求。这样可以减少焊接时间，提高工作效率，并且补焊的质量更好，使用时间增长。

运条方法上，可以根据堆焊层宽度要求做适当摆动，并借助于凝固在焊道两侧的熔渣形成的“围墙”托住铁水，使焊层宽度均匀，成型美观。

（四）焊接性能测试

将采用这种方法堆焊修复后的破碎机锤头安装在破碎机上进行实际应用检验，修复后的锤头使用寿命接近于新品锤头的使用寿命，但堆焊修复锤头的所需费用仅新品锤头的40%，与同行业采用传统的D618焊条进行修复的费用也减少了许多，而且结合强度较高，重复返修率低，即节省了备件的开支，又降低了维修成本，延长了锤头的更换周期。

三、用于采矿工程的MMD破碎机一般故障及处理办法

MMD破碎机作为采矿工程中较为常用的一种设备，在其设备的应用过程中，由于对应设备应用中存在着很多的差异性，为了将整体的设备应用控制能力提升，需要在设备的应用控制中，及时的按照设备应用中的故障处理进行对应的设备运行维护，只有保障了MMD破碎机应用和采矿工程建设中的技术应用控制整合，这样才能发挥出整体的技术应用控制能力。这里针对用于采矿工程的MMD破碎机一般故障及处理办法研究，能够在研究过程中，及时的按照采矿工程建设中的技术控制进行对应的故障处理控制，以此作为满足矿用工程施工控制的关键性因素。

（一）采矿工程MMD破碎机参数设置

由于在采矿工程建设和发展中，其对应的工程建设开采需要借助MMD破碎机作为整个工程开采中的技术控制。

（二）采矿工程MMD破碎机一般故障及解决方法

1．破碎机传动故障处理

采矿工程MMD破碎机传动处理中，其对应工作原理是接受物料控制整合的关键性因素，并且在整个破碎机的应用中，需要按照破碎机应用的传动轴控制，将整体传动控制中的轴体变化，以及对应的传动轴控制协调，这样才能发挥出整体传动控制中的矿用开采技术实施要点。同时在破碎机处理中，对于传动控制实施中，需要按照传动控制实施中的齿轮摩擦管理进行对应的负荷运行管理，保障在破碎机传动处理中，能够将整体的开采技术实施展现出来。所以在进行矿用破碎机开采技术的实施中，需要按照开采技术处理中的传动控制，技术的进行传动故障整合，保障在故障诊断整合控制中，能够将整体的破碎机应用性能提升。

2. 破碎机振动处理

破碎机振动处理中，由于对应的机械振动影响，造成了整体的设备应用故障存在，为了将整体的设备应用性能发挥，需要在设备的应用控制中及时的针对其设备处理中的振动故障排除，检查设备运行中的振动影响因素，并且及时的按照破碎机处理中的振动故障因素，及时地去实施对应的轴承振动控制，检查轴承振动中的摩擦影响，并且及时的按照设备振动检查中的技术处理进行轴承润滑处理，保障在其处理控制中能够将整体的破碎机应用性能提升。同时在破碎机振动处理技术实施中，能够将整体机械传动性能控制实施好，以此作为满足机械设备传动控制的关键性因素，及时采取润滑控制，保障在其控制处理中，能够将整体的机械设备性能发挥出来。

3. 减速器故障处理

减速器故障处理也是在采矿 MMD 破碎机处理中较为常用的一种设备故障处理形式，由于在故障处理中，其对应故障控制中，需要按照减速器处理中的要求，及时地去调整和优化对应的设备传动控制管理工作，将减速器应用中的故障处理和具体的设备应用控制结合，这样才能保障在其设备的结合处理中，能够以减速器故障处理作为整个设备控制中的关键性因素去协调，并且及时的按照减速器处理中的故障诊断，去清理减速器箱内的振动碎屑，采取科学的振动管理措施，去处理和控制传动机械设备控制要点。同时在减速器处理控制中，为了将整体的传动控制性能提升，需要及时的按照传动性能控制中的技术处理去进行锤头的更换与协调，将此作为满足设备传动控制中的关键性故障处理技术去控制。

4. 破碎机轴承温度故障处理

MMD 破碎机应用中，其设备运行需要借助在轴承传动控制中，通过轴承传动控制进行对应的设备运行措施处理，确保在设备的运行措施处理中，能够为整体的设备运行能力管理奠定基础。矿用 MMD 破碎机在其工作开展中，对应的设备运行轴承转动需要长时间运行，只有处理好其设备运行传动控制中的轴承温度，这样才能保障在轴承温度的控制处理中，能够将整个设备运行的机械性能发挥出来。一般情况下，影响设备运行轴承温度提升的因素为缺少润滑和设备的自身性磨损较为严重。需要按照其设备处理中的故障诊断，及时地采取润滑或者更换设备形式，去进行对应的设备传动整改。

5. 破碎机电气接线失灵故障处理

破碎机在应用中，其对应的设备接线工作也是较为重要的一项工作，只有保障在设备的应用中，能够将整体设备应用中的接线管理工作落实，这样才能发挥出整体设备应用的控制能力提升。在进行故障诊断时，对应的设备维修者，应该及时的按照设备运行维护管理中的而技术控制去进行对应的设备应用控制管理，保障在设备应用管理中，能够将接线管理工作落实，这样才能满足破碎机应用处理控制传动需求。

第五节 带式输送机

一、煤矿井下带式输送机

煤矿井下有多个工作面，这些工作面生产出的原煤通过带式输送机源源不断地运出采区工作面，至主斜井机尾煤仓并最终运至井上洗煤厂。如果带式输送机运行发生故障，井下整个采区工作面就会由于没仓满而停产，选煤厂会由于没煤而停机，煤矿整个生产系统都会因此而受到影响，所以作为运输枢纽的主斜井带式输送机运行状态是否良好直接关系到煤矿能否正常生产运行。

（一）煤矿井下带式输送机的应用现状

煤矿井下最理想的运输设备就是带式输送机，这主要是因为带式输送机与其他的煤矿井下运输设备相比具有十分明显的优势，带式输送机的运量较大而且能够实现连续输送。另外，带式输送机的运行十分可靠，也容易实现自动化控制和集中化控制。特别是对于高产高效井来说，随着煤炭行业的不断发展，高产高效矿井的不断涌现现出来。这种情况下，传统的煤矿井下带式输送机已经不能适应煤矿高产高效的需求，所以煤矿井下带式输送机需要不断的发展和变革，才能满足我国煤炭的生产需要。煤矿井下带式输送机在变革的过程中主要朝着长距离、大运量、大功率的大型化方向发展。随着煤矿井下带式输送机研究的不断深入，目前已经基本解决了煤矿大型带式输送机的需求。但是我国的煤矿井下带式输送机与国外一些国家的煤矿井下带式输送机还存在很大的差距，国外的大型带式输送机不论是运行性能还是工作可靠性都比国内大型带式输送机强，所以我国的大型带式输送机还需要不断地发展。

（二）煤矿井下带式输送机监控系统的运行原理

带式传送机监控系统的基本设备组成主要是运输皮带机、给煤机等。带式传送机监控系统通过控制设备、通讯模块、打滑、煤位等保护，就能够达到带式输送机集中控制与监测系统的要求。带式传送机监控系统应用了多台 PLC 组成数据传输网络，这样就能够实现不同的规模控制。想要构建一个健全完善的监控系统，需要建立给煤机全工作过程的监控、地面中控室以及监控系统内的皮带监测。目前，我国的带式输送机能够实现胶带机运输系统集中监控，对煤矿井下带式输送机的设备状态进行实时监测，同时用硬盘记录重要的数据。在煤矿井下带式输送机正常工作时，主要应用集控自动方式对带式输送机进行监控。

二、煤矿井下带式输送机的运行问题

（一）煤矿井下带式输送机输送带跑偏问题

煤矿井下带式输送机在运行时，经常会出现输送带跑偏问题，影响煤矿井下带式输送机的正常工作。井下输送带在正常运行中突然出现跑偏问题，井下输送机的机架会发生阻塞，如果情况严重就会导致煤矿井下带式输送机停运。对煤矿井下带式输送机输送带跑偏问题进行分析，发现井下输送带跑偏是因为，井下带式输送机在安装时存在一定的问题，安装误差导致跑偏问题，另外井下输送带本身的质量也会影响使用。除此之外，输送带在实际工作运行中使用不当或者在长期使用后传送带局部出现弯曲情况，也会影响传送带的正常运行。所以，要采取相应措施解决以上问题，首先要提高输送机输送带的质量，然后要保证安装质量，保证输送带接头稳固、保证带式输送机机架的直线度与带式输送机滚筒的水平度相互平行。另外，要定期清理带式输送机保持输送带表面清洁，实时关注输送带的运行情况，一旦发展偏移情况立即调整。

（二）煤矿井下带式输送机在运行中驱动滚筒打滑问题

煤矿井下带式输送机在运行中时常出现驱动滚筒打滑问题，这就会影响带式输送机的运输能力，从而降低了煤矿开采的生产效率。如果带式输送机驱动滚筒打滑问题一直得不到解决，输送机摩擦所产生的热量就可能引发火灾。对带式输送机驱动滚筒打滑问题进行分析后，发现导致此问题发生的主要原因是带式输送机驱动滚筒的摩擦牵引力过低、输送机与采煤机如果不配套就会降低带式输送机驱动滚筒的摩擦牵引力，因为采煤机与输送机不完全配套时，输送机就会长时间的超载运行，这就会导致输送机驱动滚筒打滑，所以要保证采煤机与输送机的完全配套，防止输送机超载运行。

（三）带式输送机钢丝绳的断带问题

带式输送机在实际运行中还经常出现钢丝绳的断带问题，这主要是因为带式输送机的接头处没有固定，在安装时存在问题，另外，带式输送机在正常运行时没有定期检查输送机接头处的情况，导致接头松动问题没有得到及时解决。另外，带式输送机在正常运行时，输送带的上层胶与下层胶都会在一定程度上受到磨损，而且输送机接头处在输送机运行的过程中也会出现裂纹等问题。

（四）煤矿井下带式输送机运行中的制动问题

目前，我国的煤矿井下带式输送机用的制动装置是自冷却盘式的制动器，自冷却盘式的制动器在实际运行的过程中会产生很大的摩擦与磨损，尤其是在高速运行的情况下，制动装置的磨损会更加严重，摩擦严重时会产生火花，非常容易造成严重的安全事故。所以，煤矿井下带式输送机在运行的过程中要关注制动问题，同时还要关注煤矿井下带式输送机的启动控制，采用智能型的制动系统，对煤矿井下带式输送机运行中的制动问题经常实时监测，及时发现问题、解决问题，保证煤矿井下带式输送机的正常运行。

三、国内煤矿带式输送机发展方向

为实现煤矿高产、高效的生产需求，带式输送机需要不断提高自身的输送能力，因此在今后的发展中带式输送机将会逐渐向着大型化发展，运输量逐渐达到3000t/h ~ 7000t/h，带速逐渐提高到4m/s ~ 6m/s。带式输送机整体性能的优劣与元部件的性能密切相关，带式输送机技术方面除了需要不断提高元部件可靠性，还需要不断研发新的技术。带式输送机本身属于一种连续运输设备，在运行中，如果不能充分发挥，将会造成资源的浪费，因此带式输送机在后期发展中将会做出一定修改，提高安全性，实现一机多用，发挥带式输送机的最大经济作用。我国煤矿生产中地质条件均不同，自然会对带式输送机有特殊的需求，常规的带式输送机自然不能适应生产需求，因此带式输送机需要不断开发专用机型。在技术方面，带式输送机技术将会充分利用动态分析技术，提高系统安全性。带式输送机启动时一直都在加速，快速启动时张力过大将会严重损伤带式输送机，因此在带式输送机的控制方面将会逐渐实现可控启动技术，减少启动时输送带张力，延长带式输送机的使用寿命。

四、煤矿带式输送机电机烧毁原因及对策

（一）煤矿带式输送机电机烧毁原因

1. 定子绕组绝缘故障

一旦煤矿井下低压电网出现的一相接地，就未接地二相电压会升高1.7倍，在运行中会导致带式输送机电机定子绕组绝缘薄弱部门被击穿，使得相见、闸间短路，影响带式输送机电机的运行，故障现象集中在定子绕组端部。依据相关统计显示，带式输送机电机烧毁故障中，绝缘击穿损坏占比故障率相对较高。由于电缆维护不当，或者受到外力的冲击与损坏会导致接地故障出现。

若是40kW带式输送机电机定子绕组存在质量问题，或者是定子绕组随意、绕组数量过多，涨胎设计不符合要求，将会使得低压电网供电系统在运行瞬间出现定子绕组烧毁。

2. 机械超载运转故障

该案例煤矿矿区在掘进工作开展中，使用的带式输送机电机型号为SSJ-800系列，相比盘山区的带式输送机电机，其规格相对较为落后。SSJ-800带式输送机电机的运输效能相对较低，在40kW带式输送机电机传动部位，电能损失相对较大，能够转化的动能也相对较小，使得牵引电机的负荷变化较大，尖峰电流频繁出现。在超载运转、突然启停中尖

峰电流达到最大值，带式输送机电机在尖峰电流的作用下，会使得电机定子绕组烧毁。

带式输送机电机在运转过程中，存在着一些大体积的煤石，在高速运转中会增加皮带与滚筒之间的摩擦系数，使得摩擦阻力增加。一旦输送机存在不规律停转，带式输送机电机启动阶段，运转电流会超过额定电流。由于带式输送机电机在运转阶段无法及时将热量散发，使得电机烧毁概率增加。

煤矿掘进工作开展中，相比地面生产条件较为复杂，带式输送机电机在运输过程中，普遍存在满载、超载运行，且运行时间不稳定的情况。依据相关现场测定发现，煤矿掘进工作开展中带式输送机电机在运转中，超载现象为45.0%～55.0%，这无疑会加速40kW带式输送机电机绝缘老化速度，进而增加了带式输送机电机烧毁的概率。

掘进队伍在带式输送机电机安装中，未能严格按照相应的安装安全规程规定开展作业。使得运转过程中存在皮带跑偏、托辊卸载的现象，导致带式输送机电机在煤石运输过程中，受力不均匀，增加了带式输送机电机运输过程中的负荷。

（二）煤矿带式输送机电机烧毁事故应对策略

针对上述对煤矿带式输送机电机烧毁原因的分析，随着社会经济全球化发展，必须要制定完善的带式输送机电机烧毁事故应对策略，其目的是为了推动煤矿行业得到更好的发展，实现煤矿产量的提升。

1. 强化过载保护

煤矿企业在掘进过程中，由于施工面积较小，涉及较多的机械设备，需要降低带式输送机电机机械设备安装空间。由于真空磁力启动器负荷较多，一旦带式输送机电机负荷运转，磁力启动器很难技术开展过载保护。因此，在日常生产中需要定期整定带式输送机电机控制开关电流，深入分析、审核整定值，确保整定值的精准性，提升机械动作的灵敏性、可靠性。

2. 科学设置路线

在带式输送机电机安装中，必须要确保输送机首尾连接成一条直线。带式输送机电机的铺设长度、头尾高度差设置过程中，需要按照相应的安装要求，确保带式输送机电机输送的稳定性。

3. 定期清理机械

带式输送机电机的主副滚筒、尾滚筒需要定期清理，失效的托辊需要及时更换，一旦出现皮带跑偏，要及时调整。带式输送机电机在运转中，严禁将大体积煤块放在皮带上。必要情况下，需要在带式输送机电机皮带上安装专门的筛选装置，主要是将煤块中的大块筛选掉。

4. 科学选取开关

带式输送机电机开关，可选用磁力启动器，一般为QBZ83系列。主要是因为QBZ83系列的真空磁力启动器可开展综合性保护，能够全面保护40kW带式输送机电机，即便是过载保护中，也可提升部件的灵敏性，确保启动器的运行效率。

5. 合理选取定子

绝缘子结构、漆包线的设计需要依据实际情况，合理选取类型，提升纸绝缘、绝缘漆之间的相溶性。通过在定子槽内插入黄蜡布、纸绝缘材料，可提升在部件的绝缘性。在绝缘材料内嵌入绕组，将定子在槽内隔开，并将其固定。接着按照相应的规章制度，开展规则性连接，避免部件内部出现不均匀或者是其他的缺陷。

6. 设计专用涨胎

深入分析定子线圈端部尺寸，结合实际情况，设计专用涨胎，涨胎的端头位置呈喇叭形状，主要是因为这类设计可简化涨胎端部的绑扎工序，通过增加涨胎鼻端、引线，能够提升各个部件的整体强度、抗震能力。在测试中，涨胎还具备很好的抵御短路冲击，在运行过程中可避免导线在带式输送机电机运行中因震动疲劳产生断裂，切实延长带式输送机电机的使用寿命。

五、煤矿带式输送机节能技术

（一）煤矿带式输送机带速与运量的关系

根据煤矿大带式输送机存在的能耗现象，究其原因，能够明确输送带的运行速度与输送带的运量是制约带式输送机能耗的关键问题。在带速一致的条件下，增加运量，那么带式输送的管理愈大，进而导致愈大的能耗。在运量一致的条件下，随着持续提升的带速，带式输送机的功率愈大。为此，想要有效减小能耗，需要统一带速与运量，在降低运量的情况下减小带速，这样可以大大减小带式输送机的功率，进而使节能的目标实现。

（二）通过模糊控制理论调节煤矿带式输送机的运量和带速

结合以上阐述，想要使带式输送机的节能实现，需要有效调整运量与带速，结合运量大小对带式输送机带速进行调节。作为一种控制系统的模糊控制理论而言，其是结合计算机语言与数学语言体现相应的逻辑性。在运量与带速的调节控制中应用该理论，可以更加合理与系统地调节带式输送机。其应用过程是在模糊理论中放入带速变化率、输出功率、带速、运量等变量，创建彼此间的模糊联系，且在计算机程序中放置与计算这种基本的逻辑规则、模糊关系，以及制定有关的逻辑表。在逻辑表获取后，外部传感器采集数据的情况下，发现数据存在改变的情况，然后在计算数据之后可以实施有关的调节措施，从而自主调节运量与带速。

（三）设计煤矿带式输送机的控制系统

在把握调节运量与带速的方式后，设计的控制系统中能够对其进行应用，可以具象化应用这种技术，以自主调节带式输送机。节能系统涵盖控制部分、检测部分、驱动操作部分这几个部分。检测部门是结合料流传感器实时测量带式输送机煤流。对煤流厚度进行测量后，在节能控制器中反馈测量信息。基于位置传感器与速度传感器的信息支持之下，可以精确把握与控制输送带中装载的煤炭量。然后，在控制系统的一系列控制部分传递工作步骤。结合变频控制器有效调节与控制带式输送机，以及技术工作者可以实时把握带式输送机的运行里程和明确电耗现状。驱动部分是有效驱动控制系统，且实时排放热能，从而保证系统运行的顺利。

（四）改良煤矿带式输送机

在明确运量与带速的调节方式可以进行实时性调整后，需要改良煤矿带式输送机。在进行改良的时候，重点应用自动张紧技术、可控启动技术、动态分析技术。一是自动张紧技术。自动张紧技术是自动张紧输送带张力，保障输送带张力出现改变的情况下可以加速调节至稳定状态，进而保障其稳定运行，从而有效地保障输送机的节能控制。二是可控启动技术。可控启动技术可以大大减小启动煤矿带式输送机输送带情况下的张力，进而大大提升启动带式输送机的稳定性。该原理是：因为启动煤矿带式输送机的过程要求持续加速，而加速的过程中非常容易导致黏弹性的变形，进而使动张力形成。在加速启动速度的情况下，将会增加黏弹性的变形情况，从而显著减小启动过程的安全性与稳定性，而可控启动技术可以有效减小启动过程中的初张力。

三是动态分析技术。所谓的动态分析技术是动态地分析煤矿带式输送机的特性、性能、运行情况等，从而有效地控制和把握带式输送机的整体运行状态，进而实现改良精确性的大大提升。动态分析技术可以显著提升带式输送机的安全系数，以及对输送带的选择指标进行有效掌控，进而可以防止输送带选择中的失误，从而减小生产成本。

第六节 井下电机车运输

一、矿用电机车

矿用电机车主要用于井下运输大巷和地面的长距离运输。它相当于铁路运输中的电气机车头，牵引着由矿车或人车组成的列车在轨道上行走，完成对煤炭、矸石、材料、设备、人员的运送的电机车称为矿用电机车。

（一）组成部分

矿用电机车由机械部分和电气部分组成。机械部分包括：车架、轮对、轴承箱、弹簧托架、制动装置、撒砂装置、连接缓冲装置等。电气部分包括：直流串激电动机、控制器、电阻箱、受电弓、空气自动开关（架线式电机车）或隔爆插销、蓄电池（蓄电池电机车）。

1. 车架

车架是机车的主体，是由厚钢板焊接而成的框架结构。除了轮对和轴承箱，机车上的机械和电气装置都安装在车架上。车架用弹簧托架支承在轴承箱上。运行中因常受到冲击、碰撞，而产生变形，所以应加大钢板厚度或采取相应的增加车架刚度的措施。

2. 轮对

轮对由两个车轮压装在一根轴上而成。车轮有两种，一种是轮毂和轮芯热压装在一起的结构；另一种是整体车轮。前者的优点是轮毂磨损到极限时，只更换轮箍不用整个车轮报废。驱动轮对有传动齿轮，电动机经齿轮减速后带动轮对旋转。

3. 轴箱

轴箱是轴承箱的简称，与轮对两端的轴颈配合安装，轴箱两侧的滑槽与车架上的导轨相配，上面有安放弹簧托架的座孔。车架靠弹簧托架支承在轴箱上，轴箱是车架与轮对的连接点。轨道不平时，轮对与车架的相对运动发生在轴箱的滑槽与车架的导轨之间，并依靠弹簧托架起缓冲作用。

4. 弹簧托架

弹簧托架是一个组件，由弹簧、连杆、均衡梁组成。每个轴箱上座装一副板簧，板簧用连杆与车架相连。均衡梁在轨道不平或局部有凹陷时，起均衡各车轮上负荷的作用。

5. 齿轮传动装置

矿用电机车的齿轮传动装置有两种形式：一种是单级开式齿轮传动；另一种是两级闭式齿轮减速箱。开式传动方式传动效率低，传动比较小，而闭式齿轮箱传动效率较高，齿轮使用寿命较长。

6. 制动装置

电机车的制动装置分为：

一机械制动利用制动闸或制动器进行制动。矿用电机车的制动闸多是闸瓦式，用杠杆使闸瓦紧压车轮踏面，借助闸瓦与车轮的摩擦力形成制动力矩。操作方式有手动、气动和液动三种。

二电气制动两种。电气制动是牵引电动机的能耗制动，不需要专门设置，只需用控制器改变电气线路即可。

7. 撒砂装置

机车上的撒砂装置，是用来向车轮前沿轨面上撒砂，以加大车轮与轨面间的摩擦系数。砂箱内装的砂子应是粒度不大于 1mm 的干砂。

8. 缓冲器及连接器

缓冲器设在车架的两端，用以承受冲撞。采用弹簧缓冲器能减轻冲击。

连接器用来连接被牵引的列车。为了能连接不同牵引高度的矿车，机车上的连接器做成多层接口。目前矿用电机车的连接器还多是手动摘挂，已有改用自动连接器的机车在使用。

（二）工作过程

1. 架线式电机车的工作过程高压交流电经牵引变流所降压、整流后，正极接到架空线上，负极接到铁轨上。机车上的受电弓与架空线接触，将电流引入车内，再经空气自动开关、控制器、电阻箱进入牵引电动机，驱动电动机运转。电动机通过传动装置带动车轮转动，从而牵引列车行驶。从电动机流出的电流经轨道流回变流所。

2 蓄电池式电机车的工作过程蓄电池提供的直流电经隔爆插销、控制器、电阻箱进入电动机，驱动电动机运转。电动机通过传动装置带动车轮转动，从而牵引列车行驶。

（三）电机车的日常维护及保养

1. 检查制动系统的杠杆、销轴是否良好，动作是否灵活，并进行注油。

2. 检查闸瓦磨损情况，更换磨损超阻的闸瓦；检查闸瓦与车轮踏面的间隙，超过规定的要及时调整；清除调节闸瓦螺杆和闸瓦上的泥垢。

3. 检查车轮有无裂纹，轮毂是否松动，车轮踏面磨损程度。

4. 检查传动齿轮及齿轮罩有无松动和磨损。

5. 检查车架弹簧有无裂纹及失效，清除弹簧上的泥垢，在铰接点及均衡梁之间进行注油。

6. 检查车体及各部螺栓销轴、开口销是否齐全，螺栓是否紧固，销轴和开口销连接是否良好。特别是吊挂牵引电动机的装置要仔细检查。

7. 检查连接装置，是否有损伤、磨损超限。

8. 检查撒砂系统各部件是否齐全、连接良好，砂管有无堵塞，是否对准轨道中心，与车轮、轨道的距离是否符合要求。

9. 检查受电器弹簧压力是否足够，滑板是否断裂和磨损超限，各框架、螺栓及销于是否齐全完整。

10. 检查电阻器是否断裂，各接线端子是否松动，清扫尘垢。

11. 试验控制器的机械闭锁装置是否可靠，各接线端子有无松动现象；检查控制器各触头，特别是使用频繁的触头的烧损情况。

12. 电机车停运后立即检查牵引电动机、轴瓦及油箱的情况，电动机温度是否超过(75℃)，轴瓦温度是否超限(65℃)，清除油箱积尘，定期注油、换油。

13. 照明灯是否完好，亮度足够，熔断器应符合规定。

（四）日常维护

电源装置的检查工作由充电工负责在充电室内进行，主要内容有：

1. 检查插销连接器与电缆的连接是否牢固，防爆性能是否良好。

2. 检查蓄电池组的连接线及极柱焊接处有无断裂、开焊。

3. 检查橡胶绝缘套有无损坏；极柱及带电部分有无裸露。

4. 检查蓄电池组、蓄电池有无短路及反极现。

5. 检查箱体腐蚀损坏情况，箱盖是否变形、开闭是否灵活，盖内绝缘衬垫或喷涂绝缘层是否完整，箱盖与箱体间机械闭锁是否良好。

6. 检查蓄电池槽和盖有无损坏漏酸；特殊工作栓有无丢失或损坏；耐酸橡胶垫是否良好；帽座有无脱落；蓄电池封口剂是否开裂漏酸。

7. 电源装置额定电压 100V 及以下，不大于 60mA；电源装置额定电压 150V 及以下，不大于 45mA。

8. 经常用清水冲洗蓄电池组，保持清洁。上述诸项中，只要有 1 项不合格，即为失去防爆性能，必须停止使用，进行处理。

二、井下电机车运输

目前，煤矿井底轨道线路复杂、距离长，担负着矸石、材料、人员的运输任务。随着生产迅速增长，运输车辆随之增加，面临着安全隐患大，运输效率低等问题，制约了该矿的安全、高效生产。为了保障运输安全、提高指挥效率、增加经济效益和顺应社会的发展，研发了新型井下轨道运输智能交通信集闭系统，具有技术起点高，功能齐全，完全能够满足井下轨道运输情况等特点。

（一）提高体系可靠性的措施

1. 信集闭体系所用电缆要以及动力电缆、控制电缆离隔一定的间隔，如能别离悬挂在巷道的双侧效果会更好；

2. 提高体系的抗干扰能力，硬件以及软件要到达体系的要求，体系必须有单独的接地，调度站内的装备以及外围装备都要可靠接地以减少干扰；

3. 传感器用的接近开关应选择防水型的，防止水分进入内部而损坏传感器；

4. 信集闭体系数值传输要用单独的电缆，制止以及其他的电源线共用一根电缆，如许可以制止信集闭体系自身互相关扰，最好用光纤传输数值。

（二）延长蓄电池电机车在煤矿井下的使用寿命

煤矿井下采区的平巷运输多采用蓄电池式电机车运输。由于各单位管理和使用方法有较大区别，蓄电池的使用寿命也存在较大差异。

1. 管理方法不同。有些煤矿在采区使用地点就地充电，由机车的使用人员代管。机车上使用一块电池，将备用电池充电。其缺点是充电机的利用率低；蓄电池中的电解液蒸发后得不到及时的补充；充电点不能保证建在总回风巷附近；充电时间没有保证。有的煤矿在井下充电室按《煤矿安全规程》规定使充电室内的回风流直接进入总回风巷，并安装多台充电机同时对多组蓄电池进行充电，为井下所有的蓄电池电机车提供足够的电源，在机车使用地点设换电点。其缺点是需提前指定运输地点。

2. 充电方式不同。分散充电—随掘进工作地点的变更随之移动充电机的位置，多数单位对一台充电机充电过程中产生的有毒气体不如对待瓦斯那样重视，违反了《煤矿安全规程》中的规定，含有氢气的风流对现场人员身体健康有伤害。集中充电—充电室位置设计符合《煤矿安全规程》的规定，充电过程产生的有毒有害气体能直接进入到总回风巷中，对现场人员身体健康没有伤害。

3. 电解液配制。电解液密度过大或过小都影响到蓄电池容量和使用寿命。蓄电池初充电。电解液的高度在单只蓄电池中以高出极板 15mm 为宜。液面过高，初充电过程中由于产生热量而膨胀溢出箱体外，腐蚀箱体和地面；液面过低，因发热蒸发露出极板，使蓄电池容量降低。初充电完毕停电 24h 后再调整单组蓄电池中的电解液密度。如果电解液密度高于 1.26kg/L 则补充蒸馏水；如电解液密度低于 1.23kg/L 则补充密度为 1.30kg/L 的电解液。

（三）变频调速技术在电机车电动机的应用

电机车是矿井轨道运输的主要牵引设备。其中，架线式牵引机车多年来一直沿用结构复杂、故障率高和维修费用大的直流电动机，且目前国内绝大多数矿山牵引机车还在使用触头电阻调速方式，处于耗电量与维修量大的状态。由于变频调速牵引机车采用了故障率低和性能可靠的三相异步交流鼠笼式电动机，结合技术先进与节电效果显著的变频调速器，取代直流电机车比较落后的驱动技术，达到了当代世界先进技术水平。由于工作环境特点所致，矿用电机车调速系统处于频繁的启动、制动和加减速等状态，还要适应负荷上下坡和颠簸路况等情况，因此要求电动机启动转矩大、过载能力强。另外，调速系统不但要能四象限运行，还要能再生制动到低速。这样，当负载转矩增大时，转速就能迅速下降，而电动机输出功率基本不变，从而使电动机不易因负载增大而引起过载。反之，当负载变小时，电动机转速能自然上升，以利于提高生产效率。此外，为防止主轮打滑，调速系统还应考虑具有最大转矩限幅功能。由于逆变器和电动机都安装在电机车上，所以整个调速系统应尽可能设计的体积小、重量轻、硬件结构简单和控制方便。

（四）斜巷常闭挡车栏自动控制装置研究应用

其工作原理如下：当列车正常下行的时候，只要行驶至测速区 AB（传感器）处，传感器 A 接收到矿车下行的指令对其进行检测。传感器 B 发出信号传递给可编程自动化控制器，由可编程自动化控制器判定矿车是否在正常行驶速度范围内。若矿车正常运行，可编程自动化控制器触发电磁气控阀动作，挡车栏抬起，指示灯变为红色；若矿车超速运行，则常闭挡车栏不动作并且发出报警信号，将信息反馈给绞车司机，预防事故的发生；当矿车下行并通过传感器 C 的时候，传感器 C 发出信号给可编程自动化控制器，可编程自动化控制器触发电磁气控阀动作，挡车栏常闭，指示灯变为绿色。矿车上行时首先经过传感器 C 处，传感器 C 接收到矿车上行的指令，传感器 C 发出信号传递给可编程自动化控制器，可编程自动化控制器判定矿车是否在正常行驶速度范围内。若矿车正常运行，可编程自动化控制器触发电磁气控阀动作，挡车栏抬起，指示灯变为红色；若矿车超速运行，则常闭挡车栏不动作并发出报警信号；当矿车上行并通过传感器B的时候，传感器B发出信号给可编程自动化控制器，可编程自动化控制器触发电磁气控阀动作，挡车栏常闭，指示灯变为绿色。操作系统还具有电手动操作和气手动操作。

当电自动操作出现故障或其他原因不能正常使用时，按下切换按钮可转换或电手动操作，利用控制面板上的按钮进行操作。同样，当出现停电或其他原因造成电自动操作和电手动操作均不能使用时，可转换成气手动操作。

第四章　矿山安全

第一节　矿山安全概述

矿山是开采矿石或生产矿物原料的场所，矿山开采属于高危险性行业，必须重视安全生产。矿山应制定相应的安全规章制度，配备专职安全员负责安全生产，同时矿长即为安全第一责任人。影响矿山安全的主要因素有滑坡、坍塌、爆破、机械伤害、高处坠落、职业危害、车辆伤害、电伤害等，矿山要针对各项危害因素，制定有相应的安全防范措施，并且成立有相应的事故应急机制，确保发生事故后能及时处理，减少人身、财产损失。

一、影响因素

1. 我国煤矿煤层赋存条件复杂，开采难度大，影响安全生产闪素多是造成事故频发的客观原因。我国现开采的大多是石炭二叠纪的煤层，瓦斯含量大，煤层透气系数低．地质构造复杂，易诱发煤与瓦斯突出现象。导致伤亡事故发生。

2. 安全法制不健全，安全检查缺乏科学性，煤矿自身监管力度不够。当前我国煤炭食业仍然沿袭传统的安全检查方法，一些安全监察员仅仅凭借经验及责任心到现场检查．缺乏可量化的监测方案。安监人员的权责混乱，没有实行规范化，煤矿职工的安全得不到保障。

3. 基础工作薄弱，安全投入不足，安全技术装备落后。企业改制后，人员多、负债高、负担熏等是影响安全投入的重要原因，许多矿井特别是中小型矿井的安全设施达不到要求。

二、预防措施

（一）制定扶持政策

随着开采深度的延伸，煤层压力和煤层瓦斯含量逐渐增加，煤与瓦斯突出的危险性增高，防治难度越来越大。高瓦斯及突出矿井煤层赋存条件差，容易诱发事故，同时又拥有丰裕的瓦斯资源。瓦斯实际上是一种能源，通过抽采不仅可以解决煤矿生产中的安全问题，而且可以提高资源的利用率，减少对大气的污染。因此，为了鼓励矿井瓦斯抽采工作，建议抽采瓦斯利用的收入应有特殊政策，而且鼓励瓦斯发电或开发新的瓦斯利用途径，尤其是低浓度瓦斯的有效利用，使高瓦斯矿井积极提高瓦斯抽采量和利用量。既提高了矿井的安全性，又降低了瓦斯对大气的温室效应，同时还增加了资源的回收率，实现煤与瓦斯共采。

（二）加快煤矿安全立法

世界主要采煤国家，如美国、英国、澳大利亚、南非等大多制定了比较完善和必须强制执行的矿山安全与健康法律法规，并不断加以完善和修订，如美国每年修订的《联邦法典》（矿产资源卷）。我们应进一步健全安全生产监督法律法规，建立有力的职业安全监察体系，实现煤矿安全生产状况稳定好转。

我同煤矿企业的安全管理多属于传统型，缺乏现代科学管理。传统管理往往是“经验型”和“事后型”的管理，过分注重经验，习惯于事后总结提高，基本上是采用计划、布置、检查、总结、评比的程序。但现代化的煤矿安全管理需要先进的科学管理方法。现代职业安令卫生管理的显著特征是系统化管理，煤矿生产与发展的必然趋势是本质安全化。建立煤矿的本质安全化管理体系，找出其中潜在的危险及有害因素．制定相关对策措施消除危险源．保证生产的安全性和经济性，使人、物、系统、制度安全、和谐运行，从而实现系统无瑕疵、管理无漏洞、设备零缺陷、安全无事故的安全目标．实现矿井安全生产。

（三）降低煤矿企业税负

煤矿企业税负是客观存在的事实。由于煤炭属于原料，没有附加值，现行的税制是不合适的，应该进一步下调。同时，为了保护资源及减少资源开采造成的环境破坏，应该提倡资源有偿开采，体现市场经济条件下的公平原则，提高资源回收率。

第二节　矿山建设安全管理

一、矿山建设的安全保障

1. 矿山建设工程的安全设施必须和主体工程同时设计、同时施工、同时投入生产和使用。

2. 矿山建设工程的设计文件，必须符合矿山安全规程和行业技术规范，并按照国家规定经管理矿山企业的主管部门批准；不符合矿山安全规程和行业技术规范的，不得批准。

矿山建设工程安全设施的设计必须有劳动行政主管部门参加审查。

矿山安全规程和行业技术规范，由国务院管理矿山企业的主管部门制定。

3. 矿山设计下列项目必须符合矿山安全规程和行业技术规范：

（1）矿井的通风系统和供风量、风质、风速。

（2）露天矿的边坡角和台阶的宽度、高度。

（3）供电系统。

（4）提升、运输系统。

（5）防水、排水系统和防火、灭火系统。

（6）防瓦斯系统和防尘系统。

（7）有关矿山安全的其他项目。

4. 每个矿井必须有两个以上能行人的安全出口，出口之间的直线水平距离必须符合矿山安全规程和行业技术规范。

5. 矿山必须有与外界相通的、符合安全要求的运输和通信设施。

6. 矿山建设工程必须按照管理矿山企业的主管部门批准的设计文件施工。

矿山建设工程安全设施竣工后，由管理矿山企业的主管部门验收，并须有劳动行政主管部门参加；不符合矿山安全规程和行业技术规范的，不得验收，不得投入生产。

二、安全管理在矿山建设中的应用

（一）当前矿山建设中的安全现状及原因

我国目前正处于高速发展的时期，对于资源的需求持续增加，因此对于矿山的开采工作也提出了更高的要求。然而，我国矿山建设中仍旧存在很多安全方面的问题，致使近年来屡屡有事故发生，严重损害了人民的生命财产安全。其安全方面的主要问题有以下几点：

1. 政府管理制度不严格

矿山所在地的政府对于矿山的管理制度要求不严格，使得一些不满足安全生产资质要求的矿主进入到了金属矿山和煤矿的开采行业中，这些企业具备的实力和安全资质都不能符合矿山开采要求，为矿山建设的事故发生埋下隐患。

2. 安全战略规划落后

大体上，我国矿山业主和管理者以及国有企业的管理层都能够意识到矿山建设安全生产的重要性，也在思想上十分注重安全问题。然而在进行具体的责任部署和技术安排上却对安全管理效果没有把握，缺乏实用性强的安全战略目标，也没能制定出合理的、长期的、可持续的安全战略规划，从而使安全管理工作处于十分被动的局面。

3. 安全理念不足

很多矿山企业中都有自己的安全导向，然而却只是停留在几句安全口号的宣传上，安全理念并没有得到广泛的认可，也没有融入到员工的日常作业中，管理层对于这种情况也没有做到及时的关注，更不用谈具体的实施方案了。

4. 本质安全程度低

虽然我国矿山建设工作随着时代不断发展，然而仍然有些区域采用的生产工艺比较落后，甚至还存在着安全设施不到位的严重问题，虽然从整体上看，我国的矿山建设安全程度有所提高，但是仍然不能忽视一些地区存在的安全问题。

5. 安全培训形式化

员工的安全培训工作是矿山建设中重要的一个环节，强化员工的技能不仅能够保证员工自身的安全，还能有效保证矿山建设的效益。然而，很多企业的安全培训却过于形式化，缺乏针对性和感染力，只是对安全文件的选读，而忽视了日常工作中的安全文化熏陶，对于培训效果也没有及时的检验，只是注重完成形式，对于最终的培训效果却缺乏重视。

6. 人员素质不高

矿业生产需要的外来务工人员较多，对于现场作业人员的综合素质要求也不是很高，因此，经常会出现一些违反规定的现象，致使事故频发。员工的岗前知识和岗位安全知识都不达标，对于违规现象不能及时察觉，造成了很多不必要的事故。

对于以上这些安全方面的问题，必须要采取一定的措施来加强矿山建设的安全管理工作，从而保证矿山建设的安全进行并为矿业的可持续发展提供保障。

（二）矿山生产过程中的安全管理工作应用

1. 领导责任制

我国 2010 年颁发的《国务院关于进一步加强企业安全生产工作的通知》中规定，企业主要负责人要进行现场轮流带班，在矿山建设中要与工人共同下井和升井，这条规定就是为了强化安全管理的领导责任制。因此，在矿山建设的过程中，一定要严格落实领导的安全责任，同时，还要积极健全安全管理网络。要定期进行领导安全管理知识的培训和测试，从而在思想和能力两个方面同时提升领导的安全管理工作。还可以采取要害部位的安全承包制度，并通过领导的示范作用，带动整个矿业的安全管理工作。与此同时，还可以建立安全事故的问责制度，把安全管理工作的成效与领导的政绩相关联，从而激发相关领导对于安全管理的积极性和主动性。

2. 安全教育

安全工作的宣传和教育是安全管理中的基本环节，是提高职工自我保护能力和安全意识的有效途径，对矿山建设的安全生产有着重要的意义。安全文化工作的建设与安全管理有着脱不开的关系，安全教育工作是安全管理的指导，而安全管理工作又丰富了安全教育的内涵。对于矿山建设中的安全教育工作，一定不能流于形式，而要针对矿山建设的实际情况选择有针对性的内容进行培训教育，其形式的选择也要依据职工的特点具备一定的灵活性，突出重点，防止安全教育工作流于形式。

3. 安全检查

安全检查工作对于安全管理有着极强的推动作用。对于安全检查工作要做到检查的多样化和经常化，并且要把检查的重点放在事前预防方面。首先，要从设计方面入手，提高设备的本质安全程度，选用先进的科学技术，并加强其监测和检测手段；其次，一定要保证设施、装备和工艺的安全运行，还要通过对于事故发生规律的了解，采取相应的应急措施，并同时进行多种形式的检查，比如定期检查、突击检查、定项检查和普遍检查等。同时，要注重节日前、恶劣天气条件下和季节转换前的安全检查工作。在安全检查过程中，要注意检查的覆盖性一定要广，对于检查出来的安全隐患一定要及时反馈和处理，防患于未然。

4. 班组安全管理

矿山建设中，班组是企业的基础，也是安全管理工作的最终落脚点。因此，在组建班组时，一定要选用那些素质高、责任心强、业务精良的职工担任安全员，并通过培训和考试的方式保证其能力的不断提高。另外，还要定期对班组的安全工作进行检查，一旦有班组不达标，就要制定限期达标制度，促使班组的安全管理工作达标，进而保证安全管理的有效性。

5. 安全管理考核制度

安全管理考核制度是安全管理工作有效落实的保证手段，通过这种考核，能够明确区分安全管理工作效果的优劣，进而就能恰当地进行奖励或处罚，达到调动员工安全管理积极性和主动性的目的。对于发生安全事故的班组或者单位要限制其先进集体的评选资格，并对其进行严肃处理。同时，还要对各个级别人员的安全职责进行考核，并依照其成绩进行相应的奖惩制度，需要注意的是，在安全管理工作中要努力将安全教育工作和奖惩制度形成有机结合，使之互为补充，促使安全管理工作达到良好的效果。

三、矿山建设三级安全管理新模式

（一）加强班组长队伍建设，夯实安全基础、构筑一级安全生产防线。

施工班组是矿山建设管理体系中最小的基本单位，是安全生产措施和安全生产规程在现场落实的具体单位，加强班组建设，是保证矿井安全形势的稳定、提升企业效益的关键。而班组长作为班组的安全生产第一责任者，是班组工作的具体管理者、组织者、实施者，集“兵”与“将”的双重职责于一身，是班组安全状况好与坏的关键因素。因此，加强班组长队伍建设，对于矿山持续安全生产，具有十分重要的意义。会宝岭铁矿领导对此有深刻的认识，把班组长队伍建设作为矿山建设安全管理中的一项重要工作。

通过有效的班组建设，使施工单位广大职工的安全意识大大加强，把按章作业变为日常生产工作中的一项自觉行为，从一级源头上奠定了坚实的安全基础，使矿山建设逐渐向本质安全型矿山迈进。

（二）打造高素质安监队伍，强化现场安全管理，构筑二级安全监督防线

根据矿山建设需要，会宝岭铁矿及时充实加强安监队伍，充分发挥跟班安监员在现场实行不间断安全管理的作用，以安全质量评估为突破口，致力于打造一支作风过硬、执法如山、真抓实干、纪律严明的高素质安监队伍，强化现场安全管理。

会宝岭铁矿安监部门通过各种形式的安全培训学习，不断提高跟班安监员的业务技术水平和思想素质认识。树立不进步就是退步、进步小也是退步、退步就被淘汰的学习理念，

进行严格的管理考核。每月对所有安监员进行安全生产知识闭卷考试，真实的反映每个安监员的业务技术水平，对前三名进行表彰奖励，后三名批评罚款，连续三个月落后的实行末位淘汰，通过这一有效手段，大大激发了安监员学习竞争的积极性，你追我赶，整体提高。在思想认识上，也进行了有力的管理教育，不断增强安监员的责任感、压力感、紧迫感，并把压力变为在现场管理的动力，真正起到现场安全哨兵的作用。通过严格的管理考核，逐渐打造出一支高素质的安监队伍，无论在人员数量上还是在管理质量上，都保证能满足生产现场的需要。

矿对施工项目部跟班管理人员也加大了在安全方面的挂钩力度，建立了严格的考核制度，必须在现场交接班，保证时刻都有安全管理人员在生产现场，当班出现的违章情况直接与跟班人员的绩效挂钩，使施工项目部跟班人员把降低工人违章率、实现安全生产作为跟班必须做好的首要任务。

这样在安全管理中，通过高素质的安监队伍和施工项目部跟班人员，构筑起了二级安全监督防线。

（三）规范安全执法小分队、有效落实各级安全责任制，构筑三级安全管理防线

为保证各级安全生产责任制在现场得到有效落实，防止施工项目部跟班人员及安监员在安全管理工作中出现失职行为，同时针对夜间安全管理相对比较薄弱的特点，在这种情况下，筹建处会同监理公司有针对性地成立了安全执法小分队。小分队都为夜间上岗，重点检查施工项目部管理人员及安监员在现场安全管理中的尽职尽责情况、特殊工种的按章操作行为、现场存在的安全隐患等。并结合精细化管理，对安全执法小分队的组织上岗实行精细化管理，以保证最大程度的发挥安全执法小分队的督察执法作用，小分队在现场进行查思想、查管理、查隐患、查落实等全方位立体式的安全管理，有力地保证了各种安全规章制度在现场得到切实执行、各级安全生产责任得到有效落实。安全执法小分队在矿山建设安全管理中提供了有力的三级安全管理保障，促进了矿井持续健康发展。

第三节　矿山开采安全管理

一、矿山开采的安全保障

1. 矿山开采必须具备保障安全生产的条件，执行开采不同矿种的矿山安全规程和行业技术规范。

2. 矿山设计规定保留的矿柱、岩柱，在规定的期限内，应当予以保护，不得开采或者毁坏。

3. 矿山使用的有特殊安全要求的设备、器材、防护用品和安全检测仪器，必须符合国家安全标准或者行业安全标准；不符合国家安全标准或者行业安全标准的，不得使用。

4. 矿山企业必须对机电设备及其防护装置、安全检测仪器，定期检查、维修，保证使用安全。

5. 矿山企业必须对作业场所中的有毒有害物质和井下空气含氧量进行检测，保证符合安全要求。

6. 矿山企业必须对下列危害安全的事故隐患采取预防措施：

（1）冒顶、片帮、边坡滑落和地表塌陷；

（2）瓦斯爆炸、煤尘爆炸；

（3）冲击地压、瓦斯突出、井喷；

（4）地面和井下的火灾、水害；

（5）爆破器材和爆破作业发生的危害；

（6）粉尘、有毒有害气体、放射性物质和其他有害物质引起的危害；

（7）其他危害。

7. 矿山企业对使用机械、电气设备，排土场、矸石山、尾矿库和矿山闭坑后可能引起的危害，应当采取预防措施。

二、矿山开采作业中的安全管理

（一）矿山开采作业中的安全管理问题

1. 人员因素。在矿山开采企业中，对煤矿机电设备管理人员与操作人员的招聘门槛不高，而且在员工入职后的培训力度也跟不上，导致部分工作人员的专业性不足，其行为方式影响了下矿作业的成效，也影响了相关技术的更新，甚至引发安全问题。此外，在企业发展过程中，高素质的专业性人才与一线采矿作业人员之间的良性互动不够，两类人员之间的差距比较大。

2. 安全监管因素。在矿山开采作业中，安全监管是一项重要任务。随着矿山开采力度的增加，开采任务量也在增加，安全监管不到位成为引发安全问题的因素之一，如领导、安全监管人员以及一线采矿作业人员在实际工作中没有严格依据相关的标准及要求进行操作，在工作中不能严格地要求自己，这都会对矿山开采产生影响。

3. 技术因素。矿山开采引发的安全问题很多都是企业缺乏科学有效的操作方案与规范导致的，如开采中支护不到位，或者支护材料不能满足需求等，可能会引发矿井坍塌，从而造成人员伤亡。

（二）矿山开采作业中安全管理问题的对策

1. 制订安全管理细则

首先，要强化矿山开采的前期工作。在进行勘察工作时，要把数据记录下来，在进行采矿作业时，结合实际状况，制订科学、明确的计划。其次，要让技术人员与设计人员进行深入的沟通交流，开展技术交底工作，设计者要将矿山开采设计图纸详细地告知技术人员，让其明确矿山的开采方案。

2. 加强安全监管力度

在进行矿山开采作业时，安全监督管理是重中之重。目前，部分矿山开采企业忽略了安全管理工作，把精力放在了追赶进度上，甚至有部分企业还会压缩工作人员的正常休息时间，致使工作人员超负荷作业。在此情况下，相关企业必须要加大安全管理监管力度，注重采矿技术人员的培训，完善现场安全管理制度，确保整个矿山开采过程的科学化、有序化。

3. 强化技术人员的培训

安全教育培训刻不容缓，这也是提高矿山开采技术安全管理成效的关键，更是减少安全事故发生的有效举措。对于矿山开采企业来说，要认真分析矿山事故发生的原因，了解事故的具体状况，并组织人员进行针对性的培训和学习，增强工作人员的安全意识。要加强技术人员与一线作业人员的有效互动，提高一线作业人员对于采矿作业安全的认知。要对检修人员进行定期考核，提升其技术水平，确保其在发现问题时能及时处理。

4. 完善安全防护措施

矿山开采企业要加大安全防护方面的资金投入，结合自身实际情况，建立完善的安全防护体系，确保煤矿作业人员的人身安全。矿山开采企业要下拨资金为作业人员配备专业的安全防护设备，包括头部、身体等部位的防护装置，配备相应的安全设施。要在矿山开采作业休息区域增加应急医疗药物与消耗用品，并在施工设施显眼处设置提醒标志等。

5. 强化设备安全管理维护

采矿作业的效率与设备运行密切相关，要确保设备的安全运转才能保证采矿作业的顺利开展，保障工作人员的生命安全。通常情况下，设备发生故障多与未进行系统地维护管理有关，所以要定期开展设备维护工作，让工作人员及时发现设备中存在的问题，并能在最短时间内进行处理，这样才能延长设备的使用年限，减少因设备问题引发的安全事故。矿山开采企业要建立专业的检测系统，提高设备安全管理成效，确保设备检修符合标准。企业还要制订相应的设备管理计划，把设备维护工作落实到每一个人。要结合设备运行状况设立相应的应急方案，定期开展线路大排查，检测和管理容易发生危险的区域。

第四节　矿山企业安全管理

一、矿山安全管理概述

（一）概念

矿山的安全管理是需从安全生产角度出发，制订安全生产计划，对生产过程进行严格监控，分析其中存在的安全隐患，建立事故应急预案，避免矿山生产安全事故的发生，保证矿山生产人员的身体健康和安全，使得矿山企业生产可以顺利开展。

（二）意义

第一，需要按照国家相关规定及矿山生产制度，明确矿山安全生产责任，保证职工生命财产安全。第二，安全生产是维护矿山生产经营的重要措施，为了维护企业的可持续发展，保证企业的经济效益。第三，安全管理是企业的自我完善，同时也可以建立自我约束机制，引导企业往正确的方向发展。第四，矿山安全管理是企业针对生产经营活动开展的管理工作，在管理过程中，会提高职工的综合素质，提升企业的凝聚力，使得企业的核心竞争力更强。

（三）主要内容

矿山企业需要依据国家的有关矿山生产的规定、方针等设置矿山安全生产管理机构，并且配有专业的管理人员。同时，需要建立矿山安全管理网络，保证安全管理配套措施基本到位，安全管理队伍基本稳定。另外，开展安全生产宣传教育以及技术培训活动，做好主要负责人、安全生产管理人员以及特种作业人员的持证上岗管理工作，如没有相关证件，不得进入施工现场。

二、矿山企业的安全管理制度

1. 矿山企业必须建立、健全安全生产责任制。

矿长对本企业的安全生产工作负责。

2. 矿长应当定期向职工代表大会或者职工大会报告安全生产工作，发挥职工代表大会的监督作用。

3. 矿山企业职工必须遵守有关矿山安全的法律、法规和企业规章制度。

矿山企业职工有权对危害安全的行为，提出批评、检举和控告。

4. 矿山企业工会依法维护职工生产安全的合法权益，组织职工对矿山安全工作进行监督。

5. 矿山企业违反有关安全的法律、法规，工会有权要求企业行政方面或者有关部门认真处理。

矿山企业召开讨论有关安全生产的会议，应当有工会代表参加，工会有权提出意见和建议。

6. 矿山企业工会发现企业行政方面违章指挥、强令工人冒险作业或者生产过程中发现明显重大事故隐患和职业危害，有权提出解决的建议；发现危及职工生命安全的情况时，有权向矿山企业行政方面建议组织职工撤离危险现场，矿山企业行政方面必须及时做出处理决定。

7. 矿山企业必须对职工进行安全教育、培训；未经安全教育、培训的，不得上岗作业。

矿山企业安全生产的特种作业人员必须接受专门培训，经考核合格取得操作资格证书的，方可上岗作业。

8. 矿长必须经过考核，具备安全专业知识，具有领导安全生产和处理矿山事故的能力。

矿山企业安全工作人员必须具备必要的安全专业知识和矿山安全工作经验。

9. 矿山企业必须向职工发放保障安全生产所需的劳动防护用品。

10. 矿山企业不得录用未成年人从事矿山井下劳动。

矿山企业对女职工按照国家规定实行特殊劳动保护，不得分配女职工从事矿山井下劳动。

11. 矿山企业必须制定矿山事故防范措施，并组织落实。

12. 矿山企业应当建立由专职或者兼职人员组成的救护和医疗急救组织，配备必要的装备、器材和药物。

13. 矿山企业必须从矿产品销售额中按照国家规定提取安全技术措施专项费用。安全技术措施专项费用必须全部用于改善矿山安全生产条件，不得挪作他用。

三、我国矿山安全形势及影响因素

（一）我国矿山安全事故与现状

我国矿山事故大多数发生在中小型矿山，约占事故总数的82%以上。在安全事故频发的现状下，相关的技术人员也做出了较为深入的研究，不仅加大了安全管理意识的宣传，同时在安全管理制度的建立与健全上也予以了应有的重视，配套的设备更新及采集技术的改进也发挥出了较强的作用，但是这些依然无法满足不同地域下的安全管理需求，需要在后续的工作中持续的加以改进。

（二）矿山安全的影响因素

自然环境的影响。对于矿山企业而言，周边的地质、水文环境的影响力是比较大的，并且不同地区地质构造及地下水的分布也各具特点，因而极大地提高了对技术人员的要求。如巷道掘进工作中，褶皱、断层的分布对于其工作的影响是比较大的，如果分析的不够全面或者支护技术应用不当会引发较大的安全事故。

作业技术的影响。规范化的作业对矿山安全管理也十分的重要，但是各种技术的选用也会受到不同环境的影响。就爆破技术而言，该技术的应用在矿山的开采中比较常见，但是其带来的安全隐患也是比较大的，经过剧烈的爆炸必然会给周边的环境带来较大的冲击，影响到周边岩层的稳定性，极易引发各种安全事故。

主观因素的影响。安全管理制度对于矿山安全的影响也是不容小觑的，该制度必须非常的细致、全面，并涉及到具体作业的方方面面，同时较强的执行力及配套的奖惩制度也是十分重要的。

四、矿山企业安全管理工作中存在问题

（一）安全管理工作创新不足

一些矿山企业安全管理工作方式依旧沿用传统的安全管理工作方式，随着科技的进步，国家对安全的重视程度，安全理念的深入，传统矿山企业安全管理工作方式已经无法满足当代矿山企业发展需求，直接致使矿山企业安全管理工作无法顺利开展。需要跳出习惯性思维和传统套路，运用现代安全生产管理新观念去指导生产。

（二）安全管理人员应变能力不足

现阶段，矿山企业在安全管理工作实际开展过程中，需要现代化科技的支持，在高新技术设施的使用方面，专业性不强，管理人员对显示的安全问题排除和解决不到位，制约了矿山企业安全管理工作的有效开展，影响矿山企业的经济效益的同时，也对生产作业人员的人身安全造成了很大的威胁。

（三）安全科技投入不足

矿山企业安全管理工作的有效开展离不开专业的安全设备和安全防护用具，这是工作人员最基本的安全防护手段。但个别矿山企业过于追求自身经济利益，严重忽视安全管理工作的重要性，在安全管理工作方面成本投入较低，更侧重矿山企业生产成本投入，导致矿山企业安全设备配备不完善，难以为实际矿山企业工作人员提供有效的安全保障，同时在新型科技和高新设备技术的引入应用上也存在很大不足，直接阻碍了矿山企业安全管理工作的有效进行。

五、大数据在矿山企业安全管理中的优点

（一）深化“人本理念”，保证人员安全

矿山企业大数据的建立，能够保证企业做到对员工安全信息的掌握，对其身份信息情

况、职业健康情况、安全培训学习及技能水平高低情况、作业持证情况全面记录，细化到每一位员工，对个别技术专业人才更能进行筛选，按照能量原则，优化管理，促进生产安全。

（二）优化双重机制，促进隐患治理

现阶段“双重预防机制”的建立与应用，很大程度上促进了矿山企业的隐患排查治理工作，而大数据安全管理应用能够系统地对矿山企业各生产工艺、生产过程中存在的安全风险进行分析与评价，并对存在的重大风险进行辨识，进而分级管控。结合现场存在的安全隐患或问题，能够进行系统的整改指导，与传统的隐患整改顺序：排查、下发隐患整改通知单、落实、复查、销号相比，能够起到优化作用，能够实现现场数据传达、实时分析指导、实时按标准整改、实时落实销号等。

（三）进行数据监控，超前防范事故

建立完善各类监测监控系统，实现生产安全相关的全部数据集成，利用大数据技术处理不同数据值之间的数理关系，得出它们的相关关系，尽早发现异常，系统可以提示工作人员在故障之前采取相应措施。依靠数据分析结果做出决策，预测生产过程的安全状况，可以有效降低人为直觉判断中的错误，确保矿山企业生产安全。

六、矿山企业大数据在安全管理中的应用

（一）建设完善数据库

矿山企业要积极推进安全生产信息平台建设工作，做好安全生产相关数据的采集、整理和存储工作，完善安全生产相关数据库，包括质量标准数据库、事故数据库、监管信息数据库等，推进大数据价值尽快实现。

（二）强化技术认知，转变思维

在时代的发展之下，矿山企业也进行了信息化的建设，在长时间的探索中也取得了相应的成效，产生了大量的数据，例如矿山地质数据，矿图数据，环境监测数据，监控数据等，因此管理人员应该根据实际情况来转变管理思维，由之前的抽样分析转变为全面分析。

（三）强化科技管理，推进大数据进程

矿山企业安全管理是一个系统性的工程，随着现代化信息技术及智能化终端的普及和推广，矿山企业正朝着资源开采的数字化，生产过程可视化、信息传输网络化、技术装备智能化、科学管理决策化，通过系统工程专业化发展，对大数据的准确度、应用广泛度也能起到促进作用。

（四）强化事故分析，进行应急管理

随着社会的不断发展，对矿山企业信息化建设和安全管理水平的要求也越来越高，大数据的采集与应用，能有效减少隐患的产生，能够预测事故的发生，从而完善预警机制，确定应急预案，有效提高应急能力，促进企业发展。

第五节　矿山安全的监督和管理

一、矿山安全的监督和管理政策

1. 县级以上各级人民政府劳动行政主管部门对矿山安全工作行使下列监督职责：

（1）检查矿山企业和管理矿山企业的主管部门贯彻执行矿山安全法律、法规的情况。

（2）参加矿山建设工程安全设施的设计审查和竣工验收。

（3）检查矿山劳动条件和安全状况。

（4）检查矿山企业职工安全教育、培训工作。

（5）监督矿山企业提取和使用安全技术措施专项费用的情况。

（6）参加并监督矿山事故的调查和处理。

（7）法律、行政法规规定的其他监督职责。

2. 县级以上人民政府管理矿山企业的主管部门对矿山安全工作行使下列管理职责：

（1）检查矿山企业贯彻执行矿山安全法律、法规的情况；

（2）审查批准矿山建设工程安全设施的设计；

（3）负责矿山建设工程安全设施的竣工验收；

（4）组织矿长和矿山企业安全工作人员的培训工作；

（5）调查和处理重大矿山事故；

（6）法律、行政法规规定的其他管理职责。

3. 劳动行政主管部门的矿山安全监督人员有权进入矿山企业，在现场检查安全状况；发现有危及职工安全的紧急险情时，应当要求矿山企业立即处理。

二、矿山安全监督管理行政法律责任完善

（一）矿山安全监督管理行政法律责任完善的重要意义

建设和谐社会首先是人的生命和人身安全的保障问题，如果连最起码的生命和人身都无法得到保障，那么和谐社会只是空谈而已。如果不及时治理，频发的矿难就必将化作一把高悬在和谐社会头上的达摩克利斯之剑，随时都将掉下来砍掉社会的和谐，成为建设和

谐社会不能承受之重。在现代宪法学视野中，人的尊严与生命权是人类享有的最基本、最根本的权利，是构成法治社会的理性与道德基础。把生命权作为公民的一项基本权利在宪法中加以确认，是当今许多国家的通行做法。虽然没有一个国家或个人公然地反对或否定生命权的价值，但是在现实生活中漠视、侵害生命权的现象却大量存在。生命高于一切，近年来我国年频发的矿难在夺去许多矿山工作者生命的同时，也将对矿山工作者的生命安全予以切实保障的问题摆在了世人面前。安全生产事故就是对人权的严重侵害，严重违背宪法的人权保障精神。因此遏制矿山安全生产事故，使矿工免受身体和生命的损害是落实宪法规定的人权保障精神所必需的。而健全矿山安全监督管理行政法律责任就是为了遏制矿难的频发。

（二）进一步健全整理相关法律法规

我国现有的关于矿山安全方面的法律规范不少，在宪法的基础上有与矿山安全有关的法律，如《矿山安全法》《煤炭法》《矿产资源法》《安全生产法》等，还有与矿山安全有关的行政法规、条例，如《煤矿安全监察条例》《安全生产许可条例》等。但是关于矿山安全监督管理行政法律责任的规定较少。建议在现有的法律法规的基础上制定综合性的可操作性强的矿山安全监察的规章制度，明确规定在矿山安全工作上矿主、矿山的管理人员、矿工、设备供应商、矿山安全监管人员的职责，该做什么，不能做什么，都要非常清楚，违反了要受到什么惩处都要非常具体。矿山安全监管人员要依法进行矿山安全监管。打蛇要打七寸上，矿山安全监管要抓住主要矛盾，要增强矿山安全责任主体意识，进一步落实各级安全生产责任制，特别是要强化矿山投资人、主要负责人、井下现场管理人的责任意识，切实承担起矿山安全生产责任，解决好股东层、管理层、作业层互相脱节的问题。加大对违规违法矿山责任主体的惩治力度，对违规违法的矿山企业要进行严格的处罚。

现阶段，我国关于矿山安全生产方面的法律法规不可谓不多，有上百部的法律。但是存在的一个问题是大多规范的位阶相对较低。法律规范的位阶高低与法律执行过程中的力度息息相关，矿山安全生产监督管理行政法律责任的相关法律规范的位阶高低也会直接影响到实际追究过程中的力度。因此提高相关法律规范的位阶是必要的。

现行的法律法规有很多，很多都没有得到好的施行，这其中有很大的一部分原因就是因为法律规范之间规范界限的含混不清和相互不一致造成的。因此要更好地贯彻实行现行的法律规范并且有利于以后相关法律规范的制定，必须清理法律规范。

（三）科学合理设定矿山安全管理的法律责任

目前我国法律规范中关于矿山安全监督管理行政法律责任的设定存在过于简单的问题，使得行政法律责任的追究在非常有限的范围内进行选择和适用，无法适应复杂的现实情形。对于监管主体的行政法律责任应增加罚款这一种类，主要是针对目前监管中的监管失职和集体腐败问题。而对于具体的监督管理人员应增加外部行政法律责任，主要是针对被监管者而言的。

监管者应该负起该负的责任，而不是一旦发生事故，责任的大部分都由被监管者来承担。矿山经营者有错的地方，监管者也往往摆脱不了干系。特别是针对监管背后的权钱交易行为应予以严厉的打击和追究。对于监管者因此获得的利益应予以没收，并适当地加以金钱处罚。同时应对相关人员进行问责，随时接受来自媒体、人大、司法、上级以及民众的监督。

监督管理者在矿山安全生产过程中起着非常关键的作用。而目前我们对于监督管理者的责任却没有明确详细具体的规定。只是笼统含糊的规定。监督管理者该负什么样的责任以及在什么情况下负责任都应该尽量的规定明确。近年来国务院先后采取过一系列严厉措施，却无法避免重大矿难事故重演，就政府职责来说，关键在于责任追究未落到实处，责任追究只停留在较低层。一些政府官员虽然因失职而被问责，但更多的是诸如警告、记过、行政记大过等不疼不痒的处分，风头过后照样启用。任何事情都是人做出来的，都不能忽视人的因素。要使矿山安全监管落到实处收到实效，必须发挥矿山安全监管员的作用。在煤炭行业，要加强对煤矿安全监管员的管理，必须通过制度来约束，要明确监管员的责任、权利和义务。要建立主管监管员制度，将每个煤矿都安排有专门的监管员负责，赋予其行政执法的权利和责任，由主管监管员主管该煤矿的安全监管，对煤矿的安全生产进行现场监管和行政执法。加强对监管人员的摘训和管理，保证其优厚的工作待遇，明确其权力和责任，建立激励和约束机制，对恪尽职守表现优秀钓监管员进行奖励，对玩忽职守监管不到位的行为要追究责任。建立主管监管员轮换制度，每两年对主管监管员进行异地轮换，最大限度地减少腐败行为的发生。这样也有利于明确监管人的责任并及时得以追究。

三、非煤矿山安全生产监督管理

（一）我国非煤矿山安全监督管理的现状

由于我国非煤矿山开采技术相对落后、装备水平低；矿业开采秩序混乱、非法采矿屡禁不止、乱采滥挖给国有矿山的安全生产造成了巨大威胁，导致大量矿山灾害积聚、开采环境恶化，矿山灾害性事故呈上升趋势，隐患增多。全国非煤矿山每年安全事故死亡人数仅次于交通事故和煤矿安全事故，在各行业中居第三位。现阶段我国的安全生产的突出特征，表现为总体稳定、趋于好转的发展态势与依然严峻的现状并存。我们既要看到成绩，更要看到差距和问题，认清安全生产的长期性、艰巨性和复杂性。进一步增加紧迫感、危机感和责任感。在这种情况下坐好非煤矿山的安全监督管理就显得尤为重要。

（二）加强安全管理措施

1. 强化安全生产的监督管理。首先我们必须坚持把非煤矿山等方面的安全生产专项整治，作为整顿和规范社会主义市场经济秩序的一项重要任务，坚持不懈地抓下去。其次，非煤矿山生产单位要根据《安全生产法》规定设置安全生产管理机构，配备专职安全生产管理人员，保证必要的安全生产投入，积极采用新技术、新工艺、新设备。非煤矿山生产单位主要负责人及安全管理人员、特种作业人员必须接受培训，经考试合格，持证上岗。最后还要建立和完善非煤矿山安全生产行政许可制度，建立安全生产行政许可制度，把安全生产纳入国家行政许可的范围，从源头上制止不具备安全生产条件的企业进入市场。

2. 保障职工行使安全生产权利。我国《宪法》和《劳动法》规定，劳动者有获得劳动安全卫生保护的权利，用人单位应当依法建立和完善规章制度，保障劳动者享有劳动权利和履行劳动义务。作为法律关系内容的权利与义务是对等的。没有无权利的义务，也没有无义务的权利。从业人员依法享有权利，同时必须承担相应的法律义务和法律责任。

3. 矿山企业必须对职工进行教育、培训，未经安全教育培训的，不准上岗作业；长必须经过考核，具备安全专业知识，具有领导安全生产和处理矿山事故的能力。

4. 矿山安全生产资金保障。矿山企业必须从矿产品销售额中按照国家规定提取安全技术措施专项费用。安全技术措施专项费用必须全部用改善矿山安全生产条件，不得挪作他用。为确保矿山企业生产安全设备、设施的有效配置和安全技术的有效实施，矿山企业应建立安全专项资金的提取、使用制度。

5. 矿井水害防治。地表防水是指在地表修筑防水工程，防止大气降水和地表水渗入矿井，是保证安全生产的第一道防线，其质量好坏及布置是否合理将直接影响到矿井涌水量的大小和采掘工作能否正常进行。这种影响在雨季尤为显著。所以需要制订防水计划，建立防汛组织，合理确定井口位置，填堵通道，整冶河流，修筑排（截）水沟等措施来方式矿井水害。

6. 冒顶片帮事故及其预防。原岩体中的岩石在上覆岩层重量以及其他力的作用下，处于一种应力平衡状态，岩体被开挖以后，破坏了原岩应力平衡状态，岩体中的应力重新分布，产生了次生应力场，使巷道或采场周围的岩石发生变形、移动和破坏，处理冒顶片帮事故需要：（1）探明冒顶区范围和被埋、压、截堵的人数及可能的所在位置，并分析抢救、处理条件，采取不同的抢救方法；（2）迅速恢复冒顶区的正常通风，如一时不能恢复，则必须利用压风管、水管或打钻向埋压或截堵的人员供给新鲜空气；（3）在处理中必须由外向里加强支护，清理出抢救人员的通道。必要时可以向遇险人员处开掘专用小巷道；（4）在抢救处理中必须有专人检查和监视顶板情况，加强支护，防止发生二次冒顶；并且注意检查瓦斯及其他有害气体情况；（5）在抢救中遇有大块岩石，不许用爆破方法处理，如果威胁遇险人员则可用千斤顶、撬棍等工具移动石块，救出遇险人员。

7. 边坡事故的预防。确保露天矿边坡安全是一项综合性工作，包括确定合理的边坡参数，选择适当的开采技术和制定严格的管理制度：（1）确定合理的台阶高度和平台宽度；（2）正确选择台阶坡面角和最终边坡角；（3）选择合理的开采顺序和推进方向；（4）合理进行爆破作业，减少爆破震动对边坡的影响；（5）矿山必须建立健全边坡管理和检查制度，当发现边坡上有裂陷可能滑落或有大块浮石，必须迅速进行处理；（6）矿山应选派技术人员或有经验的工人专门负责边坡的管理工作，及时消除隐患，发现边坡有塌滑征兆时有权制止采剥作业，并及时报告；（7）对于有边坡滑动倾向的矿山，必须采取有效的安全措施。

（三）保证安全生产的原则

1.“安全发展”科学理念和指导原则。要把安全发展纳入社会主义现代化建设的总体战略。

2.“安全第一，预防为主，综合治理”方针。坚持标本兼治、重在治本，综合运用法律、经济、科技和行政手段，解决深层次问题。

3. 用科技教育引领支撑安全生产。坚持“科技兴安”，开展安全科技攻关，淘汰落后生产能力，加强培训，普及安全知识，提高全民安全素质。

4. 依靠人民群众，形成广泛的参与和监督机制。加强安全文化和舆论阵地建设，保障人民群众安全生产知情权、参与权和监督权。

第六节　矿山事故与处理

一、矿山事故处理政策

1. 发生矿山事故，矿山企业必须立即组织抢救，防止事故扩大，减少人员伤亡和财产损失，对伤亡事故必须立即如实报告劳动行政主管部门和管理矿山企业的主管部门。

2. 发生一般矿山事故，由矿山企业负责调查和处理。

发生重大矿山事故，由政府及其有关部门、工会和矿山企业按照行政法规的规定进行调查和处理。

3. 矿山企业对矿山事故中伤亡的职工按照国家规定给予抚恤或者补偿。

4. 矿山事故发生后，应当尽快消除现场危险，查明事故原因，提出防范措施。现场危险消除后，方可恢复生产。

二、矿山火灾事故处理

（一）火灾的成因及危害

1. 内因火灾

（1）内因火灾成因机理

内因火灾主要是由煤层本身的性质以及在生产过程中对煤炭的结构造成破坏，由于通风环境的改变，粉煤颗粒在空气中氧化发热并积聚热量而引起的火灾。

（2）内因火灾的特点及危害

内因火灾一般蔓延较慢，火源情况比较复杂，灭火难度较大。常常由于采空区漏风，废弃巷道没有及时密闭，回风巷道煤尘积聚等原因引起，发火初期不易察觉。常伴有瓦斯、一氧化碳等有害气体的增加。易导致瓦斯爆炸，一氧化碳中毒等次生灾害事故发生。

2. 外因火灾

（1）外因火灾成灾机理

外因火灾主要是由外界火源直接点燃。常见的外因火灾多由电器设备短路、过载，井下烧焊，电缆破损引起。

（2）外因火灾的特点及危害

外因火灾火势蔓延较快，火源地点较明确，很短时间可以对井下环境造成较大改变，常由井下电气设备故障、工人误操作或操作不当引起，极易引起风流逆转、逆退以及火风压。

（二）火灾事故救援常用技术

1. 直接灭火

（1）常用的直接灭火方法

常用的直接灭火方法有灭火器、惰气、水、泡沫、砂子（岩粉）等灭火或直接挖出火源的方法。

（2）直接灭火的优缺点分析

能够迅速控制火情，针对性较强，灭火周期较短。但是对灾情的准确性把握、灭火器材的性能，人力、物力的准备以及灭火技术的要求较高。

（3）直接灭火技术分析

直接灭火由于灭火人员离火区较近，以及火区常存在的不确定因素较多，比如火势扩大、火区迅速蔓延、风流逆转、逆退、火风压等情况，对救援人员的安全随时构成威胁。因此在采用直接灭火方法过程中，必须要对灾区情况有足够准确地把握，对采用直接灭火过程可能出现的各种威胁救援人员自身安全的潜在隐患要有预案，在准备好足够的灭火器材的同时，应有专人对工作区域的风流、风量、各种气体、顶板、支护等情况进行实时监控，并与指挥中心保持畅通的通讯。现场指挥员在做好现场指挥的同时在灾变较难控制的情况下要果断做出决定，启动预案，以确保救援人员的自身安全。

2. 间接灭火

（1）常用的间接灭火方法

通过改变井下全部或者局部通风状态，隔绝灾区氧输入的方法，达到灭火效果。常用的灭火方法如建造砖闭、板闭、快速密闭等设施以及采取均压灭火的形式而实现灭火。

（2）间接灭火的优缺点

离火源相对较远，对救援人员的人身伤害威胁相对较小。但是劳动强度较高，对灭火设施的建造有较高的技术要求，对灾区的控制分析有一定的局限性。

（3）间接灭火技术分析

间接灭火主要是通过对整个矿井或者灾区风量的控制，实现对灾区氧隔绝，从而达到灭火目的的一种方式。采用间接灭火周期较长，只有在灾区氧耗尽，没有养补充的情况下才能达到灭火的效果。

因此采用间接灭火要求灭火材料要能够耐高温且不燃，对灭火设施的构筑要求较高。同时要根据实际情况选择合适的地点建设构筑物，一要有速度、二要有质量，在施工过程中随时对周围环境气体经行监测，及时调整方案。保证救援人员的安全。

3. 综合灭火

（1）常用的综合灭火方法

常用的综合灭火法方法比如对灾区封闭后，根据灾区的位置、环境采用注惰、注水、注浆等方法使得火区缩小并逐渐熄灭。以达到灭火目的。

（2）综合灭火优缺点

综合灭火通常是以多种灭火方法联合运用从而达到灭火效果，离灾区较远，对救援人员的安全威胁较小，另外由于是联合运用，因此集各种灭火方法的优点，使得灭火效果相对较好，在短时间内可以使矿井恢复生产。但是综合灭火一旦封闭灾区，对现场的实际环境监测有一定的局限性，在判断灾区火已熄灭，在启封火区的过程中要严格按照要求操作以避免火假熄或者迅速复燃而对救援人员造成伤害。

（三）综合灭火技术分析

综合灭火当采用单一灭火方法不能达到灭火效果的情况下，而采用两种以上的灭火方法联合灭火的方法。

当灾区范围蔓延迅速，火势无法控制，有害气体含量迅速增加，采用单一灭火方式没有效果的情况下就要考虑用综合灭火的方法。

三、矿山瓦斯燃烧事故处理

（一）瓦斯燃烧事故的种类、危害及常见处理方法

瓦斯燃烧事故分为有补给型瓦斯燃烧和无补给型瓦斯燃烧两种。两种燃烧都是因为开采过程中由于近煤层瓦斯挤出、采空区聚积或局部瓦斯积聚遇到火源（电器设备失爆等）引起瓦斯燃烧，因为瓦斯浓度不在爆炸范围 5% ~ 16%之内，高于爆炸上限、低于爆炸下限都会引起燃烧。当瓦斯浓度低于 5%时，遇火不爆炸，但能在火焰外围形成燃烧层。瓦斯浓度在 16%以上时，失去爆炸性，但在空气中遇火仍会燃烧。有补给型瓦斯燃烧指有源源不断的瓦斯来源，不断向燃烧点供给，造成瓦斯持续长时间不间断燃烧，这种燃烧处理起来较为复杂。无补给型瓦斯燃烧指没有源源不断的瓦斯来源，局部瓦斯积聚或煤层、采空区释放出一定的瓦斯遇火引起的燃烧。

瓦斯燃烧的危险性非常大，这种火灾直接灭火极难灭掉，处理不好极易造成火灾事故扩大，引燃周围煤炭、皮带等可燃物质，产生有毒有害气体。达到爆炸条件引起瓦斯爆炸，造成灾害事故扩大。

无补给型瓦斯燃烧或补给量相对较小的事故处理相对容易些。这种燃烧瓦斯量有限，待其燃烧完后会自行熄灭，或采取集中力量灭火，利用多台灭火器集中力量一次性灭火，不给火源有喘息的机会，达到灭火目的。有补给型瓦斯燃烧处理相对较难，这种燃烧利用直接灭火方法很难灭掉，在以往案例中出现工作面降落支架，寻找火源及瓦斯源，用水灭火都是极其错误的。降落支架容易造成瓦斯突然涌出，燃烧的火源与带有瓦斯的混合气体接触，造成瓦斯爆炸。用水灭火是灭不掉燃烧的瓦斯的，瓦斯燃烧的火焰在巷道中成漂浮状态，用水管浇注火源，只能造成火焰向四处飘动，无法灭火。下面将主要针对有补给型瓦斯燃烧的处理方法进行分析。

（二）有补给型瓦斯燃烧处理方法

1. 对灾区进行全面的侦查。派两个小队进入工作面机巷、风巷进行侦查，并救助遇险人员，一个小队在基地待机，遇到紧急情况随时进行处理并对侦查小队进行救助。侦查小队侦查内容包括检测灾区内 CH_4、CO、O_2 等有害气体浓度及温度。根据有害气体浓度的变化掌握灾区内面临的风险，决定是否进入继续探查或撤离灾区。到达到火点时观察火势的大小及燃烧情况，判断瓦斯涌出的来源，有没有引燃周围可燃物质，对于引燃的可燃物质可以现场用水或灭火器进行直接灭火，并用电话向基地汇报侦查结果。如果瓦斯燃烧火势较大，但气体浓度符合救援条件，现场利用水管喷向燃烧的顶板或支架，防止顶板或支架由于燃烧导致冒顶、瓦斯涌出量变化导致爆炸。

2. 采用综合方法进行灭火。对于补给型瓦斯燃烧，现场无法直接灭火，指挥部要迅速做出决策采用综合方法进行灭火。首先对灾区采取惰化措施，抑制火势的扩大，再对灾区进行封闭。惰化火区可以采取向火区注入液态二氧化碳或液氮，这两种物质都可以迅速降低灾区内的氧气含量，尤其是液态二氧化碳，其从液体变为气体，体积能迅速扩大五百倍，并且温度为 - 37℃，吸收热量，为灾区封闭提供安全的保障。2013 年吉林八宝煤矿事故充分说明了没有采取惰化措施直接封闭是极其危险的。2013 年 3 月 28 日 16 时左右，八宝煤矿某采空区发生爆炸，矿方及救护队人员进入灾区进行封闭，随后发生爆炸，在此情况下又继续违章指挥、冒险作业，造成多次爆炸事故，造成人员伤亡。在专家组下达不准任何人下井实施封闭的命令下仍然冒险封闭，又造成重大伤亡，事故教训极为惨痛深刻。此次事故处理中多次违反《矿山救护规程》，在爆炸后没有采取安全措施多次进入灾区恢复重建密闭墙及其危险。

3. 实施火区封闭。根据现场条件及火势情况选择合适的封闭位置对工作面机巷、风巷进行封闭。在实施封闭时应在工作面机巷、风巷安设导风管并留有闸门，利用压风管、水管或专门安设管路向灾区内注入惰性气体并设观察孔。在回风侧实时检测气体，并结合传感器数据分析灾区内情况。两巷封闭同时进行，保持联系畅通，风巷一旦发现瓦斯达到2%及以上或其他异常情况及时通知机巷人员并迅速撤出。封闭的同时，惰性气体不断地向灾区注入，待两巷防爆墙建好后，留有少数人员快速关闭导风管闸阀后迅速撤离灾区。

4. 火区监护及治理。火区封闭待稳定24小时后，对火区进行监护治理。救护队每隔一定时间进行检测机、风巷密闭墙内外 CH_4、CO、CO_2、O_2、温度，并取气样进行分析，同时继续惰化火区。可以在两巷封闭墙处安装 CH_4、CO、CO_2、O_2 传感器，随时监测气体情况，根据实际情况决定是否加固密闭墙或加打一道密闭，确保火区不漏风。

（三）不可取的处理方法

1. 利用控风手段灭火是错误的。工作面瓦斯燃烧如在进风侧控制风量，会造成进风侧压力下降，从而造成进风侧瓦斯涌出量加大，还有可能造成高温烟流逆退造成新鲜空气与高温烟流预混发生爆炸，处理此类事故要保持通风现状。

2. 爆炸后立即进入火区恢复密闭是错误的。爆炸后破坏的密闭墙，严禁立即在原地套墙或恢复封闭墙，如果需要应采取火区惰化或火区内可燃气体浓度已无爆炸危险方可进行。

3. 采取机巷或风巷单独封闭是错误的。瓦斯燃烧处理必须在机风巷同时进行封闭。单独封闭易造成火区内风量变化，引起瓦斯爆炸。

四、矿山井下钻探事故与处理

（一）几种常见的钻孔事故及其产生原因

1. 孔内事故

在目前我国的钻探工程中，还没有对孔内事故有一个明确的定义。我们通常钻探过程中出现的中断钻孔内正常钻进的各种故障统称为孔内事故。理论上，这一事故一般不会对造成人员的伤亡，但是在实际的施工中，常常会因为孔内事故诱发一系列的其他事故的发生。而且，通常在处理孔内事故时，由于人为的种种操作会发生人员伤亡的现象。目前，在我国的石油、地质、煤矿等行业仍然存在大量的人员从事钻探工作。因此，有必要对孔内事故的发生原因进行详细的分析和讨论。

孔内事故的发生主要是基于两点因素：首先，人为因素；由于指挥者或是操作者在钻探施工的过程中，没有严格地按照操作流程以及相应的制度来指挥和操作，进而造成了严重的后果。这类事故在实际操作中是较为常见的，分析其主要的原因有以下几个方面：一是指挥者的主观指挥失误，未能按照客观的规章制度进行；二是钻机操作者未能认真仔细的按照操作规程作业，或是在操作中未能严格执行岗位责任制；三是未能及时对钻探设备进行检修，严重缺乏日常的维护工作；四是钻探设备的操作技术人员综合素质偏低，技术不娴熟；五是钻探设备的级配不科学。其次，机械因素；钻机的绞车如柴油机、电动机在钻探过程中突然出现运转的故障，通常会导致钻具在孔底提不上来，进而导致严重的事故发生。再次，客观因素；所谓的客观因素主要一些不可预测的自然灾害，例如泥石流、暴雨等，这些因素或多或少的都会不同程度的造成钻机作业出现一些事故。

2. 施工过程中出现的钻具折断、脱落事故

这些事故的发生可能是由于以下几点因素造成的：首先，钻具设备级配不合理，钻具丝的连接过紧或过松，或是在丝扣未能正常对接的情况下，对其进行强行的对接，进而导致钻具丝变形，磨损严重，极易发生钻具的脱落；其次，在不工作时未能对钻具杆进行及时的检查维护，未能及时更换掉那些已经弯曲或是具有暗伤的钻具，使得在钻探施工中遇到较大的阻力时导致钻杆在薄弱处断裂；再次，钻杆在钻进和提升的过程中，往往由于所受的压力、扭力等过大，而使得钻具很容易被折断，尤其是超径孔段；最后，在施工过程中，由于突发蹩车，造成上部钻杆倒转，由于其正常运转时的惯性作用，经常发生甩钻等事故。

3. 烧钻事故的原因

首先，在钻探施工中，由于水泵的不正常工作，送水量太少，不能有效地降低钻头工作时的温度，或是在工作时水孔被一些杂物所堵塞等，都会阻碍钻头温度的降低，进而导致烧钻事故；第二，由于钻具丝扣连接不够紧密，在下钻的过程中导致中途漏水；第三，工作中，未等钻头稳定到达孔底就开始进行钻探作业，造成钻头水路堵塞；最后，钻头内外出刃磨损过度，无泵钻进操作不当，也会造成烧钻。

4. 埋钻事故的原因

因为不同地区的地下结构存在一定的差异，在一些地区的岩层或是矿区，存在固有的例如风化层、流沙层等，同时，在井下钻探时又未能采取必要的有效防护措施，致使埋钻事故的发生频率增加。在井下运输通道的墙壁质量未达到国家规定的标准，泥浆的质量不符合标准；或是使用冲击力很大的水流来冲洗松软的煤层，会导致孔壁被冲垮，进而极易导致坍塌发生。

（二）几种钻探事故的处理方法

1. 孔内事故的处理措施

处理孔内事故主要有以下几种方法：一是打捞，这是最常使用的一种处理孔内事故的方法，通过使用不同种类的公、母矢锥来打捞掉落在孔内的钻头和钻杆等。同样，用此方法也可以处理脱扣等事故；二是吊窜，当在钻探过程的下降途中遇到孔内有劲的情况时，应该马上停止钻探工作，并及时的提升钻具。吊窜的过程就是在钻具升高到一定程度时，再利用钻具的重量将其向下送回。通过这种不断往复的运动，可以在不损害钻具设备的前提下，逐渐的疏通钻孔内的阻力，排除掉块卡钻以及粗径钻具与孔壁间的挤夹力；三是提拉，在提拉的过程中，拉力不能超过钻机升降机允许的最大提升能力和钻杆的极限抗压强度。而且，在提拉时，应该有一些时间的间隔来冷却升降机。除此，还要严格的操作升降机，采取缓慢的提拉方式。

2. 钻头掉入孔内的处理方法

从地表向下打孔的过程中，通常会出现钻头掉入钻孔的事故。处理这类事故可以按照下面的步骤进行：第一，明确钻头掉入到钻孔的位置以及孔的深度；第二，为避免孔底岩粉等一些物质的聚集，应该使用冲洗液连续的冲刷钻孔；第三，用适合的方法（使用适合的锥将钻头抓取上来；使用带有沿形管的取芯钻头将钻头取出等）来打捞钻头。需要注意的是，在打捞的过程中应该谨慎控制钻机。

3. 岩层错动卡夹钻具的处理方法

最为常用的措施是将岩层错动的部分打碎。但是，如果事故中的钻具卡夹较紧，应该首先将上部钻杆拉回，然后使用重钻具向下冲打。另外，倘若事故钻具带有反钻头，则可向上打碎卡夹物。

4. 碎硬质合金粒挤夹钻具的处理方法

如果在冲洗液能够循环的情况下，应该增加泵液量，尽量的冲碎挤夹在钻具间的碎硬质合金粒，缓解挤夹程度。在此操作无效时，应该考虑使用吊锤冲打。但如果挤夹不严重，可以在冲洗的同时使用升降机提拉传动钻具。当以上两种方式均不起作用时，可以考虑使用小孔径钻具透过事故钻具的方法，再用丝锥打捞。

对于矿山井下的一些钻探事故的发生，我们应该以预防为主，在钻探施工中，尤其要加强安全操作和指挥意识。在钻探的过程中，应该随着的了解不同地层的地质信息，根据实际情况选用适合的钻头、合理的配置钻压、转速、冲洗液量。同时，还要大力加强对于从业人员的技术和管理方面的培训，尽量减少事故的发生。对于已经发生的事故采取适当的处理措施。

第七节　矿山安全相关法律责任

第四十条 违反本法规定，有下列行为之一的，由劳动行政主管部门责令改正，可以并处罚款；情节严重的，提请县级以上人民政府决定责令停产整顿；对主管人员和直接责任人员由其所在单位或者上级主管机关给予行政处分：

（一）未对职工进行安全教育、培训，分配职工上岗作业的；

（二）使用不符合国家安全标准或者行业安全标准的设备、器材、防护用品、安全检测仪器的；

（三）未按照规定提取或者使用安全技术措施专项费用的；

（四）拒绝矿山安全监督人员现场检查或者在被检查时隐瞒事故隐患、不如实反映情况的；

（五）未按照规定及时、如实报告矿山事故的。

第四十一条 矿长不具备安全专业知识的，安全生产的特种作业人员未取得操作资格证书上岗作业的，由劳动行政主管部门责令限期改正；逾期不改正的，提请县级以上人民政府决定责令停产，调整配备合格人员后，方可恢复生产。

第四十二条 矿山建设工程安全设施的设计未经批准擅自施工的，由管理矿山企业的主管部门责令停止施工；拒不执行的，由管理矿山企业的主管部门提请县级以上人民政府决定由有关主管部门吊销其采矿许可证和营业执照。

第四十三条 矿山建设工程的安全设施未经验收或者验收不合格擅自投入生产的，由劳动行政主管部门会同管理矿山企业的主管部门责令停止生产，并由劳动行政主管部门处以罚款；拒不停止生产的，由劳动行政主管部门提请县级以上人民政府决定由有关主管部门吊销其采矿许可证和营业执照。

第四十四条 已经投入生产的矿山企业，不具备安全生产条件而强行开采的，由劳动行政主管部门会同管理矿山企业的主管部门责令限期改进；逾期仍不具备安全生产条件的，由劳动行政主管部门提请县级以上人民政府决定责令停产整顿或者由有关主管部门吊销其采矿许可证和营业执照。

第四十五条 当事人对行政处罚决定不服的，可以在接到处罚决定通知之日起十五日内向做出处罚决定的机关的上一级机关申请复议；当事人也可以在接到处罚决定通知之日起十五日内直接向人民法院起诉。

复议机关应当在接到复议申请之日起六十日内做出复议决定。当事人对复议决定不服的，可以在接到复议决定之日起十五日内向人民法院起诉。复议机关逾期不做出复议决定的，当事人可以在复议期满之日起十五日内向人民法院起诉。

当事人逾期不申请复议也不向人民法院起诉、又不履行处罚决定的，做出处罚决定的机关可以申请人民法院强制执行。

第四十六条 矿山企业主管人员违章指挥、强令工人冒险作业，因而发生重大伤亡事故的，依照刑法第一百一十四条的规定追究刑事责任。

第四十七条 矿山企业主管人员对矿山事故隐患不采取措施，因而发生重大伤亡事故的，比照刑法第一百八十七条的规定追究刑事责任。

第四十八条 矿山安全监督人员和安全管理人员滥用职权、玩忽职守、徇私舞弊，构成犯罪的，依法追究刑事责任；不构成犯罪的，给予行政处分。

第五章　矿山供暖技术

第一节　矿井供暖系统安全标准

一、基本规定

1. 在采暖、通风与空气调节设计中，对有可能造成人体伤害的设备及管道，必须采取安全防护措施。

2. 室外温度等于或低于 - 4℃煤矿的进风立井；等于或低于 - 5℃煤矿的进风斜井；等于或低于 - 6℃煤矿的进风平硐，当有淋帮水、排水沟或排水管时，应设置空气加热设备。

3. 煤矿用热风炉的电器控制系统应符合规定，由专业厂家设计、制造。

4. 煤矿用热风炉在额定的输出温度下应有额定的换热量输出，保证进风井口以下空气温度在 2℃以上。

5. 热风输出管道中应装设防烟防火门，并与电器控制系统联动，当热风流异常时能自动关闭，隔断热风炉与矿井的连通。

6. 必须按《锅炉使用登记办法》的规定办理登记手续，未取得锅炉使用登记证的锅炉，不准投入运行。

7. 在用锅炉必须实行定期检验制度。未取得定期检验合格证的锅炉不准投入运行。

8. 锅炉本体保温绝热良好、无漏风、不正压燃烧、不漏烟，有消烟除尘装置，符合节能降耗规定要求，排烟温度符合要求热水锅炉出水温度不超规定。

9. 安全阀整定合格，安装合理，动作灵敏可靠并定期校验，安全阀排气管有疏水管法兰连接密封良好。

10. 压力表定期校验，加铅封，选型安装合理，并标有最高压力的明显标志，压力表指示正确、表盘清晰、便于观察。

二、井筒防冻

1. 室外温度等于或低于 - 4℃煤矿的进风立井；等于或低于 - 5℃煤矿的进风斜井；等于或低于 –6℃煤矿的进风平硐，当有淋帮水、排水沟或排水管时，应设置空气加热设备。

2. 井筒空气加热的室外计算温度应符合下列规定：

（1）立井与斜井：取历年的极端最低温度平均值。

（2）平硐：取历年的极端最低温度平均值与采暖室外计算温度二者的平均值。

3. 通过加热器加热后的热风计算温度，按热风与冷风混合地点及条件可采用下列数值：

（1）当在井筒内混合时：立井可取 60℃ ~ 70℃，斜井及平硐可取 40℃ ~ 50℃；

（2）当在井口房混合时：热风压入式可取 20℃ ~ 30℃，热风吸入式可取 10℃ ~ 20℃；热风与冷风混合温度应按 2℃计。

4. 当矿井为抽出式通风时，热风宜设专门风机输送。

5. 当利用井筒进风负压输送时，应采取以下措施：

（1）井口房应有可靠的密闭措施，经常开启的大门宜设热风幕。

（2）空气加热器系统风流阻力不宜大于 50Pa。

（3）空气加热器冷风侧应有防止被室外风压倒风的措施。

6. 加热空气的热媒，宜采用高温水。当采用蒸汽热媒时，蒸汽压力不应低于 0.3MPa，并应有可靠的疏水装置，冷凝水应返回锅炉房。

7. 空气加热器散热面积的富余系数，应符合下列规定：

（1）绕片式加热器可取 1.15 ~ 1.25；

（2）串片式加热器可取 1.25 ~ 1.35；

（3）空气加热机组不宜少于 2 组。

三、空气加热室、热风道

1. 煤矿用热风炉主体运行方式是正压送风，负压排烟，正负压值及流量应与换热量相适应。

2. 煤矿用热风炉必须（应）具有燃烧室、沉降室和换热器三个界限明显的部分。燃烧室、换热器的大小要符合燃煤量和换热量的要求。

3. 沉降室在烟气排出方向应有足够的距离，并加设隔墙以保证烟尘沉降效果和明火不接触换热器。

4. 换热器应设有膨胀装置，以保护焊缝不因热膨胀而损伤。换热器中空气与烟气应隔离，不得相互渗漏。

5. 换热器高温端温度不超过 850℃，换热器热风出口温度不超过 120℃，并留有安全监控和检测孔。

四、热风炉

1. 煤矿用热风炉设计应符合标准，按照审定的图纸和技术文件制造。

2. 换热器加工材料的材质，高温区材质应符合规定。换热器中最高温端至温度降低方向区域的长度不少于 800mm，并达到在 1000℃恒温下 10 小时自然冷却后，无氧化、变形和蜕皮。

3. 煤矿用热风炉所有焊接应符合规定。特殊材质的焊接应采取满足要求的方法和工艺。

4. 炉膛砌筑应符合规定。砌筑材料应选用适合所燃煤质的要求。

5. 列管式换热器、炉门、炉排、配套辅机和附件应符合规定。

6. 安全报警和保护装置等应符合相关的国家和行业标准的规定。

7. 煤矿用热风炉的电器控制系统应符合规定，由专业厂家设计、制造。

8. 热风炉表面油漆应符合规定。

9. 煤矿用热风炉在额定的输出温度下应有额定的换热量输出，保证进风井口以下空气温度在 2℃以上。

10. 煤矿用热风炉热效率、气密性、运行时噪声、污染物排放量应符合规定，烟囱高度应不低于 15 米。

11. 煤矿用热风炉的运行时间应符合规定。安全报警和保护装置等附机和附件的运行时间一般不低于 4000h，并方便维修更换。

五、安全保护

1. 换热器高温端必须（应）设置温度监控安全保护装置，当温度超过设定值时，应能声光报警并自动切断引烟机电源。

2. 换热器热风出口附近应设置温度监控安全保护装置，当温度超过设定值时，应能声光报警并自动切断引烟机电源。

3. 煤矿用热风炉送风管路中的热风出口附近应设置烟雾和一氧化碳监控安全保护装置，当烟气含量超过 $80mg/m^3$ 或一氧化碳含量超过 0.0024%时，应能声光报警并自动切断送风机和引烟机电源。

4. 监控安全保护装置应定期检定和校验。监控安全保护装置可根据需要设定、维修和更换。

5. 送风机、引烟机和助燃鼓风机等控制系统应设置电器连锁。送风机不开，引烟机不能启动；送风机如有故障停止，引烟机应立即自动停止；引烟机停止或延时后送风机应自动停止。

6. 热风输出管道中应装设防烟防火门，并与电器控制系统联动，当热风流异常时能自动关闭，隔断热风炉与矿井的连通。

7. 热风输出管道口应装设金属防护网，其网格面积不大于 1 平方厘米。

8. 煤矿用热风炉应有防雷电装置。

六、供热锅炉房

1. 必须按《锅炉使用登记办法》的规定办理登记手续，未取得锅炉使用登记证的锅炉，不准投入运行。

2. 在用锅炉必须实行定期检验制度。未取得定期检验合格证的锅炉不准投入运行。

3. 必须做好锅炉设备的维修保养工作，保证锅炉本体和安全保护装置等处于完好状态。锅炉设备运行中发现有严重隐患危及安全时，应立即停止运行。

4. 严格按照《锅炉司炉工人安全技术考核管理办法》的规定选调、培训司炉工人。司炉工人须经考试合格取得司炉操作证才准独立操作锅炉。严禁将不符合司炉工人基本条件的人员调入锅炉房从事司炉工作。

5. 锅炉房应有水处理措施，锅炉水质应符合《低压锅炉水质标准》的要求。应设专职或兼职的锅炉水质化验人员。水质化验人员应经培训、考核合格取得操作证后，才准独立操作。

6. 锅炉房内的设备布置应便于操作、通行和检修，有足够的光线和良好的通风以及必要的降温和防冻措施

7. 锅炉房承重梁柱等构件与锅炉应有一定距离或采取其他措施，以防止受高温损坏。

8. 锅炉房至少应有两个出口，分别设在两侧。锅炉房通向室外的门应向外开，在锅炉运行期间不准锁住或拴住，锅炉房的出入口和通道应畅通无阻。

9. 露天布置的锅炉应有操作间，并应有可靠的防雨、防风、防冻、防腐的措施。

七、锅炉设备

1. 设备本体及辅机达到完好要求，有技术铭牌，挂完好牌和责任牌。

2. 有锅炉使用登记证和有效定期检验报告，安装、重大修理、清洗有告知备案及验收手续。

3. 锅炉本体保温绝热良好、无漏风、不正压燃烧、不漏烟，有消烟除尘装置，符合节能降耗规定要求，排烟温度符合要求热水锅炉出水温度不超规定。

4. 安全阀整定合格，安装合理，动作灵敏可靠并定期校验，安全阀排气管有疏水管法兰连接密封良好。

5. 压力表定期校验，加铅封，选型安装合理，并标有最高压力的明显标志，压力表指示正确、表盘清晰、便于观察。

6. 蒸发量大于 1T/H 的锅炉必须装双色水位计，水位显示清晰、准确，并有最高、最低水位标志，设有高低水位报警信号、阀门装设正确开闭灵活，放水管可靠连接无跑冒滴漏。

7. 排污阀按规定装设，灵活可靠，无跑冒滴漏，按炉内水质情况，每班排污不少于两次。

8. 锅炉本体的主蒸气管和承压排污管道的弯曲部分禁止“虾米腰”焊接。

9. 承压热水锅炉按规程要求有超温保护及自动补水装置，有可靠汽化泄放装置。

八、主要附件和仪表

（一）安全阀

1. 每台锅炉至少应装设两个安全阀。锅炉的安全阀应采用全启式弹簧式安全阀、杠杆式安全阀和控制式安全阀（脉冲式、气动式、液动式和电磁式等）。

2. 安全阀应铅直安装，并尽可能装在锅筒与集箱的最高位置，在安全阀与锅筒和集箱之间，不得装有取用蒸汽的出气管和阀门。

3. 锅筒上的安全阀和过热器上的安全阀的总排放量，必须大于锅炉额定蒸发量，并且在锅筒（锅壳）和过热器上所有安全阀开启后，锅筒（锅壳）内蒸汽压力不得超过设计时计算压力的 1.1 倍。强制循环锅炉按锅炉出口处受压元件的计算压力计算。

4. 过热器出口处安全阀的排放量应保证过热器和再热器有足够的冷却。省煤器安全阀的流道面积由锅炉设计单位确定。

5. 额定蒸汽压力小于或等于 3.8MPa 的锅炉，安全阀的流道直径不应小于 25mm；对于额定蒸汽压力大于 3.8MPa 的锅炉，安全阀的流道直径不应小于 20mm。

6. 安全阀上必须有下列装置

（1）杠杆式安全阀应有防止重锤自行移动的装置和限制杠杆越出的导架。

（2）弹簧式安全阀应有提升手把和防止随便拧动调整螺钉的装置。

（3）静重式安全阀应有防止重片飞脱的装置。

（4）控制式安全阀必须有可靠的动力源和电源。

（二）压力表

1. 每台锅炉除必须装有与锅筒（锅壳）蒸汽空间直接相连接的压力表外，还应在下列部位装设压力表：

（1）给水调节阀前。

（2）可分式省煤器出口。

（3）过热器出口和主汽阀之间。

（4）燃气锅炉的气源入口。

2. 选用压力表应符合下列规定：

（1）对于额定蒸汽压力小于 2.5MPa 的锅炉，压力表精确度不应低于 2.5 级；对于额定蒸汽压力大于或等于 2.5MPa 的锅炉，压力表的精确度不应低于 1.5 级。

（2）压力表应根据工作压力选用。压力表表盘刻度极限值应为工作压力的 1.5 ~ 3.0 倍，最好选用 2 倍。（压力表表盘大小应保证司炉人员能清楚地看到压力指示值，表盘直径不应小于 100mm）。

3. 压力表装设应符合下列要求：

（1）应装设在便于观察和吹洗的位置，并应防止受到高温、冰冻和震动的影响。

（2）蒸汽空间设置的压力表应有存水弯管。存水弯管用钢管时，其内径不应小于10mm。压力表与筒体之间的连接管上应装有三通阀门，以便吹洗管路、卸换、校验压力表。汽空间压力表上的三通阀门应装在压力表与存水弯管之间。

（三）水位表

1. 每台锅炉至少应装两个彼此独立的水位表。

2. 水位表应装在便于观察的地方。水位表距离操作地面高于6000mm时，应加装远程水位显示装置。远程水位显示装置的信号不能取自一次仪表。

3. 用远程水位显示装置监视水位的锅炉，控制室内应有两个可靠的远程水位显示装置。

4. 水位表应有下列标志和防护装置：

（1）水位表应有指示最高、最低安全水位和正常水位的明显标志，水位表的下部可见边缘应比最高火界至少高50mm，且应比最低安全水位至少低25mm，水位表的上部可见边缘应比最高安全水位至少高25mm。

（2）玻璃管式水位表应有防护装置（如保护罩、快关阀、自动闭锁珠等），但不得妨碍观察真实水位。

（3）水位表应有放水阀门并接到安全地点的放水管。

5. 水位表（或水表柱）和锅筒（锅壳）之间的汽水连接管上，应装有阀门，锅炉运行时阀门必须处于全开位置。

（四）排污和放水装置

1. 锅筒每组水冷壁下集箱的最低处，都应装排污阀；过热器集箱、每组省煤器的最低处，都应装放水阀。排污阀宜采用闸阀、扇形阀或斜截止阀。

2. 锅炉所有排污管应装两个串联的排污阀。

3. 每台锅炉应装独立的排污管，排污管应尽量减少弯头，保证排污畅通并接到室外安全的地点或排污膨胀箱。排污膨胀箱上应装安全阀。几台锅炉排污合用一根总排污管时，不应有两台或两台以上的锅炉同时排污。

4. 锅炉的排污阀、排污管不应采用螺纹连接。

（五）测量温度的仪表

在锅炉的下列相应部位应装设测量温度的仪表：

1. 过热器出口的气温。

2. 减温器前、后的气温。

3. 铸铁省煤器出口的水温。

4. 锅炉炉膛出口的烟温。

5. 过热器入口的烟温。

6. 空气预热器空气出口的气温。

7. 排烟处的烟温。

8. 锅炉空气预热器出口烟温。

9. 应装设过热蒸汽温度的记录仪表。

（六）保护装置

1. 锅炉应装设高低水位报警（高、低水位警报信号须能区分）、低水位连锁保护装置和蒸汽超压的报警和联锁保护装置。低水位联锁保护装置最迟应在最低安全水位时动作。超压连锁保护装置魂作整定值应低于安全阀较低整定压力值。

2. 燃气锅炉应装有下列功能的连锁装置：

（1）引风机断电时，自动切断全部送风和燃料供应。

（2）送风机断电时，自动切断全部燃料供应。

（3）燃气压力低于规定值时，自动切断燃气的供应。

（4）燃气锅炉必须装设可靠的点火程序控制和熄火保护装置。

3. 锅炉运行时保护装置与连锁装置不得任意退出停用。连锁保护装置的电源应可靠。

4. 几台锅炉共用一个总烟道时，在每台锅炉的支烟道内应装设烟道挡板。挡板应有可靠的固定装置，以保证锅炉运行时，挡板处在全开启位置，不能自行关闭。

（七）主要阀门及其他

1. 锅炉管道上的阀门和烟风系统挡板均应有明显标志，标明阀门和挡板的名称、编号、开关方向和介质流动方向，主要调节阀门还应有开度指示。阀门、挡板的操作机构均应装设在便于操作的地点。

2. 主气阀应装在靠近锅筒或过热器集箱的出口处。单元机组的锅炉，主汽阀可以装设在汽机入口处。

3. 不可分式省煤器入口的给水管上应装设给水切断阀和给水止回阀。

4. 给水切断阀应装在锅筒（锅壳）（或省煤器人口集箱）和给水止回阀之间，并与给水止回阀紧接相连。

5. 锅炉应装设自动给水调节器，并在司炉工人便于操作的地点装设手动控制给水的装置。

6. 额定蒸汽压力大于或等于 3.8MPa 的锅炉应在锅筒的最低安全水位和正常水位之间接扭紧急放水管，放水管上应装阀门，一旦发生满水以便及时放水。此阀门在锅炉运行时必须处于关闭状态。

7. 在锅筒、过热器和省煤器等可能集聚空气的地方都应装设排气阀。

8. 锅炉的给水系统，应保证安全可靠地供水。锅炉房应有备用给水设备。给水系统的布置和备用给水设备的台数和容量，由锅炉房设计单位按设计规范确定。

第二节　矿井回风直接供暖技术

一、矿井回风热能利用技术原理

对于井工开采的煤矿，一般采用抽出式通风方式，利用主要通风机通过回风井回风，矿井总回风直接排入大气。一般情况下，矿井总通风的温度、湿度一年四季基本保持恒定，其中蕴藏大量的低温热能，目前这部分热能没有被利用，随着矿井通风排放到大气中去。

热泵是一种以消耗少量电能为代价，能将大量不能直接利用的低温热能变为有用的高温热能的装置。通过热泵技术可以回收矿井总回风中低温热能，用以满足地面建筑采暖的需求，从而取消燃煤锅炉，减少大气污染。

矿井回风热能利用系统工作原理，利用设置在扩散塔上方的回风换热器，采用喷雾式直接换热装置收集矿井回风热量至集水池，与水源热泵机组相配合，组成一个回风热能利用系统。冬季需要制热时，水泵把集水池中经过回风换热器吸取能量后的循环水输送到全自动过滤器，循环水经过专用全自动过滤器（过滤精度范围 3500 ~ 10pLm）去除粉尘，然后进入水源热泵机组提取热量。经热泵机组提取热量后的循环水再进入回风换热器中换热、降噪、除尘后回到循环水池，这样循环往复地将回风中的低温热能收集到集水池内。

三矿矿井冬季回风温度 21℃左右，经过回风换热器不断换热提取低温热能，集水池水温可从 4℃左右升高到 16℃左右，16℃的温水循环经过蒸发器，这样就可保证热泵机组蒸发器中制冷剂氟利昂蒸发吸收热量时，在同样条件下，较普通风冷热泵的蒸发器工作环境温度平均提高 16℃ ~ 20℃，如此一来水源热泵机组要制出同温度的热水时，将节省大量的电能，整个系统（包括辅助设备等）的 COP 值（CO-efficient of Performance，热泵的循环性能系数）在制热工况下接近 4 ∶ 1，达到水源热泵系统高效节能的目的，即以消耗少量电能为代价，将大量不能直接利用的回风中的低温热能变为有用的高温热能。夏季制冷时，回风换热器的作用是降低集水池温度，向热泵冷凝器提供冷水，使冷凝器的工作环境温度低于空气环境温度，达到节能的目的。

二、矿井热能回收系统运行技术参数

（一）冬季运行时

按回风温度 21℃，相对湿度为 80%，提取热量后的回风温度为 11℃，相对湿度为 100%，则可以从回风中提取的热量为：

$$Q_{qd}=\left(h_{1d}-h_{2d}\right)\times pv=1352kV$$

式中，h1d 为冬季回风温度 21℃、相对湿度 80%时的焓，52.76kJ/kg；h2d 为冬季回风温度 11℃、相对湿度 100%时的焓，31.65kJ/kg；p 为回风平均空气密度，1.281kg/m³；秽为回风量，50m³/s。

热泵机组可产生的热量为：

$$Q_8 = Qqd / \left(1 - 1/\eta_{cop}\right) = 1802kV$$

其中，η_{cop} 为系统 COP 值，取 4.0。三矿十号井室外历年极端温度平均值为 -10.0℃，井口入风量为 50m³/s，进风井筒换热器出口热风温度 30℃，井口处空气混合温度要求为 2℃，井筒防冻耗热量为：

$$Q = G_{pc}\Delta t = 778kV$$

式中，G 为加热风量，50m³/s；p 为进风 H 空气密度，1.283kg/m³；c 为进风口空气比热，1.01；Δt 为温差，12℃。回收矿井回风热能完全能够满足冬季井口防冻热量要求。

（二）夏季运行时

按回风温度 25℃，相对湿度为 80%，吸收热量后的回风温度为 30℃，相对湿度为 100%计算，则可以向回风中释放的热量为：

$$Q_{qx} = \left(h_{1x} - h_{2x}\right) \times pv = 2171kV$$

式中，h1x 为夏季回风温度 25℃、相对湿度 80%时的焓，65.79kJ/kg；h2x 为夏季回风温度 30℃、相对湿度 100%时的焓，99.69kJ/kg；p 为回风平均空气密度，1.281kg/m³；封为回风量，50m³/s。

热泵机组提供的制冷量为：

$$Q_8 = Q_{qx} / \left(1 + 1/\eta_{cop}\right) = 1737kV$$

井筒换热器出口温度 18 ~ 22℃，副井上井口进风混合温度 26℃左右，工业建筑内温度根据风机盘管数量及设备散热不同，室内温度 22℃ ~ 28℃，地面建筑面积 8600m²，单位面积冷负荷 150w/m²，总制冷负荷为 1290kW，热泵制冷量完全能够满足地面建筑物夏季制冷的要求。

三、矿井热能回收系统主要设备设计选型

（一）热泵机组选型

根据以上设计要求和负荷计算，选择用于矿井废热回收的涡旋型水源热泵机组 HE640 型 3 台，装机容量为：制热量 600kW，机组互为备用。该机组特点：

1. 采用进口全封闭的涡旋式压缩机。涡旋压缩机为全封闭型压缩机，具有效率高、免维护、噪音低、性能稳定等优点，是学术界公认的最适合用于热泵产品的一种压缩机，尤其是它免维护的特点方便了用户使用。

2. 模块化。建筑的冷暖负荷波动很大，正常负荷往往远远低于高峰负荷。采用多台模块式热泵机组结合的方式供暖和制冷，可以灵活调节热泵系统的输出功率，随时满足不断变化的冷暖需求。模块化的机组采用标准设计，安装调试简单方便，为水源热泵的推广和使用提供了便利。

3. 针对煤矿粉尘大的特殊情况，对蒸发器和冷凝器进行特殊设计，不仅提高了换热效率，而且使水中沙子等杂质易于排除，并在卸沙口附近形成旋流，水中杂质可沉积在卸沙口附近，易于排污，热泵机组不会出现沙堵问题，提高了水源热泵的适应性。

HE640 型热泵机组基本技术参数：名义制热量 652.2kW；名义制冷量 579.7kW；最小水源水流量 73.9m³/h；最小循环水流量 58.25m³/h；名义耗电功率（制热）136.6kW，（制冷）97.7kW；名义工况为冬季制热出水温度 40℃ ~ 50℃；外形尺寸（长 × 宽 × 高）为 5.00m × 1.40m × 2.26m；质量 3800kg；控制系统采用微电脑全自动控制。

（二）矿井回风热交换器研发与选型

针对矿井回风风量大、湿度大、含尘高的特点，专门研制了用于矿井废热回收的回风热交换器，在扩散塔上方安装回风换热器，采用喷雾式直接换热方式，自井下排出的热风与自换热器喷洒的冷水进行热交换，换热后热水收集至集水池，矿井回风降温后排人大气，矿井回风热交换器增加通风局部阻力较小，对主要通风机影响可以不计。该换热器换热效率高、适合高湿度环境，可有效降低主要通风机噪声，具有一定的净化空气能力。

（三）全自动过滤器和电子除垢仪的设计选型

全自动过滤器和电子除垢仪设计安装在排风换热器和机组之间的循环管路上，由于该循环系统为开式系统，系统水与大气环境接触，加之煤矿粉尘大的实际情况，为保证机组进水清洁、延长系统使用寿命，该系统设计选用了全自动过滤器和电子除垢仪 2 套设备处理循环水，这 2 套设备和矿井排风换热器结合，有效地克服了煤矿风尘大的不利环境影响。

1. 全自动过滤器。采用专门研制的用于处理循环水中粉尘的全自动过滤器。

2. 电子除垢仪。电子除垢仪就是采用物理的方法，利用高频波使水分子排列有序，使其成垢离子间的排列顺序发生变化，阻止钙镁离子形成晶核，进而达到防垢的目的。高频波还可以与旧垢形成共振，进而实现除垢。电子除垢仪还具有杀菌灭藻的功能。

（四）全程水处理仪的设计选型

系统选用了全程水处理仪，设计安装在热泵机组连接的循环管路上，用于去除循环水中的水垢、铁锈等杂物。由于该循环水为闭式循环管路，循环水经过这套设备的处理，保证了机组循环水系统的清洁，保护了机组，增强了机组换热效果。

全程综合水处理仪主要由优质碳钢筒体、特殊结构的不锈钢网、高频电磁场发生器、电晕场发生器及排污装置等组成。通过活性铁质滤膜、机械变径孔阻挡及电晕效应场三位一体的综合过滤体，吸附、浓缩在实际运行工况下各种水系统形成的硬度物质及复合垢，降低其浓度，达到控制污垢及大部分硬度垢的目的；并通过换能器将特定频率能量转换给被处理的介质——水，形成电磁极化水，使其成垢离子间的排列顺序位置发生扭曲变形，当水温升高到一定程度时，处理的水需经过一段时间方能恢复到原来的状态。在此阶段，成垢的概率很低，因而达到控制形成硬度垢的目的。同时器壁金属离子受到抑制，对无垢系统具有防腐蚀作用。此外，电磁极化水还可有效地杀灭水中的菌类、藻类等，有效地抑制水中微生物的繁殖。所以，全程综合水处理器在系统正常运行状态下，可以实现防结垢、防腐、杀菌、灭藻、超净过滤、控制水质的综合功能。

全程综合水处理仪技术参数：1. 控制腐蚀率 <0.01mm/a，过滤效率 73% ~ 99%，防垢除垢效率 >96%，杀菌灭藻率 >97%；2. 压力损失 0.03MPa ~ 0.06MPa；3. 工作电压 160V ~ 240V（交流）；4. 安全绝缘电压 5000V；5. 消耗功率 120 ~ 600w；6. 工作环境要求温度 - 25℃ ~ + 50℃，相对湿度 <95%；7. 工作温度（被处理介质温度）- 25℃ ~ + 90℃；8. 平均无故障工作时间不小于 50000h；9. 进水悬浮物浓度 <70mg/L，粒径大于 40μm。

（五）管路设计安装

管道设计安装同常规空调系统管路的设计安装。

四、应用效果

1. 矿井回风热能利用系统在试运行期间，矿井回风热交换器出口水温与矿井总回风的温差为 5 ~ 8℃；主要通风机出风口噪音降低 30dB 左右；矿井回风热交换器增加通风局部阻力不大于 50Pa，机组各项保护正常，井筒换热器噪音 40dB 左右，除尘效果较好。

2. 冬季运行时，实测热泵制热出水温度 48℃，井筒终端换热器出口热风温度 30℃，井口处空气混合温度为 6℃，满足了冬季井口防冻热量要求。

3. 夏季运行时，实测热泵制冷出水温度 16℃，工业场地地面建筑终端制冷器出口冷风温度为 20℃，室内温度为 24℃，满足了夏季制冷的要求。

4. 矿井回风热能技术应用，年节约煤炭消耗量 2457.6t，每吨按市场价 500 元计算，可减少燃煤投入资金 122.8 万元，年减少 SO_2 排放量 41.78t，年减少烟尘排放量 2.21t，取得了良好的经济、环境效益。

第三节　矿井水源热泵技术

一、热泵发展史

法国科学家萨迪·卡诺在19世纪初率先提出了热泵的理论，随后卡诺又在1824年提出“卡诺循环”理论，此后的几十年里科学家们投入了大量的精力去研究热泵相关理论，英国科学家开尔文(L.Kelvin)于1850年初提出了“逆卡诺循环”的热泵概念。

（一）国外热泵发展史

热泵概念的正式确立激励许多工程师们的热情，在1912年瑞士的苏黎世终于成功安装世界上第一套热泵系统，首套热泵系统以河水作为低位热源，解决了当地的冬季供暖问题，这宣布热泵系统进入了实际应用的阶段。热泵系统的真正发展期是在20世纪40年代到50年代早期，各式各样的热泵系统陆续出现，以家用热泵和工业建筑用热泵为代表的热泵系统开始进入市场，从此热泵系统开始进入人们的日常生活。

20世纪50年代末，随着二战的结束和经济的快速复苏，热泵技术又有了空前的发展。美国的一些企业开始将热泵商业化。受当时世界工业水平的限制和技术的发展瓶颈，当时商业化的热泵系统稳定性特别低，造成当时热泵的价格特别高，导致热泵系统很难普及。一直到20世纪60年代末期，随着相关的技术难题的突破和相关设备工艺技术的问题被科研人员解决，热泵系统又一次开始在世界范围内开得到推广使用。

20世界70年代初期爆发的世界能源危机，人类开始意识到自己所面对的能源形式非常严峻，不能无节制的开发已有的自然资源，以消耗能源的方式换取经济的快速发展。人们开始开发新的技术来高效利用能源，热泵技术的特点正好适应了当时人们的诉求，使人类广泛意识到了它的节能性，这促使热泵系统在当时得到快速的发展。

在所有研究热泵的国家中，美国是使用热泵系统数量最多的国家，在1925年，美国全年热泵产量为1000台，随着热泵在工业方面的应用的成功，随后又出现了应用于家庭的热泵系统。随后家庭热泵应用的普及，美国在1963年热泵的产量达到了7sooo台，1971年的产量达到了82000台，经过跨越式的发展，热泵产量在1976年超过30万台，1986年突破100万台。热泵应用紧随美国之后的是日本，热泵技术在日本也得到了广泛的应用。根据相关数据统计日本在1984年热泵的年估计销售量就达到了17s万台。推算结果显示日本家用热泵在1984年使用量至少为47s万台。

热泵系统的诞生地虽然在欧洲，但是热泵系统在欧洲得到快速发展是在20世纪80年代的初期。当时的西德1980年热泵的总安装量达到ss000台，随后跨越式发展到1987年的24万台。当时的奥地利热泵系统的保有量为s0000台，瑞典有突破13万台，瑞典出现了大型的供暖热泵系统，每台热泵机组的制热量超过了10MW。罗马利亚对热泵发展的贡献是在1986年成功安装了热泵机组单机容量达到2900KW ~ 5800KW的大型吸收式热泵，这有丰富了热泵系统的形式。

任何新技术的产生到普及都是一个艰辛的历程，热泵技术在国外的发展也是一条铺满荆棘的道路。由于热泵技术的研发需要大量的资金，因此研发热泵的科研人员和工程师们得到了不少企业和相关国家的自己支持和政策支持。例如美国的电力公司专门为热泵系统提供优惠的电价、美国的煤气公司为热泵系统提供优惠的煤气价格，这些都是企业在促进热泵系统发展中所做的贡献。美国能源部在一次节能方案筛选中，认为热泵系统是节能方案中最有前途的三个方案之一，而且明确指出热泵系统的投资回报周期短，具有其他方案无法比拟的优势，这就是美国对热泵技术政策上的支持。日本的通产省在1984年将热泵技术列为本国的“月光计划”项目，这将是安装和使用热泵系统的企业得到经济补贴以及税率优惠等等优惠措施，例如，如果是私营企业独立从事热泵即使的开发和研究，国家可以提供50%经费的研究经费补贴；如果是企业投资热泵系统的实际应用，国家将通过减税的方式返回30%的投资额，这极大鼓舞了日本企业投到热泵的开发和应用中，促进了热泵技术在日本的快速发展。

外国在热泵技术的发展过程中积累了丰富的经验，这是实践的积累。我国的科研人员应积极与世界各国的专家学者们沟通，尽量减少在科研路上走弯路。

（二）国内热泵发展史

与美国、日本、西欧等国相比，我国热泵的研究相对起步比较晚。我国最高开始研究热泵技术是在20世纪50年代，天津大学率先开始了热泵研究，当时天津大学的研究人员在铁路客车安装热泵系统，主要想应用热泵系统解决铁路客车的供暖问题上，但受限于当时的客观条件，这项实验不能很好地解决铁力客车供暖问题，未得到实际应用。

20世纪70年代后期至80年代初期，国民经济有了较大发展，随着科学技术的不断进步和人民生活水平的逐渐提高，制冷空调和电加热器也开始进入市场。

在1965年我国成功研制出国内第一台水冷式热泵空调机。随后的数十年连先后有重庆建筑大学、天津商学院等学院对地源热泵也进行了研究。随着能源供应的紧张，节能呼声日高，为热泵的发展创造了条件。随后关于热泵技术发展与应用的一些全国性会议陆续召开。在1988年，广州能源研究所出版了我国第一部《热泵技术论文集》，论文集收集整理了国内外关于热泵技术的论文，这也是国内对热泵技术的第一次总结。广州能源研究所根据所收集的热泵论文，撰写了《热泵在我国开发与发展可行性论证》研究报告。热泵的节能性是其他技术所不能比拟的，而且其驱动能源是消耗电能，几乎不受地理位置的影响，只要保证电能的供应，热泵机组就可以正常工作。

国家相关数据统计结果显示，我国目前至少有400多家科研单位和企业正在研究热泵技术。其中的一个研发产品就是热泵热水器，其在家庭使用过程中非常的节能高效，虽然热泵热水器的实际安装中比较复杂，但是它的实际维护简单方便并且不像太阳能热水器“靠天吃饭”，热泵热水器几乎不受外界环境的影响。在使用的过程中还是最实用的一种供热水方式。

我们在借鉴国外先进技术和自己实际运行经验的双重作用下，我们最终一定能够开发出有中国特色的水源热泵技术链、生产链。

随着环境与能源问题日益突出，我们也加快了热泵系统技术的开发。如果能够将太阳能技术和热泵技术结合在一起，则这种理想的“节能环保”型热水器，会有更为广阔的前景。随着我国经济的迅速发展，人民生活水平提高较快和“节能减排”工作的日益深入人心，热泵热水器会有大的发展，估计未来两三年内热泵热水器的市场将达到数十亿元。为了热泵热水器的健康快速发展，行业规范应当成为业内的共识。从设计生产、安装技术、工质选用、性能标准、能效要求等，都需要进行规范。中国农村能源行业协会热泵中心，将与中国节能协会的相关机构紧密合作，并与各生产企业、院校和科研部门共同努力，做好这一件事情。

矿井水水源热泵系统是最近几年才新兴的一项新的热泵技术。它的发展史还比较短，属于一边摸索一边实践的过程，已经在实践中解决了很多问题。有的煤矿企业已经利用矿井水水源热泵系统不仅解决了冬季供暖、夏季制冷的问题，而且还解决了矿上员工洗浴的问题，这是对矿井水水源热泵系统应用的一个很好的拓展。

二、热泵工作原理

所谓热泵，在工程热力学原理上就是制冷机。按照 ASHARE Handbook 对热泵最基本的解释，热泵就是一个系统：当热泵处于供暖工况时，热泵系统需要从热源处吸收足够的热量，经过置换之后输送到需要采暖的房间或者需要热量的地方；当热泵处于制冷工况或者去湿工况时，热泵从制冷房间或者需要制冷的地方吸收多余的热量，经过置换之后释放到热泵的冷却介质中，从而实现整个制冷循环。该热力循环与用于制冷变形后卡诺循环相同。然而，热泵对蒸发器中产生的冷效应和冷凝器中产生的热效应同样有关。在大多数应用中，在卡诺循环中所得到的冷、热效应都被同时利用。由于应用的范围和场合不同，与制冷机相比，在四通换向阀、压缩机承压及润滑、节流和分液装置的可逆性，控制系统的复杂程度，室外侧盘管换热面积等方面有明显的差异。

热泵机组主要由压缩机、冷凝器、膨胀阀、蒸发器等主要部件组成。循环工质不断进行压缩、冷凝、节流、蒸发的循环过程。

制冷、去湿工况时，循环介质在蒸发器中吸收房间或载热介质中所储存的热量 QB，热泵机组运行消耗电能 QA，将循环介质压缩，循环介质通过冷凝器时，将热量 QC 传递给冷却介质，实现热量的转移。

制冷循环的性能指标用制冷系数 ε 表示，制冷系数为单位耗功量所获取的冷量，即

$$\varepsilon=\frac{QB}{QA}$$

制热工况时，循环介质在蒸发器中吸收并储存能量QB，热泵机组运行消耗电能QA，将循环介质压缩，循环介质通过冷凝器时，将热量QC传递给被加热的介质，且QC=QA+QB。热泵的效率用u表示，即

$$\mu=\frac{QC}{QA}=\frac{QB+QA}{QA}=\frac{QB}{QA}+1$$

由此不难看出，热泵是很有价值的节能装置。

三、矿井水水源热泵工作原理

矿井水水源热泵系统是采用矿井水作为系统的冷热源，为人民生活、生产提供热量、冷量。它利用系统水与矿井水发生热交换，在冬季吸收矿井水中储存的低温热能，供室内采暖、井口防冻；在夏季将室内的热量转移到低温矿井水中，实现热量的转移，从而达到降低室内温度的目的。

矿井水水源热泵系统形式根据矿井水是否直接进入机组与介质直接进行能量转换，可以将矿井水水源热泵系统分间接接触式和直接接触式两种。

间接接触式矿井水水源热泵系统与常规水源热泵相比，主要是在系统中增加了一个中间换热的环节，这主要是考虑到矿井水水质比较差，容易造成系统阻塞、腐蚀、污染换热面等问题，其运行不受矿井水水质的影响，不会对热泵机组造成破坏。但是其系统复杂、设备多，在相同的能量需求下其系统造价要高于直接接触式矿井水水源热泵系统；由于存在中间换热过程，运行效果也相应低于直接接触式矿井水水源热泵系统，运行费用高于直接接触式矿井水水源热泵系统。

直接接触式水源热泵系统与间接接触式矿井水水源热泵系统相比减少了中间换热环节，但是增加中间水处理环节，经过相关处理后的矿井水直接进去热泵机组进行能量的传递。这样的系统减少了机组和矿井水之间的传热温差，大大提升了机组的性能系数，从而降低了系统的运行功耗，但是很容易产生垢层堵塞等问题，对蒸发器、冷凝器的材料要求比较高，长时间运行需要定时除垢。

矿井水水源热泵只要有冬季工况和夏季工况。

冬季工况：在蒸发器内低温低压制冷剂吸收低温热源（处理过的矿井水或者经过与矿井水热交换的系统水）中所储存的热量，制冷剂吸热后被送至冷凝器。

在冷凝器中高温高压的制冷剂与冷冻水（供暖循环水）发生热交换，将热量传递到冷冻水中，制冷剂经过膨胀阀节流降压后变为低压液态。热量经过循环水泵输送到需供暖的房间或者井口，释放热量，满足生活生产的需要。经过降温后的冷冻水再次回到冷凝器与制冷剂产生热交换，完成供暖循环。

夏季工况：在冷凝器内中高温高压制冷剂将热量传递给低温热源（处理过的矿井水或者经过与矿井水热交换的系统水），制冷剂变为低压液态。高压液态制冷剂经过膨胀阀节流降压后变为低压液态，并在此进入蒸发器。在蒸发器内低压液态制冷剂与冷却水（供冷循环水）发生热交换，制冷剂变为低压气态，吸收冷却水中的热量，从而得到低温的冷却水。低压制冷剂气体经过压缩机做功被压缩成高温高压制冷剂气体并被送至冷凝器，这样完成一个系统循环。制备的低温冷却水经过循环水泵输送到需供冷的房间，释放冷量，经过升温后的冷却水再次回到蒸发器与制冷剂产生热交换，完成供冷循环。

四、矿井水水源热泵的优势与不足

矿井水水源热泵与其他形式热相比，主要区别在于它的冷热源是矿井水。这形成了他独特的优点和不足。

（一）优点主要有以下几点：

1. 水源充足：矿井水水源热泵利用井下排水进行热交换，水量充足并且不存在回灌问题。

2. 不用考虑水体热污染：矿井水没有生态水系统，不用考虑温升对水体的影响，因此系统运行可以考虑大温差运行，减少供水量。

3. 充分利用废热：一般矿井水除部分利用之外全部排掉，显然是浪费，经过矿井水水源热泵系统之后就可以变废为宝，具有很高的经济性和实用性。

（二）不足主要体现在矿井水水质比较差，具体体现在以下几点：

1. 容易结垢，影响换热系数：矿井水是一种污水，水中的杂质和微生物比较多，即使经过沉淀处理，在热泵机组的实际换热过程中，在换热器上很容易形成垢层。经过科学分析研究：如果换热器表面仅仅形成一层薄薄的污垢层，这也将使换热器的换热效率大大降低，因此我们应该尽可能抑制污垢层的形成。

2. 系统循环阻力会变大：正常情况下，换热器的流量基本是保持恒定的。当换热器表面有污垢层形成时，这无形中就是换热器的流通横截面积减少。如果换热器的换热量还保持不变的话，势必会导致换热器内部水流量和水流速变大。水流量和流速的增加肯定会使换热器的流动阻力变大，最终导致系统循环水泵的功率变大。

3. 除垢比较难：由于垢层在换热器的表面，而换热器一般都是一个封闭的设备，这就增加了系统除垢的难度。科研人员一直致力于开发自动除垢的新技术，但是目前还没有一套完整的设备能够实现无垢运行，目前的技术也很难达到完全除垢。

矿井水水源热泵系统既有优势也有劣势，在建设的前期要做好完整的经济性评估，在实际的运行中我们就要把握运行要点，定期对机组换热器进行除垢，按照要求实现矿井水水源热泵系统的经济利益最大化。

五、矿井水水源热泵发展现状

国外以矿井水作为热泵冷热源的国家主要在俄罗斯，原苏联顿巴斯矿区在 20 世纪 80 年代采用矿井水水源热泵系统为矿区供暖，利用完的矿井水经过处理后供井下作业使用，矿井水利用率超过 90%，经济效益显著，矿区环境明显改善。

据统计美国部分安装有矿井水水源热泵的矿区，矿井水利用率达 90%以上。由于国外对矿井处理和利用技术的研究与应用较早，积累了许多经验，取得了可喜的成果，在矿井水水源热泵应用方面的技术值得我们去学习和研究。

国内矿井水水源热泵最近几年才有大的发展，目前也有不少公司专门设计从事这方面的研究，也有一些已经竣工的工程，实际运行效果很好。比如清华同方人工环境有限公司在冀中能源葛泉矿采用四台矿井涌水专用热泵机组，与 2 台矿井回风热回收热泵替代原有蒸汽锅炉，满足矿区全年职工洗浴热水，冬季工业广场办公及厂房建筑采暖，冬季井口保温、夏季宿舍及办公楼的空调供暖需求。工程实施不仅为企业增收，带来可计算的经济效益，同时在节能减排、环境保护方面有不可估量的社会效益。项目实施后：可完全取代现有的锅炉房。减少煤厂、灰场的堆放，减少工业广场的直接污染，将极大改善厂区生产环境，有利于建设无污染的清洁厂区。热泵系统实施后，与燃煤锅炉房相比每年可节约标准煤 3460 吨，减少 CO 排放 9065 吨，减少粉尘排放 38 吨，减少 SO_2 排放 29.4 吨，减少 CO_2 排放 25.6 吨，减少 H_2S 排放 1.71 吨。

矿井水水源热泵系统适应了社会发展的趋势，响应了国家节能减排政策及建设资源节约型、环境友好型社会的战略部署。在《国民经济和社会发展第十一个五年规划纲要》中，明确提出了“十一五”期间单位国内生产总值能耗降低 20%左右，主要污染物排放总量减少 10%。2006 年 1 月 1 日起实施的《中华人民共和国可再生能源法》，将可再生能源的开发利用列为能源发展的优先领域，国家鼓励各种所有制经济为一体参与可再生能源的开发用，依法保护可再生能源开发利用者的合法权益；国务院制订了《节能减排综合性工作方案》及《可再生能源中长期发展规划》，大力发展可再生能源，推进风能、太阳能、地热能、水电、沼气、生物质能利用以及可再生能源与建筑一体化的科研、开发和建设。在煤矿应用矿井水水源热泵技术回收矿井水中的热的热量，可以节省大量煤炭，同时减少 CO_2 等的排放，是一种高效、节能、环保技术。

第四节　乏风热泵节能技术

一、乏风氧化利用技术及其热量利用形式

（一）乏风氧化利用技术概述

1. 乏风氧化利用技术现状

浓度超低、风量和浓度波动范围广的特点决定了乏风很难由传统燃烧器直接烧掉。国内外行之有效的乏风处理技术通常分两大类：一类是作为辅助燃料方式，采取混合燃烧技术；另一类是作为主燃料方式，采取热逆流氧化技术或催化氧化技术。另外，诸如乏风提浓的一些其他技术，因技术复杂，目前尚处于实验室研究阶段。从乏风利用技术应用现状来看，热逆流氧化技术最为普及和成熟，利用煤矿乏风资源建设分布式清洁能源系统，符合我国“以用促抽”的瓦斯治理方针。

2. 热逆流氧化技术

热逆流氧化技术原理最早由瑞典 MEGTEC 公司提出，起初是用于 VOCs 的氧化处理，而后该技术被改进用于处理煤矿乏风，取得良好效果。

热逆流氧化反应器主要是由可逆流固定式氧化床和控制系统两部分构成。经过进气预热、排气蓄热及进排气交换的逆循环，实现乏风周期性的热平衡氧化反应。

热逆流氧化技术原理：蓄热体组成的氧化床用外部能量预热，形成一个甲烷可以发生氧化还原反应的温度（800℃ ~ 1000℃）环境，此时乏风由风机进入氧化床，反应放热，排气侧陶瓷蓄热床蓄热，进气侧气体预热，由换向阀实现乏风逆流换向。乏风中的甲烷在氧化床内氧化反应放热，一部分热量用来维持氧化反应的温度环境，而大部分的热量则被换热器从氧化床中取出。氧化反应自动维持后，则关掉外部加热。

（二）乏风氧化热量利用形式概述

目前热逆流氧化技术的取热方式有 2 种：一种是连续一体化取热，简单可靠；另一种是分离式取热，生产的蒸汽品质更高，更适合大型化装置。

原煤生产过程中消耗的能源主要包括电力、煤炭和油品等。根据统计，在原煤生产能源消耗构成中，电力消耗占原煤生产能耗的 60%以上，煤炭消耗占生产能耗的 30%以上，油品消耗占生产能耗的 5%左右，其他的是水资源消耗等。

目前乏风氧化反应放出热量的利用形式有多种，如余热发电、余热供暖、井下制冷等。具体利用形式则需要因地制宜，充分考虑乏风氧化反应放出热量可利用量的多少及煤矿实际的能量需求来具体地设计热量利用形式。常用的热量利用形式主要有如下 5 种。

1. 发电上网

电力消耗是煤矿生产中最重要的能源消费方式，是煤矿首要的外购能源，占外购能源总费用的90%以上，主要用于煤炭采掘过程中驱动相关的机械设备完成采煤作业，主要集中在通风、排水、空压、运输、提升、热力、采掘等作业工序中。其中，排水系统、通风系统、提升系统、运输系统及空压系统的电耗占整个煤矿电耗的80%左右。

虽然通过乏风氧化装置发电能很好地补充煤矿的电力需求，但蒸汽轮发电机组一次性投资成本太高，因此限制了其用于发电的性价比，不过仍是乏风氧化热量利用的主要形式。利用乏风氧化装置发电的煤矿有：

（1）陕西大佛寺煤矿，5台60000Nm³/h乏风氧化装置，制取过热蒸汽，推动4.5MW冷凝汽轮发电机组发电。

（2）澳大利亚的West CLIFF煤矿，4台62500Nm³/h热逆流反应器，制取过热蒸汽，推动5MW蒸汽涡轮发电机组发电。

（3）山西高河煤矿，12台90000Nm³/h热氧化炉，制取过热蒸汽，推动30MW冷凝汽轮发电机组发电。

2. 供水供热

煤炭消耗指的是煤矿燃煤锅炉的耗能，是煤矿生产中重要的能源消费方式，主要用于煤炭企业的全年洗浴和冬季供暖，消耗的燃料为煤矿的自产煤，而且随着煤炭产量的增加而增加。

利用乏风氧化装置制取蒸汽或热水用于煤矿企业全年洗浴和冬季供暖，可很好的代替燃煤锅炉，这也是乏风氧化热量利用的主流形式之一。利用乏风氧化装置制热用于洗浴和供暖的煤矿有：

（1）河南告成煤矿，1台62500Nm³/h的VOCSIDIZER装置，氧化能量被利用以热水的形式供使用。

（2）重庆松藻煤电有限公司，6台62500Nm³/h的热逆流反应器，安装余热锅炉回收氧化装置余热产生85/60℃热水供矿井用热。

3. 加热进风

《煤矿安全规程》要求："进风井口以下的空气温度必须在2℃以上"。目前煤矿是利用燃煤锅炉产生蒸汽或利用燃煤热风炉对矿井一部分进风预热，然后与冷空气混合后送至矿井风井井口，形成2℃以上的进风环境，以防止进风井井口结冰，为井下正常生产提供保障。

可利用乏风氧化装置代替燃煤锅炉供热，这种热量利用形式的煤矿有：

（1）山西屯兰矿，4台60000Nm³/h乏风氧化装置，利用氧化反应产生的热量制取饱和蒸汽，通过热风机组和外界冷空气换热制取热风，送至矿井风井井口，形成2℃以上的进风环境。

（2）山西东曲矿，5台60000Nm³/h乏风氧化装置，利用氧化反应产生的热量与冷进风换热，送至矿井风井井口。

4. 井下制冷

《煤矿安全规程》要求:"当采掘工作面空气温度超过26℃、机电设备硐室超过30℃时，必须缩短超温地点人员的工作时间，并给予高温保健待遇。当采掘工作面的温度超过30℃、机电设备硐室超过34℃时，必须停止作业。新建、改扩建矿井设计时，必须进行矿井风温预测计算，超温地点必须有降温措施。有热害的井工煤矿应当采取通风等非机械制冷降温措施，无法达到环境温度要求时，应当采用机械制冷降温措施"。目前大多数煤矿采取加大通风量的形式降温，少数煤矿利用高温烟气或蒸汽通过溴化锂机组对井下制冷，也有部分煤矿采用热泵技术对矿井降温。

利用乏风氧化装置提供热源用于井下制冷的煤矿有：河南中平能化四矿，1台60000Nm³/h乏风氧化装置，制取蒸汽作井下降温用热源。

5. 烘干煤泥

煤泥是指煤粉遇水形成的半固体物，是煤炭生产中的一种产品。由于形成机理及品种的差异，其可利用性也有较大差别。煤泥高粘性、高水分和低热值的性质，使其很难实现工业化应用。

目前煤矿一般利用高温烟气将煤泥进行干燥处理，经干燥后的煤泥主要用于：

(1)作为加工型煤的原料，供工业锅炉使用。

(2)提高砖的硬度和强度，用作砖厂添加剂。

(3)改善水泥性能，用作水泥厂添加料。

(4)含有特定成分的煤泥可用作化工原料。

煤泥的干燥处理使得煤泥变废为宝，利用乏风氧化装置将乏风氧化反应产生的高温烟气用作煤泥烘干设备的热源，可有效解决煤矿的此种能量需求。

二、乏风热泵节能技术在矿井供暖系统中的应用

矿井生产中传统锅炉供热系统存在：宝贵的一次石化能源浪费大、生态环境破坏严重、浪费宝贵的余热资源、成本高昂等缺点。矿井回风余热资源丰富，是热泵取热理想的低温热源，采用高效绿色供热技术，替代燃煤锅炉供热方式实现：节能环保、绿色生产、节能降耗、减员增效。

(一)项目背景

长平煤业安家风井建设一对进、回风立井及其配套设施。区域年平均气温为10.88℃，最高气温为38.6℃，最低气温为-22.8℃；安家进风立井设计进风量180m³/s，回风立井回风量280m³/s。项目计划利用该风井场地回风余热资源，采用SMEET煤矿专用"深焓取热乏风热泵"与压风机余热回收供热新技术，代替燃气锅炉传统供热方式，满足本场地内建筑采暖和井口防冻供热需要，包括乏风热泵供热系统、乏风取热系统和井口防冻供热系统。

（二）技术原理

其主要技术原理是当矿井乏风流经设置在乏风取热室的乏风取热箱内的换热器时，乏风中热量被乏风取热箱换热器管内的液态制冷剂吸收，制冷剂挥发为气态并被冷凝压缩机组上的螺杆压缩机压缩成高温高压气态制冷剂，气态制冷剂在冷凝器中放热，将热量传给水，热水被输送至热用户。

（三）可行性分析

1. 风井余热资源利用评价

风井场地建筑采暖、进风井井口保温防冻供热系统是煤矿必不可少的生产生活供热设施。因此，供热系统要求：安全、可靠、高效、经济。利用煤矿余热资源，采用高效传热技术与热泵供热新技术解决安家风井场地的供热需求，必须满足煤矿供热系统的上述要求，作为绿色供热系统的源头，煤矿余热源必须同时满足如下条件：

（1）连续性要求：余热源年小时连续供给（运行）率应 ≥90%。

（2）稳定性要求：余热源关键参数波动范围应 <20%。

（3）热品位要求：余热源的热品位应 ≥6℃。

（4）余热量要求：余热量应 ≥100kW。

2. 风井余热利用

系统供热能力分析安家风井场地风量约 16800m³/min，温度按 10℃，相对湿度 80%。根据计算，乏风取至 - 1℃，从乏风中取热量为 5016kW，乏风热泵 COP 值为 3.3，乏风热泵电功率 2181kW，乏风热泵供热能力 7197kW。根据供热总负荷为 7077kW，乏风热泵供热能力 7197kW，可见，可以满足安家风井建筑采暖和井口加热防冻供热需求。

3. 参数确定

井筒防冻计算公式：$Q=v\times r\times c\times\left(t_1-t_2\right)\times K$，式中：

v—井筒进风量 m³/s；

r—标态空气密度，r ＝ 1.29kg/m³；

C—空气比热，C ＝ 1.01kJ/kg·℃；

t_1—空气混合后温度，t1 ＝ 2℃；

t_2—冬季极端最低温度平均值 - 23.3℃（高平地区）；

K—富裕系数，K ＝ 1.1

进风井井筒进风量 V=180m³/s，计算可得：井筒防冻所需供热负荷为 6527kW，加上场地内其他建筑采暖负荷约为 7000kW。

安家风井场地进风量为 16800m³/min，温度 10℃，湿度 80%。根据计算，乏风取 -1℃，从乏风取热量为 5016kW，乏风热泵 COP 值为 3.3，乏风热泵功率为 2181kW，乏风热泵供热能力为 7197kW。因此可以满足建筑采暖及井口防冻所需负荷。

为确保井口防冻效果，进风井井口加热室根据进风量进行配置，采用冷热风比 3 ∶ 7 方式计算。安家风井进风量 180m³/s；经加热风量进入矿井风量：126m³/s，即 8 台暖风机（单台风量 45000m³/h）。热风出风温度按下式计算：$T_j = Q_j / \left(G_j \times p \times C_p\right) + T_2$（℃）式中：$T_j$—空气进入后温度 (℃)；

Q_j—加热负荷 (6527kW)；

G_j—加热风量 (126m³/s)；

ρ—经加热器后空气平均密度 (1.2kg/m³)；

C_p—空气比容热 (1.01kJ/kg℃)；

T_2—冬季室外极限平均温度 (-23.2℃)。

因此，加热后送风温度：

$T_j = 6527 / \left(126 \times 1.2 \times 1.01\right) - 23.2 = 19.5$ ℃

混合后空气温度为 2℃。

（四）系统应用

在回风扩散塔上方新建一座乏风取热室，长 30m× 宽 12m× 高 10m，分两层布置 32 组乏风取热箱。在回风机房上新建一座二层热泵机房，布置 8 台乏风热泵主机。通风机房旁新建一座单层水泵间，布置 3 台热水循环水泵，以及冲洗水泵、定压补水泵、配套软化水装置。进风井外口新建一座二层加热室，为全封闭式，共布置 16 台 SMEET 煤矿专用井口加热机组，单台制热量 Q=550kW。

乏风热泵主机单台乏风热泵制热能力 885kW，单台最大功耗 268kW，总供热能力 7080kW；每台乏风热泵选配 4 台乏风取热箱，单台取热能力 160kW。

（五）运行成本分析

绿色能源供热系统冬季运行最多运行 8 台乏风热泵、2 台热水循环泵；冬季采暖季 121 天，每天 24 小时运行，冬季平均负荷系数为 0.35。通风容易期冬季计算电耗：(268 × 8 × 0.35+45 × 2) × 24 × 121 ÷ 10000=244 万 kW·h；约合电费 165.9 万元，考虑人工及其他运行成本总计 181.9 万元。

安家风井场地供热负荷需求 7077kW，若选用燃煤锅炉则需配置两台燃煤蒸汽锅炉，型号为 SZL12-1.25-WIII。

如采用燃煤蒸汽锅炉作为该场地供热热源，其冬季供热运行费用：约 362.0 万元。绿色能源供热系统相对燃煤锅炉，每节约运行费用 180.1 万元。

若选用燃气锅炉则需配置两台 6t/h 天然气蒸汽锅炉，配电负荷约需 120kW；天然气蒸汽锅炉综合热效率按 80%计算。

如采用天然气蒸汽锅炉作为该场地供热热源，其冬季供热运行费用：396.7 万元；绿色能源供热系统相对燃煤锅炉，节约运行费用 214.8 万元。

第五节　供暖创新技术

一、多能耦合清洁供热

2017 年，某市热力集团按照该市清洁空气行动计划任务要求，开展了清煤降氮工作，实现供热无煤化和燃气锅炉低氮改造。改造共涉及锅炉房 330 座，锅炉 1569 台，8777.15 蒸吨。其中大部分的锅炉房改造属于常规改造，锅炉可以单纯采用“煤改电”或“煤改气”方案进行燃煤替代，更换燃气燃烧器或烟气再循环 FGR 降低燃气锅炉氮氧化物排放。而在个别的山区锅炉房，受自然条件限制，没有充足的电力和燃气供应，就需要采取多种能源互补耦合的方式，在充分挖掘现有可利用条件的前提下，尽可能降低项目投资和运维成本，提升整体经济性。

这里以该市五大煤矿之一的大安山煤矿锅炉房煤改清洁能源供热方案为例，介绍在单一能源供热有困难时，综合短期和长期能源供应条件，以电蓄热、空气源热泵、太阳能光伏、LNG 移动锅炉等为代表的多种能源互补耦合供热的实践经验。

（一）锅炉房概况

锅炉房所在地为该市房山区大安山煤矿，位于该市西部山区，距离城中心约 50km，自 20 世纪 50 年代开始进行矿井建设，1975 年开始投产，年产优质煤炭 160 万吨。

煤矿分为生产区和生活区两部分，海拔高度分别为 920m 和 820m，因此锅炉房也被称为 920 锅炉房和 820 锅炉房。煤矿井田走向长约 9km，倾向宽 2km ~ 4km，面积 25.5km^2，共分为 6 个采区、11 个水平，其中生产水平为 +800m 水平、+680m 水平和 +550m 水平，煤层厚度为 0.1m ~ 3.3m，平均厚度 2.2m；属于低瓦斯矿井。

自煤矿建设开始，就采用煤炭取暖，由于矿区海拔较高，气温较城区低 5℃以上，因此供暖期一般为 11 月 1 日至次年 3 月 31 日，长达 5 个月。随着该市退出煤炭产能的相关规划要求的出台，自 2017 年起，该市将按照“产量逐年递减，矿井逐步停产，分步疏解退出”的原则，到 2020 年实现彻底退出煤炭采掘业。其中，大安山煤矿计划于 2019 年 6 月退出生产。

大安山 920 锅炉房为生产区办公用房供暖，供应大约 3.6 万平方米，2019 年 6 月煤矿关停后，有望降低到 2 万平方米。大安山 820 锅炉房为生活区居民供暖，供应大约 8.8 万平方米供热面积。

2016 ~ 2017 采暖季，采用燃煤锅炉供热，优质燃煤消耗约 4950 吨，参照标煤热值折合天然气逾 370 万立方米，燃煤费用约 400 万元；水电人工管理等成本费用 137 万元，其中，供热系统循环水泵等耗电功率约 300kW；供热收入按照燃煤锅炉房居民供热 16.5

元 /m² 计算，不考虑额外多供热一个月的损失，可收取热费 145 万元；生产区按照公共建筑收费，在 40 元 /m² 的基础上考虑额外供热，参照热计量收费，收取热费 180 万元，合计热费收入 325 万元；整个供暖季亏损约为 212 万元。

2017 ~ 2018 年采暖季燃煤锅炉房改造后，居民热费将按照 30 元 /m² 的标准收费，生产区热费标准不变，年热费收入约 436 万元。

由于原有矿区建筑建于 20 世纪 90 年代，没有进行节能改造，因此供热指标按照 70W/m² ~ 80W/m² 来核算。根据表 2 所示燃煤消耗量，按照标煤热值核算，生活区 8.8 万平方米供热指标约为 0.86GJ/m²，说明整个系统供热管网和建筑物围护结构能耗偏高。

矿区电力供应依靠佛子庄乡到大安山乡变电站送入大安山矿 35kV 变电站方式，矿区变电站为煤矿自有产权。变电站现有 2 台一主一备 8000kVA 油浸式变压器，采用 2 回 35kV 进线，以 35kV 变 6KV 方式为矿区供电。目前厂区变压器及二次保护设备均在 2015 年全部更换，可满足 25 年使用年限，年用电量约 5760 万 kWh，满足矿区生产和居民生活需求。锅炉房也采用矿区电力，按照均一电价 0.7995 元 /kWh 收费。

（二）改造方案比选

对于燃煤锅炉房改造，常见的方案为电蓄热采暖或热泵采暖，其他如太阳能搭配热泵采暖等方案。

1. 电蓄热方案

电蓄热是该市煤改电工作中的一项重要内容，利用夜间低谷时段的电力，通过蓄热水罐、蓄热固体砖、相变蓄热材料或熔融盐等方式，将电加热装置转化的热量存储到蓄热装置中，在白天用电高峰时将热量放出。该类蓄热方式一方面避开了用电高峰，降低了电价成本，另一方面通过蓄热装置，可灵活满足供热负荷变化需求，减少了电锅炉系统容量浪费，使得整个系统无须为仅仅满足极寒天气时较高的用热负荷配置过大的电加热装置，减少了变压器设施增容费用。对于电力系统而言，电蓄热装置还提高了电力设施的利用效率，降低夜间低负荷运行风险，因此深受电网公司欢迎。其缺点为，将高品位的电能转化为低品位的热能，造成一定的能源浪费。在冬季，矿区变压器最大负荷近 6000kW，最小负荷近 4000kW，考虑变压器 0.8 的功率因数，可用电力在 1000kW ~ 3000kW 之间波动。

自 2016 年国家发改委实行煤矿 276 个工作日制度之后，原则上法定节假日和周日不安排生产。但煤矿自身为维持巷道内正常安全生产所需的通风和照明等继续运行，实际用电量变化并不大。因此，无法通过让煤矿停产的方式提供多余电力。

该案例中，矿区 12.4 万平方米供热面积，按照最低 70W/m² 配置，也需要电直热锅炉功率达到 8.7MW，采用电蓄热锅炉就要达到 26MW，而矿区变电站现状电容量仅有 8000kVA，需要增容，相关审批流程和建设流程耗时漫长，且相关变电站占地及设备投入也非常巨大，完全依靠电蓄热满足供热需求不现实。此外，矿区实行均一电价，且采暖季全天用电负荷较为平稳，从经济性和实用性上均不可行。

2. 热泵方案

热泵是一种高效的供热设备，常见的热泵按照热源来源可分为空气源热泵、水源热泵和地源热泵等。空气源热泵以电力驱动工质，从空气中吸收热量，常温时一份电可制取 3 份以上热量。但是当环境温度逐渐降低时，制热能效 COP 也将逐渐降低。水源热泵利用就近的污水处理厂、河水甚至热电厂回水等低品位热能供热，要求有充足的水源供应。地源热泵从土壤中提取热量，根据取热土壤深度，又分为浅层地源热泵和深层地源热泵。其中，深层地源热泵还包括干热岩技术，通过向 2500 米以上深度的干热岩体注入冷水压裂岩体，形成高温蒸汽热源，是近年来国家大力推广的新技术。由于矿区地质条件较为复杂，且 2004 年 6 月 6 日，大安山煤矿矿区水平西一后槽采区东四石门一煤巷巷道坍塌，导致 10 名矿工遇难，为确保安全生产，不考虑地源热泵方案。

由于矿井回风温度较高，一般能够保持在 18℃ ~ 28℃，因此被视为一类可资利用的余热资源。因大安山矿区现有采掘面距离锅炉房较远，虽然矿井回风有一定的开发潜力，但项目工程量巨大，且煤矿在将于 2019 年关停，届时热源得不到保障，综合多种因素，不考虑利用矿井回风。

除回风外，矿井水也被视作一种潜在的热源，因其水温在 35℃ ~ 40℃之间，如能用于供应水源热泵，将是一种能效更高的利用方式。遗憾的是，由于同样的原因，矿井水源热泵也没有应用可行性。此外，由于矿区海拔高，生产生活用水都非常紧张，一般的中水源和污水源热泵也没有足够的水源来取热。

3. 太阳能方案

太阳能采暖是利用大范围布置的太阳集热器收集白天的太阳辐射热量用于采暖的新能源利用技术。由于太阳能资源受时空分布的影响，为稳定供热，丹麦等北欧国家多采用太阳能跨季节蓄热供暖的方式进行太阳能光热开发利用。应用该类技术，需要选取大片土地，建设太阳能集热器场地和蓄热水池场地。

经初步核算，仅满足 920 锅炉房 3.6 万平方米供热需求，就需要敷设 12000 平方米太阳能集热器，并建设 46000 立方米蓄热水池，以及 6 台水源热泵，电功率 1000kW，总投资高达 7000 万元。由于投资过于巨大，太阳能光热方案不予考虑。

除光热方案外，还讨论了光伏方案。光伏发电可以与市政电互为补充，供应电热锅炉或者空气源热泵供热系统。通过将光伏阵列和配电网并联，共同充当供热电源，当光照资源丰富时，以太阳能承担大部分负荷，当夜间或雨雪天气时，由市政电平滑切入补充，实现光伏发电就地消纳的目的。由于该市对光伏发电有一定的政策补贴，以 1MW 分布式光伏为例，建设成本约为 700 万元，年发电量约为 130 万 kWh，设计寿命 25 年。其中，国家发改委给予 0.42 元 /kWh 的上网补贴，该市给予 0.3 元 /kWh 的上网补贴（连续补贴 5 年），在夏季不供热时，还可以返送电网，按照 0.37 元 /kWh 的价格获得卖电收益。一般 4 ~ 5 年可收回投资成本，具有很高的经济效益。因光伏涉及到大范围占地，在该市多考虑布置在屋顶上。矿区房屋多建于 20 世纪 90 年代，承重能力不足，且该矿区规划将来作为生态涵养区，一般不进行大范围开发利用，因此光伏方案难以大范围推广，仅在后期规划约 560kW 光伏发电，作为有益的补充。

4. 以燃气为主的多能互补方案

考虑到矿区可用的供热资源非常有限，主要是少部分电力，还需要引入外部热源。综合现有资源，可实现的供热方案主要是燃气锅炉供热、电蓄热以及空气源热泵技术。在管道气无法到达的区域，多采用压缩天然气 CNG 和液态天然气 LNG 供热的方案。由于矿区用热量大，普通的 CNG 气瓶组无法满足需求，需要采用 LNG 供应燃气锅炉，并配套建设 LNG 气站。

经地勘查明，920 生产区无合适场地建设 LNG 气站，不能应用燃气锅炉供热；820 生活区可拆除部分商业用房和废弃厂房，建设 LNG 气站。因此，考虑 920 生产区主要以电采暖为主；820 生活区以燃气供热为主。考虑到矿区距离市区主要燃气供应中心 50 公里以上，道路运输条件有限，如遇雨雪天气，LNG 气站难以长期维持，综合场地条件，要求 LNG 气站储气量可满足 3 天需要。因此，设计建设 2 座 40 立方米储气站，并配备柴油发电机组作为应急电源。

LNG 气站供应 2 台 2.8MW 燃气锅炉用气需求，考虑燃气锅炉需要停炉检修，另外配置 21 台 40kW 电功率空气源热泵和 1 台 2.4MW 电极锅炉及 400 立方米蓄热水罐，空气源热泵将水预热后送入电极锅炉加热，与燃气锅炉并联。

920 配备 2 台 2.4MW 电极锅炉，建设一套 400 立方米蓄热水箱；同时配置 14 台 40kW 电功率空气源热泵，-25℃时瞬时 COP 可达 2.0（不考虑除霜辅助加热），-15℃时可达 2.5；规划建设 560kW 太阳能光伏发电，占地面积约 7000 平方米，采暖季降低项目用电成本，非采暖季上网发电，提供一定的经济效益。预计上述改造后，项目年运行亏损约为 500 万元。

（三）气荒对项目的影响

2017 年各级政府为在有限的任务期限内超额完成燃煤替代改造，大力推进煤改气供热。但是，天然气的供应来源并未得到政府有关部门的重视。从宏观角度来看，全球天然气供应总体处于供求平衡状态，但是中国的天然气供应保障，受到多重因素叠加影响：中亚管道气临时减产，俄罗斯东线工程尚未投产，中缅方向的管道气仅有设计容量的 1/3，海上的进口 LNG 现货均有明确买家，新增的煤改气供热需求无法得到有效的增量天然气保障。因此，在没有稳定燃气供应合同的情况下，天然气价格从 11 月开始大幅上涨。

该项目供暖前签订的 LNG 名义用气价格为 3.2 元 /m^3，实际用气价格随市场供应情况浮动，LNG 气价平均 5.0 元 /m^3。由于 LNG 价格上涨导致的经营成本进一步增加，更为严重的是，LNG 供应短缺，导致项目即使是在非雨雪天气，仍然可能中断供应，影响居民正常用热。

每日平均用气约 1.5 万 m^3，二次网供回水温度 52℃ /44℃，流量 490t/h，折合供热量 4.6MW；采暖季用气均价约 5.0 元 /m^3；气价成本 861 万元。

（四）后续工作

2017 年的气荒暴露出我国采暖季 LNG 供应存在较大不确定性的问题。项目的经济运行需要进一步摆脱或减少对 LNG 这种不稳定燃料的依赖。考虑人口疏解的背景，在部分房屋停止供暖后，可富余部分电力。而矿区用电价格仍然偏高，单纯采用电直热锅炉并不能有效地降低费用。项目所采用的电采暖技术路线中，空气源热泵即便在低温 -20℃，COP 仍然能达到 2.0 左右，相当于供热成本在 0.3 元 /kWh ~ 0.4 元 /kWh，较高峰期燃气价格仍然有一定优势，且不会出现燃气供应中断现象，应当作为矿区关停后主要的供热热源。

供热作为一项系统工程，涉及到源—网—站—热用户多要素，需要整体协作。由该项目燃煤和燃气消耗可知，用户侧能耗偏高，热网还存在一定的跑冒滴漏现象，都需要在后续工作中予以关注。该项目对热源侧的改造仅仅是第一步，站在系统角度宏观把握整体项目面临的形势，分析各个子系统改造的前景，是实现燃煤替代清洁供热的关键路径。热源侧清洁改造仅仅是一个开始，实现热网、热用户侧的清洁送热、清洁用热才是真正的清洁供热。

下一步，还将争取政府对居民建筑进行节能改造，减少散热损失；对供热管网进行改造，减少热网散热和失水情况，进一步降低运行成本。

二、矿井综合余热利用系统

（一）余热回收系统的结构及工作原理

1. 矿井污水余热回收水源热泵系统，主要是通过污水专用换热器，将矿井中大量的热量置换到中介水中，带有热量的中介水再进入水源热泵蒸发器中，热量被制冷剂吸收，中介水通过循环泵动力在蒸发器和换热器之间循环。

在蒸发器中制冷剂吸收了中介水的热量，由液体变成气体；制冷剂气体通过压缩机的压缩，使制冷剂变成高压气体，此时压缩机消耗少量的电能（20%的能量），制冷剂变为液体，通过节流机构的节流、降压后回到蒸发器中，再次蒸发循环。热量（100%的能量）全部被系统水吸收，用于采暖和生活热水用户需求。

2. 瓦斯发电机组烟气余热回收系统

瓦斯发电机组烟气余热回收系统一般先有余热锅炉提取发电机组烟气热量，然后经板式换热器供给供暖终端。余热锅炉工作原理为：烟气经烟道到余热锅炉入口，烟气自下而上流动，流经过热器、两组蒸发器和省煤器，最后排入烟囱。排烟温度约为 100℃ ~ 220℃，烟气温度从 500℃ ~ 550℃降到排烟温度，所放出的热量用来使冷水变成热水。进入余热锅炉的给水，其温度约为 5℃ ~ 20℃，先进入上部的省煤器，水在省煤器内吸收热量使水温上升，水升高温度略低，就离开省煤器进入蒸发器。在蒸发器内的水吸热开始产低温热水，低温热水在过热器内进一步吸收热量，使低温热水变成高温热水。产热水过程有 3 个阶段，应该要有对应的 3 个受热面，即省煤器、蒸发器和过热器，如果不需要高温热水，只需要低温热水，可以不装过热器。

3. 矿井空压机余热回收系统

螺杆空压机余热回收系统由板式换热器、保温水箱及循环泵、供水泵等组成。首先利用热能转换原理，通过板式换热器把空压机冷却油和排气散发的热量回收转换到水里，当保温水箱里的水达到设定温度后，便会由供热水泵自动排出。

（二）矿井余热回收利用系统的实现

矿井余热回收利用系统由矿井排水、瓦斯发电站冷却水、瓦斯抽放泵站冷却水余热利用系统、空压机余热利用系统和瓦斯发电烟气余热利用系统组成。

1. 矿井水余热回收系统

矿井水余热回收系统包括矿井排水、瓦斯抽放泵站冷却水和瓦斯发电站冷缺水 3 个热源。矿井排水量 3600m³/d，平均排水温度 18℃；抽放站泵冷却水量 80m³/h，冷却供回水温度 32℃ /37℃；瓦斯发电机组冷却水量 120m³/h，冷却供回水温度 32℃ /37℃。

矿井排水余热利用系统由水源热泵、高效换热器、缓冲水池、循环水泵和管路等组成。其中安装 WCFXHP30SR-ST 型水源热泵机组 2 台，单台制热量 819kW，制热输入功率 182.6kW；WCFXHP24SR-ST 型水源热泵机组 1 台，单台制热量 596.4kW，制热输入功率 142.8kW；缓冲水池 2700m³，确保连续供热；换热器为 HYSW600 型管式热交换器，一用一备。矿井涌水由井下水泵直接排至地面的缓冲水池，然后经循环泵通过管式热交换器将矿井水中大量的热量置换到中介水中，提取过热量的矿井水由水泵排至污水处理站处理。而瓦斯发电站冷却水和瓦斯抽放泵站冷却水通过板式换热器将热量置换到中介水中。带有热量的中介水再进入水源热泵蒸发器中，由水源热泵提取热量，中介水在换热器、集水器、水源热泵机组蒸发器、分水器之间循环。

矿井水余热利用系统主要担负采暖季矿井采暖负荷，非采暖季停运。为了提高采暖效果，所有的采暖终端全部更换为 PP-34LM 型风机盘管。

2. 瓦斯发电机组烟气余热回收系统

矿井安装有 4 台 600kW 瓦斯发电机，日常运行 2 台，平均每天发电量为 23000kWh。瓦斯发电机组烟气余热回收系统包括针管式余热装置、板式换热器、保温水箱、循环和供水泵组以及管路等。每台发电机组安装 1 台 QZ-061/08 型针管式余热装置，并新建 1 个 50m³ 保温水箱。余热装置提取瓦斯发电机组烟气热量，并通过板式换热器将瓦斯发电机组烟气热量置换到保温水箱的水中，其中一次循环水为软化水，吸收瓦斯发电机组烟气余热，二次循环为保温水箱中待加热的水。水池中的水加热到设定温度后由供水泵自动输出，然后自动补水装置给水箱补水到设定容积。

该系统主要担负矿井职工洗浴负荷。

3. 矿井空压机余热回收系统

矿井安装空压机 4 台，其中 DLG-250 型螺杆式空压机 2 台，额定风量 42m³/min，功率 250kW；SA350W 型螺杆式空压机 2 台，额定风量 62.5m³/min，功率 350kW，日常两种型号的空压机各运行 1 台。每台空压机各安装 1 台 CHR 型空气压缩机热能回收器，将空压机冷却油和排气热量置换到保温水箱的水中，保温水箱体积为 12m³，水温加热到设定温度后自动输出。保温水箱安装有高低水位计，并安装 1 套自动补水装置，确保水箱里始终保持一定体积的水量。

该系统主要作为瓦斯发电机组烟气余热利用系统的辅助，共同担负矿井职工洗浴负荷。

4. 矿井余热利用系统运行方式

为使经济效益最大化，采暖季节，瓦斯发电和空压机余热担负矿井职工洗浴负荷，1 台水源热泵机组作为备用，新建配套 1 个 50m³ 保温水箱，该台热泵机组既可以制备洗浴热水，也可以担负供暖负荷；3 台水源热泵机组担负矿井采暖负荷。非采暖季，瓦斯发电机组烟气和空压机余热担负矿井职工洗浴负荷，水源热泵机组停运。极寒天气下，井口供暖由 1 台 WNS2.8 型燃气锅炉担负，供热量 2.8MW，井口进风量 7200m³/min，安装 TAC2126CHW 型组合式空气处理机组 4 台。

第六章　矿井热害

第一节　矿井主要热源

能引起矿井气温值升的环境因素统称为矿井热源。在众多的矿内热源中，有些热源所散发热量主要取决于流经该热源的风流温度及其水蒸气分压力，例如岩体散热和水与风流间的热湿交换就属于这种类型，一般称他们为相对热源或自然热源，另一类热源所散发的热量并不取决于风流的温、湿度，而取决于他们在生产中所起的作用，例如机电设备的放热，所以也称他们为绝对热源或人为热源。

矿井主要热源大致分为以下几类：

一、地表大气

井下的风流是从地表流入的，因而地表大气温度、湿度与气压的日变化和季节性变化势必影响到井下。

地表大气温度在一昼夜内的波动称为气温的日变化，它是由地球每天接受太阳辐射热和散发的热量变化造成的。虽然地表大气温度的日变化幅度很大，但当它流入井下时，井巷围岩将产生吸热或散热作用，使风温和巷壁温度达到平衡，井下空气温度变化的幅度就逐渐衰减。因此，在采掘工作面上，基本上觉察不到风温的日变化情况。当比表大气温度发生持续数日的日变化时，这种变化才能在采掘工作面上觉察到。

地表大气温度、湿度的季节性变化对井下气候的影响要比日变化深远得多。研究表明，在给定风量的条件下，无论是日变化还是季节性变化，气候参量的变化率均和其流经的井巷距离成正比，和井巷的截面积成反比。

地面空气温度直接影响矿内空气温度。尤其对浅井，影响更为显著。地面空气温度发生着年变化、季节变化和昼夜变化。地面空气温度的变化对于每一天都是随机的，但遵守一定的统计规律。

二、流体的自压缩（或膨胀）

严格说来，流体的自压缩并不是一个热源，它是空气重力作用下将其位能经摩擦转换为焓，因而引起温度升高。由于在矿井的通风与空调中，流体的自压缩温度对井下风流的参量具有较大的影响，所以一般将它归结为热源予以讨论。

矿井深度的变化，使空气受到的压力状态也随之而改变。当风流沿井巷向下（或向上）流动时，空气的压力值增大（或减小）。空气的压缩（或膨胀）会放热（或吸热），从而使矿井温度升高（或降低）。

在进风井筒里，风流的自压缩是最主要的热源，在其他的倾斜井巷里，特别是在回采工作面上，风流的自压缩是次要因素。

风流在沿着倾斜或垂直井巷流动时，因膨胀而使其焓值有所减少，风温也将下降，其数值和向下流动时是相同的，不过符号相反而已。

三、围岩散热

当流经井巷风流的温度不同于初始岩温时，就要产生换热，即使是在不太深的矿井里，初始岩温也要比风温高，因而热流往往是从围岩传给风流，在深矿井里，这种热流是很大的，甚至于超过其他热源的热流量之和。

围岩向井巷传热的途径有二：一是通过热传导自岩体深处向井巷传热，二是经裂隙水通过对流将热量传给井巷。井下未被扰动的岩石温度随着与地表的距离加大而上升，其温度的变化是由自围岩径向外的热流造成的。在大多数情况下，围岩主要以传导方式将热传给巷壁，当岩体裂隙水向外渗流时则存在着对流传热。

四、机电设备放热

随着机械化程度的提高，采掘工作面机械的装机容量急剧增大，有些大型机械化回采工作面的装机容量已达 2000Kw，掘进工作面也达 1200Kw。机电设备从馈电路上接受的电能不是用来做有用功就是转换为电能。就矿井而言，由于动能甚小可以忽略不计，所以机电设备所做的有用功是将物料或液体提升到较高的水平，即增大物料或液体的位能。而转换为热能的那部分电能，几乎全部散发到流经设备的风流中。机电设备的放热主要包括：采掘机械的放热、提升运输设备的放热、扇风机的放热、灯具的放热、水泵的放热。

五、其他热源

（一）氧化放热

矿石的氧化放热是一个相当复杂的问题，很难将它与其他的热源分离开来进行单独计算。当矿石含硫量较高时，其氧化放热可能达到相当可观的程度。当井下发生火灾时，根据火势的强弱及范围的大小，可形成大小不等的热源，但这一般是属于短时的现象。在隐蔽的火区附近，则有可能使局部岩温上升。

（二）热水放热

井下热水的放热量主要由水量和水温来决定。当热水大量涌出时，可对附近的气候条件造成很大的影响，所以应尽可能地予以集中，并用管路（或隔热管路）将它排走，最低限度也要用加盖板的水沟排走，切不可让热水在巷道里漫流。

（三）人员放热

井下工作人员的放热量主要取决于他们所从事的工作的繁重程度和持续时间，一般人员的能量代谢产生热量为：

休息 90 ~ 115W

轻度体力劳动 200W

中等体力劳动 275W

繁重体力劳动 470W（短时间内）

虽然可以根据在一个工作地点里人员的总数来计算器放热量，但是其量甚少，一般不会对气候条件造成显著的影响，故可以略而不计。

（四）风动工具

压缩空气在膨胀时，除了做有用功外还有些冷却作用，加上压缩空气的含湿量比较低，所以也能对工作地点补充一些较新鲜的空气，但是压缩空气入井时的温度普遍较高，所以也可以略而不计。

此外如炸药的爆炸、岩层的移动等都有可能散发出一定数量的热量，但由于它们的作用时间一般甚短，也不会对井下的气候造成大的影响，所以也可略而不计。

第二节　矿井气候参数与传热基本原理

一、矿井气候参数

矿井气候是指矿井空气的温度、湿度和流速三个参数的综合作用状态。这三个参数的不同组合，便构成了不同的矿井气候条件。

（一）对人体热平衡的影响

矿井气候条件的三个参数是影响人体热平衡的主要因素。

空气温度对人体对流散热起着主要作用。

相对湿度影响人体蒸发散热的效果。

风速影响人体的对流散热和蒸发散热的效果。

（二）衡量指标

1. 干球温度

干球温度是我国现行的评价矿井气候条件的指标之一。特点：在一定程度上直接反映出矿井气候条件的好坏。指标比较简单，使用方便。但这个指标只反映了气温对矿井气候条件的影响，而没有反映出气候条件对人体热平衡的综合作用。

2. 湿球温度

湿球温度这个指标可以反映空气温度和相对湿度对人体热平衡的影响，比干球温度要合理些。但这个指标仍没有反映风速对人体热平衡的影响。

3. 等效温度

等效温度定义为湿空气的焓与比热的比值。它是一个以能量为基础来评价矿井气候条件的指标。

4. 同感温度

同感温度（也称有效温度）是 1923 年由美国采暖工程师协会提出的。这个指标是通过实验，凭受试者对环境的感觉而得出的同感温度计算图。

5. 卡他度

卡他度是 1916 年由英国 L. 希尔等人提出的。卡他度用卡他计测定。干卡他度反映了气温和风速对气候条件的影响，但没有反映空气湿度的影响。

（三）安全标准

我国现行评价矿井气候条件的指标是干球温度。1982 年国务院颁布的《矿山安全条例》第 53 条规定，矿井空气最高容许干球温度为 28℃。

二、传热、传质理论基础

根据经典传热学理论可知，传热的基本形式有三种：热传导、热对流和热辐射。不同的传热形式其传热机理是不同的。

（一）热传导

热传导又称导热，是指物体各部分无相对位移或不同物体直接接触时，依靠分子、原子及自由电子等微观粒子热运动而进行的热量传递现象。导热是物质的属性，导热过程可以在固体、液体及气体中发生。但在引力场下，单纯的导热一般只发生在密实的固体中。因为，在有温差时，液体和气体中可能出现热对流而难以维持单纯的导热。

对于矿井而言，巷道、工作面煤、岩内部的热量传递以导热形式为主（当煤岩体存在裂隙水渗流时，则同时存在对流换热）。在确定巷道、工作面煤岩壁温度、围岩内部调温圈半径时，需采用导热基础理论。

1. 导热微分方程

为了计算巷道围岩传递给风流的热量，必须知道巷道表面的温度。要知道巷道表面的温度，就必须掌握巷道围岩内部温度场。求解巷道围岩内部温度场，必须建立巷道围岩内部的导热微分方程。

经典传热学理论介绍的导热微分方程是根据热力学第一定律和傅里叶定律所建立起来的、描写物体温度随空间和时间变化的关系式，它不能反映某一特定导热过程的具体特点，它是所有导热过程的通用表达式。因此，也适用于矿井巷道围岩内部导热过程。

对于各向同性连续介质的微元体 $dV = dxdydz$，若物体内部不含内热源，其导热微分方程式如下：

$$\rho c\frac{\partial t}{\partial \tau}=\frac{\partial}{\partial x}\left(\lambda\frac{\partial t}{\partial x}\right)+\frac{\partial}{\partial y}\left(\lambda\frac{\partial t}{\partial y}\right)+\frac{\partial}{\partial z}\left(\lambda\frac{\partial t}{\partial z}\right)$$

当热物性参数：导热系数入，比热容 c 和密度 P 均为常数时，上式可以简化为：

$$\frac{\partial t}{\partial \tau}=\frac{\lambda}{\rho c}\left(\frac{\partial^2 t}{\partial x^2}+\frac{\partial^2 t}{\partial y^2}+\frac{\partial^2 t}{\partial z^2}\right)$$

或写成：

$$\frac{\partial t}{\partial \tau}=a\nabla^2 t$$

式中，∇^2 是拉普拉斯运算符；$a=\lambda/\rho c$ 称为热扩散率，m^2/s。

当物体内部温度场不随时间变化，则为稳态温度场。没有内热源的稳态温度场的导热微分方程形式为：

$$\nabla^2 t = 0$$

由于导热微分方程式是所有导热过程的通用表达式，它不能反映某一特定导热过程的具体特点，因此，要得到某一特定导热过程的唯一解，还必须补充说明获得唯一解的单值性条件。因此，某一特定导热过程的完整数学描述应包括导热微分方程式和它的单值性条件两部分。

2. 单值性条件

物体导热单值性条件一般包括以下四个方面：几何条件、物理条件、时间条件、边界条件。

常见的边界条件分为三类；第一类边界条件，已知任何时刻物体边界面上的温度值；第二类边界条件，已知任何时刻物体边界面上的热流密度值；第三类边界条件，已知边界面周围流体温度和边界面与流体之间的对流换热系数。

在煤矿井下，井巷围岩里的传导传热是一不稳定传热过程。其与通风时间有关，围岩暴露时间越短，与风流热交换越强烈。随着通风时间的增加，自围岩深处向巷道壁面的传热量是变化的。反过来讲，随着通风时间的增加，巷道围岩被冷却的范围逐渐扩大，形成一个温度低于原岩温度的变温圈，此变温圈通常称为“调温圈”。对于通风时间较长的巷道，此“调温圈”能起到延缓原岩热量大量涌入巷道风流的作用。

由于井巷围岩里的传导传热是一不稳定传热过程，求解过程极其复杂；加上本论文着重讨论风流从巷道围岩中获得多少热量，讨论在已知巷道表面温度情况下，巷道围岩以对流传热、传质的形式与风流间的热质交换量，从而得出确定采掘工作面风流状态参数及降温冷负荷的方法。因此，关于围岩内部温度场的变化不进行讨论。

（二）热辐射

热辐射是依靠物体表面对外发射可见和不可见的射线（电磁波，或者说光子）传递热量。它的特点是：在热辐射过程中伴随着能量形式的转换（物体内能—电磁波能—物体内能），不需要冷热物体直接接触，不论温度高低，物体都在不停地相互发射电磁波能，相互辐射能量，高温物体辐射给低温物体的能量大于低温物体向高温物体辐射的能量。总的结果是：热量由高温物体传到低温物体。

两个无限大的平行平面间，单位面积、单位时间由于热辐射传递的热流通量计算式是：

$$q = C_{12}\left[\left(\frac{T_1}{100}\right)^4 + \left(\frac{T_2}{100}\right)^4\right]$$

式中：q—热辐射热流通量，W/㎡；C_{12}—1 和 2 两平面表面间的系统辐射系数；T_1，T_2—1 和 2 平面表面绝对温度，K。

可以看出物体与物体之间的辐射换热主要决定于物体温度。对于煤矿井下巷道和工作面煤、岩壁之间，热辐射基本发生在同一地段内巷道、煤壁之间。

而在同地段内巷道、煤壁之间温度接近，辐射换热量有限。另外，各种气体在气体层厚度不大和温度不高时，吸收辐射热和向外辐射热的能力可以忽略不计，即使在工程上常遇的高温条件下，对于单原子气体和某些对称型双原子气体如 O_2，N_2，H_2 等，其吸收辐射热和向外辐射热的能力也是很微弱的，可以认为是辐射热透热体。

因此，本论文在计算煤、岩壁换热量，煤岩与风流之间的换热量时，忽略辐射换热。

（三）对流换热

热对流是依靠流体的运动，把热量由一处传递到另一处的现象。但值得注意的是，传热工程中涉及的问题，往往不单纯是热对流，而是在热对流的同时伴随着热传导。因此，流体与固体壁直接接触时的换热过程，是热对流与热传导共存过程，传热学把它称为“对流换热（也称放热）”。

对流换热已不再是基本传热方式。计算对流换热的基本公式是牛顿于 1701 年提出的，即

$$Q = a\left(t_w - t_f\right)\cdot F \text{ 或 } q = a\left(t_w - t_f\right) = a\cdot\Delta t$$

式中：q—对流换热流通量，W/㎡；t_w—固体壁表面温度，℃；t_f—流体温度，℃；t_f—壁表面与流体温度差，℃；a—对流换热系数，J/m.s.℃或 W/m.℃。此式又称牛顿冷却公式。

对流换热是矿山井巷及工作面煤岩壁表面与风流之间的主要换热方式。由此可知，确定井巷表面与风流间的对流换热量需要已知井巷表面对流换热系数、表面温度、传热面积及风流温度。这 4 个参量中，以对流换热系数的确定最为困难。因此，要讨论矿山井巷对流换热问题，首先研究如何准确确定对流换热系数问题。

（四）对流质交换

对于两种或以上组分的混合物，物质的分子在进行不规则的热运动的同时，如果存在浓度差，物质的分子会从浓度高处向浓度低处迁移，这种迁移称为浓度扩散或简称扩散。通过扩散产生质交换。

浓度差是产生质交换的推动力，正如温度差是传热的推动力一样。在没有浓度差的二元体系（即均匀混合物）中，如果各处存在温度差或总压力差，也会产生扩散，前者称为热扩散，后者称为压力扩散；扩散的结果会导致浓度变化并引起浓度扩散。最后温度扩散或压力扩散与浓度扩散相互平衡，建立一稳定状态。

这就是说，在一湿润巷道表面传热、传质体系中，热量传递与质量传递是共生的，且相互影响。因此，我们在进行矿山井巷与风流间的传热问题研究时，必须同时讨论井巷与风流间的传湿问题。因为，矿山井下巷道围岩都或多或少含有水分，其与风流间的湿传递是客观存在、不可避免的。

质交换有两种基本方式：分子扩散和对流扩散。在静止的流体以及固体中的扩散，是由分子微观运动所引起，称为分子扩散，它的机理类似于导热。在流体中由于对流运动引起的物质传递，称为对流扩散，它比分子扩散传质要强烈得多。当流体作对流运动并存在浓度差时，对流扩散亦必同时伴随分子扩散，分子扩散与对流扩散两者的共同作用称为对流质交换，这一机理与对流换热相类似。

经典传质理论中，对流质交换量用下式计算：

$$M_s=\alpha_D\left(\rho_w-\rho_f\right)\cdot F \text{ 或 } m_s=\alpha_D\cdot\left(\rho_w-\rho_f\right)$$

式中：m_s—对流湿交换通量，kg/m². ρ_w 固体壁表面饱和空气层水蒸气浓度，kg/m³；ρ_f—风流中水蒸气浓度，kg/m³；F—壁表面积，m²；α_D—对流质交换系数，m/s。

由此可知，确定井巷表面与风流间的对流湿交换量需要已知井巷表面对流质交换系数、表面饱和空气层及风流中水蒸气浓度和传热面积。这 4 个参量中，又以对流质交换系数的确定最为困难。

第三节 矿井热环境的评估

一、矿井热环境影响因素

国内外众多专家进行的广泛研究表明，对热舒适来说，有 6 个主要影响因素，其中与环境有关的有 4 个因素：空气温度、速度、相对湿度及环境平均辐射温度；与人有关的有 2 个因素：人体代谢率（活动量）及服装热阻。这里主要是对环境因素进行讨论。

（一）空气温度

空气温度是影响热舒适的主要因素，它直接影响到人体通过对流及辐射的热交换。在水蒸气分压力不变的情况下，空气温度升高使人体皮肤温度升高，排汗量增加，人的主观热感觉向着热的方向发展。空气温度下降，则人体皮下微血管收缩，皮肤温度降低。人体对气温的感觉相当灵敏，通过机体的冷热感受可以对热环境的冷热程度做出敏锐判断。

（二）空气流速

空气流速对人体热舒适主要有两个方面的影响。一方面，空气流速决定着人体的对流散热量；另一方面，它还影响着空气的蒸发力，从而影响人体汗液蒸发散热。当空气温度低于皮肤温度时，流速增大，产生散热效果。当空气温度高于皮肤温度时，流速增加，造成较高的对流换热加热人体。

（三）空气湿度

湿度对人体热舒适的作用与空气温度有关。国内外研究表明：当空气温度在 20℃～25℃范围内，相对湿度在 30%～85%之间变化时，对人体热感觉几乎无影响。但当空气温度较高时，人体皮肤潮湿，人体蒸发散热量就取决于空气相对湿度而不取决于汗液分泌率，此时，空气相对湿度就成为影响人体热感觉的主要因素。

（四）环境平均辐射温度

环境平均辐射温度主要取决于围护结构的表面温度，它的改变，主要对人体辐射热造成影响。一般情况下，人体辐射散热量占总散热量的 42%～44%。当环境平均辐射温度提高后，人体辐射散热量下降，人体为了保持热平衡，必然要加大对流散热和蒸发散热的比例。人的生理反应和主观反应向热的方向发展。但在不同条件下，其变化程度有相当大的差别。

二、各因素隶属函数的建立及其权重的确定

（一）热环境评价各因素隶属函数的建立

这里将热环境划分为 7 个等级：热、暖、稍暖、舒适、稍凉、凉和冷。据统计资料表明，在大量人体热舒适实验的基础上，通过模糊统计的方法来确定各因素与热环境各级别间的隶属函数是比较符合实际的。

实践表明：舒适的温度为 24℃ ~ 28℃，工作面温度过高或过低都会产生不适感。根据空气温度相对于舒适级别的隶属函数曲线图，选用中间型正态分布。根据回归理论，确定未知系数 k1，k2，可得空气温度相对舒适级别的隶属函数为：

$$\mu(t)=\begin{cases}1-e^{-0.682(t=23)^2},23\le t\prec 25,\\ 1,25\le t\prec 26\\ 1-e^{-0.840(t-26)^2},26\le t\prec 28,\end{cases}$$

温度的其他环境等级的隶属函数同样是采用对实验数据进行模糊统计的方法来确定的。同理，可以确定空气湿度、空气流速和平均辐射温度的隶属函数。将所要评价的煤矿井下的空气温度、湿度、流速和环境平均辐射温度的实测值代入隶属函数，即可得出各因素不同热舒适级别的隶属度。

（二）热环境评价指标权重的确定

权系数的确定合理与否将直接影响到评价结果的准确性，这里采用层次分析法来确定各指标的权重分配问题。

1. 建立热环境评价指标层次分析模型

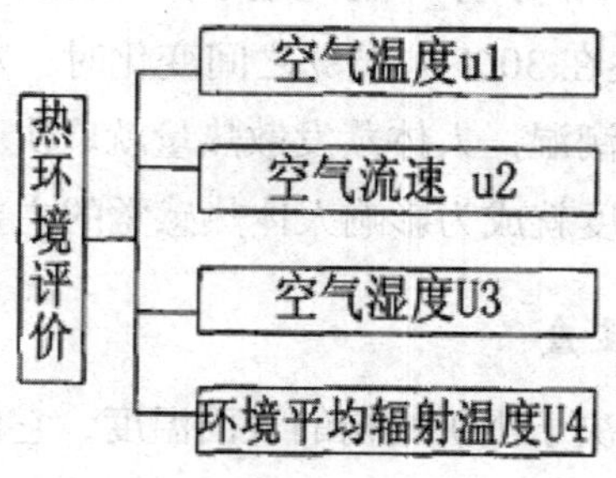

图 6-1 热环境评价层次模型图

2. 构造判断矩阵

由判断矩阵 (1 ~ 9) 标度及其内容，得出判断矩阵为：

U	u_1	u_2	u_3	u_4
u_1	1	2	3	7.5
u_2	0.5	1	3	4.5
u_3	0.25	0.3333	1	2.5
u_4	0.1333	0.2222	0.4000	1

这里采用 Mathlab 的函数，计算最大特征 λ_{max} 得如下结果：

λ_1=4.0339，λ_2=-0.0201，

λ_3=-0.0019+0.3698i，λ_4=-0.0019-0.3698i，

则 λ_{max}=4.0339。

3. **计算权重 W**

此处采用最大特征向量法，其公式如下

$$U \cdot W = \lambda_{\max} \cdot W$$

即 $\left(U - \lambda_{\max} \cdot I\right) \cdot W = 0$

$$\begin{vmatrix} 1-\lambda_{\max} & 2 & 4 & 7.5 \\ 0.5 & 1-\lambda_{\max} & 3 & 4.5 \\ 0.25 & 0.3333 & 1-\lambda_{\max} & 2.5 \\ 0.1333 & 0.2222 & 0.4 & 1-\lambda_{\max} \end{vmatrix}$$

则有

$$\begin{vmatrix} -3.0339 & 2 & 4 & 7.5 \\ 0.5 & -3.0339 & 3 & 4.5 \\ 0.25 & 0.3333 & -3.0339 & 2.5 \\ 0.1333 & 0.2222 & 0.4 & -3.0339 \end{vmatrix} \cdot W = 0$$

式中 W 为列向量。解这个线性方程组即可得到权重 W。

解出的结果是：a1=0.5091；a2=0.3012；a3=0.1270；a4=0.0627。

4. **一致性检验**

$$CI = \frac{\lambda_{\max} - n}{n-1} = \frac{4.0339 - 4}{4-1} = 0.0113$$

查阅随机一致性值可知，判断矩阵的随机一致性 RI=0.89。随机一致性比率 CR=CI/RI=0.0113/0.89=0.0126。由 CR=0.0126<1，故判断矩阵具有满意的一致性。所以，热环境评价中各因素的权重组成的集合为 W={0.5091，0.3012，0.1270，0.0627}。

三、热害矿井热环境评价

常用的热环境评价方法有其实用性，但最大局限在于将人体热舒适感觉这个主观的、

精神的模糊量当作精确量来处理。这里旨在通过引入模糊数学理论，建立矿井热环境的模糊综合评判模型，对矿井环境作更为科学的预测和评价。

（一）确定评价因素集

由前面对热环境的研究可知，组成的热环境因素集为

U={u1，u2，u3，u4}。

（二）确定权重

因为各评价因素对热环境影响的程度不一样，由前面热环境指标权重的计算，可知权重集为 W={0.5091，0.3012，0.1270，0.0627}。

（三）确定评价集

评价集是对评判对象可能做出的各种评判结果所组成的集合。对热害矿井的热环境评价通常是由工人的热感觉来反映的。按照 ISO7730 标准，根据 Fanger 教授对人体热感觉 7 个级别的划分，将评价集设定为 V={v1，v2，v3，v4，v5，v6，v7}，式中：v1=-3（冷）；v2=-2（凉）；v3=-1（稍凉）；v4=0（舒适）；v5=1（稍暖）；v6=2（暖）；v7=3（热）。

（四）热舒适模糊综合评价

影响矿井环境热舒适的 4 个因素可以实测出来。根据各因素的实测值和各因素的隶属函数，可以确定各评价因素的隶属度，此过程即为单因素评价。对第 i 个因素评价的结果 R(ui) 为 R(ui)={ri1，ri2，ri3，ri4，ri5，ri6，ri7}。

将各单因素模糊评价集的隶属度组成单因素评价矩阵

$$R=\begin{bmatrix} \text{r11 r12 r13 r14 r15 r16 r17} \\ \text{r21 r22 r23 r24 r25 r26 r27} \\ \text{r31 r32 r33 r34 r35 r36 r37} \\ \text{r41 r42 r43 r44 r45 r46 r47} \end{bmatrix}$$

式中 r_{ij} 即为各因素的实测值代入相应的舒适级别的隶属函数所得的隶属度。综合考虑影响热害矿井环境的因素，所以综合评价集 E 可以由模糊矩阵 R 与权重集 A 相乘得到，即

$$E=A\bullet R=\left[0.5091,0.302,0.1270,0.0627\right]\bullet\begin{bmatrix} \text{r11 r12 r13 r14 r15 r16 r17} \\ \text{r21 r22 r23 r24 r25 r26 r27} \\ \text{r31 r32 r33 r34 r35 r36 r37} \\ \text{r41 r42 r43 r44 r45 r46 r47} \end{bmatrix}$$

$$=\left\{\text{b1 b2 b3 b4 b5 b6 b7}\right\}$$

以上各因素的隶属度以及模糊评价的结果都是通过编程，由计算机来实现的。

四、矿井热环境评价系统软件设计

软件采用 VB6.0 作为开发平台与 Access 数据库结合的开发手段，建立和运行交互、高效的数据库管理应用程序。系统功能结构采用了结构化的设计方法，系统分 5 个模块：评价数据、数据维护、结果显示、查询和报警。

第四节　矿井风流热湿计算

一、矿井风流热力参数预测数学模型建立

国内外现有矿井风流热力参数预测，多将各种影响因素综合考虑，并从理论分析或实验或现场测试结果归纳总结出一个数学表达式。然后，以此数学表达式预测各矿井风流的状态参数。由于高度归纳，必然受建立数学模型时所考虑的因素、现场或实验条件的影响。当实际矿山条件与理论分析或实验及现场测试的条件偏差较大时，预测的结果就有可能出现较大误差。

（一）影响矿井风流热力参数的因素

矿井风流沿井巷流动过程中，主要有以下热、湿源对风流状态参数产生影响：

围岩及水体放热：自进风井口起井巷围岩全程与风流不断发生着热湿交换。特别是高地温矿井，围岩全程加热风流，热量不断积累，使得进入采掘工作面的风流已经具有很高的温度。同时由于围岩内水分的蒸发，又使得风流吸纳大量的水分，带入大量的潜热量。致使进入采掘工作面的风流温度高、湿度大、热容量大。因此，围岩及水体散热是影响风流热力状态参数的最主要因素。

风流自压缩放热：自压缩或膨胀换热只发生在有高差变化的井筒或上下山内。对于深度较大的矿井，其对进风流的加热作用明显。是影响进风流热力状态参数的另一主要因素。

机电设备放热：机电设备为局部热源。机电设备是矿井生产所必需的，但仅仅靠机电设备散发的热量是不会使采掘工作面产生高温现象的。因为，并不是所有机械化程度较高的采掘工作面都出现高温现象。因此，机电设备放热不是引起工作面高温的主要原因。

煤炭氧化放热、运输中煤、矸石放热一般相对较小，且计算困难。

（二）风流各种得热量的计算数学模型

1. 由于温差作用，井巷围岩传给或吸收风流的显热量

$$Q_1 = \alpha_x \cdot \left(t_b - t_f\right) \cdot U \cdot \Delta L \text{，J/s 或 W}$$

其中：α_x—干燥井巷壁面对流换热系数，建议采用 $\alpha_x = 2.728\varepsilon \cdot \omega^{0.8}$，计算，W/m2.℃；$t_b$，$t_f$—井巷表面和风流温度，℃；U—井巷断面周长，m；$\Delta L$—迭代计算长度，m；$\omega$—井巷风速，m/s；$\varepsilon$—为巷道粗糙度的系数，光滑壁面取 1.0；主要运输大巷取 1.0 ~ 1.65；运输平巷取 1.65 ~ 2.50；工作面取 2.50 ~ 3.10。

2. 风流自上而下自压缩增加的显热量

$$Q_2 = G \cdot g \cdot \Delta L \text{，J/s 或 W}$$

式中：G—计算巷道通过风流的质量流量，kg/s；g—重力加速度，9.81m/s²。

3. 风流潜热变化量

（1）完全湿润井巷表面水分蒸发潜热量

$$Q_3 = (\gamma + 1.84t_b) \cdot M_s \text{，J/s 或 W}$$

其中：水的汽化潜热：y=2497.848-2.324tw，J/g；M_s—井巷表面蒸发或凝结水分质量，$M_s = m_s \cdot U \cdot \Delta L$，g/s。

（2）部分湿润井巷表面水分蒸发汽化潜热量

$$\psi \cdot Q_3 = (\gamma + 1.84t_b) \cdot \psi \cdot M_s \text{，J/s 或 W}$$

式中：ψ—部分湿润巷道湿度系数。

4. 机电设备、煤炭氧化放热、运输中煤、矸石等放热散热量

综合采用 $\sum Q$ 表示（单位：J/s 或 W）

（三）风流状态参数预测差分计算步骤

1. 确定风流的入口计算参数及井巷壁面计算参数

风流入口参数：温度、相对湿度、烩、含湿量、绝对压力、风流速度、风流质量流量。

井巷壁面计算参数：壁表面温度、壁面温度沿巷道长度的变化梯度、湿度系数、断面积、周长、总长度。

确定干燥巷道表面对流换热系数。

2. 计算各热源散热量

根据上述计算各散热量计算式，求出差分步长内的 Q_1、Q_2、Q_3、Ms。差分法计算时，忽略差分步长内风流及巷道表面温度的变化，带入初参数进行迭代计算。

3. 根据能量守恒求解差分步长出口风流焓值

$$G \cdot (i_2 - i_1) = Q_1 + Q_2 + (1-\theta) \cdot Q_3 + \frac{\sum Q}{L} \cdot \Delta L$$

式中：i—风流焓值，J/kg；θ—水分蒸发潜热取自风流的比例系数；Q_1、Q_2、Q_3、$\sum Q$ 均以代数值代入。

关于潜热交换量对风流状态参数的影响，很多学者认为：蒸发过程为绝热过程，蒸发需要热量取自风流，蒸发使风流温度降低。

如，有些学者认为：巷道围岩与风流间的热湿交换可分解为两个过程：（1）先按无水分蒸发条件下换热，假设岩体传给风流的热量完全用于干球温升。（2）再考虑水分蒸发按“绝热”过程进行，水分蒸发吸收的热量取自风流，导致风流干球温度降低，最后将两个过程的“温升”叠加，得出实际的风流干球温度。

日本学者井上雅弘等在进行换热计算时认为，“对于经过很长时间通风的巷道，围岩几乎不向风流散热，水分蒸发过程为绝热过程，蒸发需要的热量完全取自风流”。

还有些学者将显热换热引起的温升和潜热换热引起的温降独立考虑。即先仅考虑显热造成的温升，再考虑湿量变化引起的温降。并粗略认为：在矿井风流温湿度条件下，水分蒸发引起风流温降约在3℃～7℃之间。

还有学者认为：水分蒸发过程既从岩壁中吸收热量，又从风流中吸收热量，从风流中吸收热量的比例一般在0.4 ～ 0.6。

在考虑潜热交换量对风流状态参数的影响时认为：

（1）当潜热交换量为大于零的值时，说明巷道表面水分蒸发进入风流。此种情况巷道表面温度一般接近或高于风流温度，蒸发需要的热量部分取自围岩，部分取自风流。当壁面温度与风流温度差不大时，可参照“高温矿井气温计算探讨”中给出的“蒸发从风流中吸收热量的比例一般在0.4 ～ 0.6”进行计算。而对于新暴露的高温围岩，水分蒸发需要热量将绝大部分取自围岩，此比例还有待实测研究。本论文建议适当提高，取0.6 ～ 0.8。

（2）当潜热交换量为小于零的值时，说明风流出现水蒸气冷凝现象，此时巷道表面温度及一定范围的围岩温度必低于巷道风流的露点温度。理论上讲：水蒸气凝结将汽化潜热放出并进入风流提高风流干球温度。但这里在计算风流状态参数时认为：其中一部分被低温围岩吸收，一部分进入风流提高风流温度。分配比例也参照上述经验值。

4. 根据质量守恒求解差分步长出口风流含湿量

$$G\left(d_2-d_1\right)=M_s$$

5. 根据显热变化量守恒求解差分步长出口风流干球温度

$$G\cdot c_p\cdot\left(t_{f2}-t_{f1}\right)=Q_1+Q_2-\theta\cdot Q_3+\frac{\sum Q}{L}\cdot\Delta L$$

式中各部分散热量均以代数值代入。

6. 根据计算的差分步长出口风流干球温度计算风流饱和水蒸气分压力

$$P_{fb2}=239\cdot t_{f2}-1915$$

7. 对于有高差变化巷道求解差分步长出口风流绝对压力

$$B_2=B_1+12.26\Delta L$$

8. 求解差分步长出口风流相对湿度

$$\phi_2=\frac{d_2\cdot B_2}{\left(622+d_2\right)\cdot P_{fb2}}$$

9. 求解差分步长出口井巷壁面温度

根据传热学理论分析：对于常热流边界条件的常物性流体，从入口开始，流体断面平均温度呈线性变化。对于热充分发展段，管壁温度也是呈线性变化的，且变化的速率与流体断面温度的变化速率一致（即直线斜率一致）。对于一定通风时间的矿井巷道，高温岩壁传给风流的热量为一稳定数值。因此，可以近似认为：井卷全长的平均热流密度为常数。

根据上述分析，这里近似认为井巷壁面温度沿全长按线性规律变化，即可将井巷壁面温度用下列线性函数表示：

$$t_{b2} = t_{b1} + n \cdot \Delta L$$

式中：n—井巷壁面温度变化率，℃ /m。

10. 循环迭代，求解井巷出口状态参数。

（四）影响该风流预测方法精度的主要因素

由于本论文提出的风流状态参数的预测方法是根据热、质交换理论推导而成。因此，从理论上讲，计算模型是正确的。但是，推导过程中引入了部分近似表达式。

1. 饱和水蒸气分压力、巷道壁面温度、水的汽化潜热、大气压力的拟合函数关系。

2. 对于部分湿润巷道湿度系数的取值精度。

3. 井巷表面对流换热系数的精度。

分析上述影响因素，以对流换热系数、巷道壁面温度和湿度系数的影响较大，而水的汽化潜热和大气压力拟合关系已经比较成熟，饱和水蒸气分压力可以根据实际温度变化范围，缩小拟合温度区间，提高计算精度。

二、计算举例及计算方法准确性验证

（一）验证性举例的计算条件

1. 原始条件

这里选择菏泽能化有限公司赵楼煤矿地温及开采条件为例。该矿煤层埋藏深，主采3(3 上) 煤层初期开采部分埋藏在 900m 以下，副井井筒深度 905m，井口标高 + 45m，井底车场标高 - 860m，净直径为 7.2m，周长 22.6m，净断面 40.7 ㎡；矿区年恒温带为 50m ~ 55m，温度为 18.2℃，平均地温梯度 2.20℃ /100m，非煤系地层平均地温梯度 1.85℃ /100m，煤系地层平均地温梯度 2.76℃ /100m。初期采区大部分块段原岩地温为 3745℃、地温高，涌水温度也在 3745℃左右。

矿区气候温和，四季分明，春旱多风，夏热多雨，晚秋干旱，冬长干冷多北风的特点，全年主导风向为东南风，年平均气温 14.8℃，月平均最高气温 28.6℃，日最高气温 42.4℃。

2009 年 7 月 22 日，作者组织菏泽能化赵楼矿和充矿新陆建设发展有限公司工程技术人员进行了实地测量。入井时间上午 9 时 30 分，出井时间 13 点 20 分。

实测时，井下条件的简单描述：

（1）副井井筒施工完成已近 3 年，井筒内有淋水，但不严重；实测井壁表面温度：距井口 20m 处为 28℃，距井底 20m 处为 31℃。

（2）据赵楼矿工程技术人员描述，井底马头门及井下系统内风流温度常年变化不大，与其他矿井统计规律是一致的。

（3）第一台空冷器距工作面入口 500m 左右，吸风量 560 厅 /min，出口接 800mm 帆布风筒将冷风流直接送至第三台空冷器入口附近。

（4）第二台空冷器距工作面入口 300m 左右，吸风量 770m³/min，出口接 20m 长短风筒，有明显吸循环风现象。

（5）第三台空冷器距工作面入口 100m 左右，吸风量 620m³/min，出口接 100mm 帆布风筒将冷风流直接送至工作面入口。

（6）工作面处于试生产阶段，测量时采煤机没有割煤作业，进行支架调整，但工作面涌水量较大，约 100m³/h，水温 37℃。

（7）工作面供风量 1100m³/min。

2. 计算相关基础参数

由于 4# 测点到 9# 测点的巷道和工作面已经实施降温措施，改变了原始条件，2# 测点到 3# 测点间为水平巷道，1# 测点到 2# 测点为垂直井筒。垂直巷道的传热计算需要考虑空气压缩热，较水平巷道复杂。因此，本算例选择副井井筒内风流状态参数进行验证性计算。

根据实测井筒内风流温度和井筒壁表面温度，计算得：井筒表面全热对流换热系数为 97.64W/m².℃，显热对流换热系数 44.78W/m².℃；井壁自上而下表面温度变化平均梯度 0.347℃ /10m；副井口大气压力 101325Pa；井筒平均风速 2.95m/s。

（二）验证性计算方法及计算程序

1. 验证性计算方法

由于井筒内风流受地面温度变化明显，风流在井筒内的不同深度，可能吸热也可能放热、可能吸湿也可能水分凝结。因此，计算采用差分法，差分步长 5m。计算过程中，变换潜热交换量对风流状态参数影响比例。

2. 验证性计算结果及分析

井壁表面水分蒸发从风流中吸热比例在 0.4 时，计算井底状态参数与实测参数吻合较好。同时可以得出如下规律：水分蒸发从风流中吸热比例大小对计算参数影响较大，井壁表面湿度系数影响相对较小。

三、应用简化计算模型对影响井筒风流状态参数的因素

上述计算例，仅计算了井筒进口温度为26℃时，风流温度与井下实际风流温度的吻合情况。但地面空气温度是变化的，不同程度对井下不同通风距离的风流温度产生影响。实践表明：对于开采深度较小的矿井，井底车场及进风大巷有冬暖夏凉的现象，采区巷道及采煤工作面受地面空气温度影响较小；对开采深度较大的矿井的井底车场风流温度随地面空气温度变化的幅度就已经明显减小，采区内基本不受地面空气温度影响。这里运用提出的简化计算模型，验证上述规律。

（一）地面空气参数对不同深度矿井井底风流参数的影响

计算条件：井壁温度变化假设按线性变化，变化梯度 n=0.005；井壁湿度系数 f=0.3，较湿；井壁恒温带深度下温度 tb=20℃；井筒风流速度 v=5m/s，井筒直径 R=3m，地面空气相对湿度 φ1=60%，大气压力 101325Pa，井壁与风流间显热对流换热系数取 44.78W/m².℃。井底风流参数随井深、地面空气温度变化趋势：

1. 井底风流温度变化趋势与地面空气温度变化趋势一致，只是变化幅度较地面空气小；井深越深，地面空气温度对井底风流温度影响越小；这与统计规律是一致的。

2. 井底相对湿度变化不大，基本在 80%左右，这与统计规律也相符。

3. 在地面空气温度 30℃ ~ 40℃时相对有波动，是由于计算井壁温度较低，低于对应地面空气状态的露点温度，出现冷凝现象所致。

（二）不同风速下地面空气参数对矿井井底风流参数的影响

不同风速下井底风流参数随地面空气温度变化趋势：

1. 地面空气温度较低，低于井壁表面温度时，风流在井筒中流动为吸热过程，虽然风速增加可强化对流换热强度，但吸热量较流量增加幅度要小，单位体积风流吸热量减少，因此，体现为风流速度增加，井底风流温度减小的现象。也就是说，随风流速度的增加，地面温度对井底风流温度影响增加。这与实际情况也是相符的。

2. 地面空气温度较高时，高于井壁表面温度，风流在井筒中流动为放热过程，因此，井底风流温度又随风流速度的增加而增加。这与实际情况也是相符的。

3. 井底风流相对湿度的随风流速度的变化趋势与温度随风流速度的变化趋势正好相反。这是由于风流温度高，饱和含湿量较大的原因。但井底风流相对湿度也基本变化在 80%左右，与统计规律也是相符的。

（三）不同壁面温度梯度下地面空气参数对矿井井底风流参数的影响

计算条件：井筒深度 100m，井筒风速取 6m/s；不同壁面温度梯度下井底风流参数随地面空气温度变化趋势：

1. 井壁温度梯度越大，井壁平均温度越高，对低温地面空气的加热作用越明显，但其不改变地面空气温度对井底风流影响趋势，也就是说，在 1000m 深度内地面温度还是会对井底风流温度产生影响的，且变化趋势与地面风流一致，只是变化幅度不同而已。

2. 壁面温度梯度越大，相同地面温度下，井底风流温度越大，即使在较高的地面温度下，这与实际情况也是相符的。

3. 相对湿度的变化随壁面温度梯度增加而增加，这是由于壁表面温度增加，壁表面与风流间湿交换量增加的原因；相对湿度随地面温度增加而减小，是由于风流没用达到饱和状态，地面温度高，相应井下某断面温度也高，饱和含湿量大，因而，相对湿度减小。壁面温度梯度为 0.002 时相对湿度变化异常是由于出现冷凝过程所致。

第五节　矿井冷负荷计算

一、矿井冷负荷的计算模式

（一）空气自压缩后温升产生的热量

当空气沿着井筒及巷道运行时，在地球重力场作用下，其势能转换为焓，其压力与温度都会相应上升，这样的过程称为空气自压缩。根据能量守恒定律，风流在纯自压缩过程中的焓增与风流前后状态的高差成正比，即：

$$Q_1 = mg\left(H_1 - H_2\right)/1000$$

式中：Q_1—空气自压缩产生的热量，kW；

M—通过井筒的风量，kg/s；

H_1 与 H_2—风流在始点与终点状态下的标高，m；

g—重力加速度，取 9.81m/s。

对于理想气体：$di = cpdt$，即 $i_2 - i_1 = cp\left(t_2 - t_1\right)$

式中：cp—空气的定压比热容，1005J/(kg·K)；

t_1 与 t_2—风流在始点与及终点时的干球湿度，℃；

故 $t_2 - t_1 = 0.00976\left(H_1 - H_2\right)\left(K\right)$

因此，自压缩所引起的焓增加同风量无关，只同两个标高有关，自压缩这个热源是无法消除的，且随着采掘深度的增加而相应增大。

（二）矿井巷道围岩的传热量

1. 围岩原始温度的计算

围岩原始温度是指矿井巷道周围没有被通风冷却的原始岩层温度；在许多深井中，围岩原始温度往往很高，这也是造成矿井高温的主要原因。

在地表大气和大地热流场的共同作用下，岩层原始温度沿垂直方向上大致可划分为三个层带：在地表浅部，由于受地表大气的影响，岩层原始温度随地表大气温度的变化而呈周期性的变化，这一层带称为变温带；随着深度的增加，岩层原始温度受到地表大气的影响逐渐减弱，受大地热流场的影响逐渐增强，当到达某一深度时，二者趋于平衡，岩温常年基本保持不变，这一层带成为恒温带，恒温带的温度约比当地年平均气温高 1 ~ 2℃；在恒温带以下，由于受大地热流场的影响，在一定的区域范围内，岩层原始温度随深度的增加而增加，大致呈线性的变化规律，这一层带称为增温带。在增温带内，岩层原始温度随深度的变化规律可用地温率或地温梯度来表示。地温率是指恒温带以下岩层温度每增加 1℃，所增加的垂直深度，即：

$$g_{\tau}=\left(Z-Z_{0}\right)/\left(t_{\tau}-t_{\tau 0}\right)$$

地温梯度是指恒温带以下，垂直深度每增加 1OOm，原始岩温的升高值，它与地温率之间的关系为：

$G_{\tau}=100/g$ 式中：

g_{τ}—地温率，单位为 m/℃；

G_{τ}—地温梯度，单位为℃ /100m；

Z_0、Z—恒温带深度和岩层深度温度测算处的深度，m；

$t_{\tau 0}$ 与 t_{τ}，—恒温带温度和岩层原始温度，℃。

2. 围岩与风流间的传热量

矿井巷道围岩与风流间的传热是一个复杂的不稳定的传热过程，巷道开掘后，随着时间的推移，围岩被冷却的范围逐渐扩大，其向风流传递的热量逐渐减少。矿井巷道围岩与风流间的传热量按下式计算：

$$Q_{2}=K_{\tau}UL\left(trm-t\right)$$

式中：Q_2—矿井巷道围岩传热量，kW；

K_{τ}—围岩与风流间的不稳定换热系数，kW/(m·℃)；

U—巷道周长，m；

L—巷道长度，m；

t_{rm}—平均原始岩温，℃；.

t—巷道中平均风温，℃。

围岩与风流间的不稳定传热系数 K，是指巷道围岩深部未被冷却的岩体与空气间温差为 1℃时，单位万方数据时间内从每巷道壁面上向空气放出的热量或吸收的热量。

（三）井下正常生产涌出热水的放热量

井下采掘过程中涌出的热水，放热量主要取决于水温、水量和排水方式；当采用有盖水沟或管道排水时，传热量一般按下式计算：

$$Q_3 = k_w S(tw - t)$$

式中：Q_3，一热水传热量，kw；

k_w—水沟盖板或管道的传热系数，kW/(m·℃)；

S—水与空气间的传热面积，m；水沟排水时：S=BL；管道排水时：S=3.14D2L

B—水沟宽度，m；

D_2—管道外径，m；

L—水沟长度，m；

tw—水沟或管道中水的平均温度，℃；

t—巷道中风流的平均温度，℃。

（四）井下正常生产运输中煤与矸石的放热量

在以运输机巷作为进风巷道的采区通风系统中，运输中煤及矸石的放热是一种比较重要的热源：

$$Q_4 = mC_m t_c$$

式中：Q_4—运输中煤或矸石的放热量，kW；

m—煤或矸石的运输量，kg/s；

C_m—煤或矸石的比热，kJ/(kg·℃)；

t_c—煤或矸石与空气的温差，单位为℃，具体数值以实测为准。

（五）井下机电设备的散热量

电动机在带动设备运行中向空气散发的热量主要有两部分，一部分是由电动机本体温度升高散发的热量，另一部分是电动机所带设备在运行中摩擦等散发的热量：

$$Q_5 = 0.211 \times N_y + 0.286 \times N_c + 0.05 N_b$$

式中：Q_5—井下机电设备的散热量，kW；

N_y—运输设备电机功率之和，kW；

N_c—采掘设备电机功率之和，kW；

N_b—井下变压器容量之和，kW。

（六）井下作业人员的放热量

在作业人员比较集中的采掘工作面，人员自身放热对工作面的环境有一定的影响；人身放热与劳动强度及个人体质有关，具体放热量按下式计算：

$$Q_6 = nq$$

式中：Q_6—作业人员放热量，kW；

n—工作面作业总人数；

q—每人发热量，单位为 kW。

（七）矿物及其他有机物的氧化放热量

井下矿物及其他有机物的氧化放热是一个十分复杂的过程，很难将它与其他热源分离出来单独计算，一般估算如下；

$$Q_7 = 0.7 q_0 V^{0.8} UL$$

式中：Q_7—矿物及其他有机物的氧化放热量，kW；

V—巷道中的平均风速，m/s；

q_0 为 V=1.0m/s 时单位面积氧化放热量，kW/m²。

综上所述，考虑损失系数，取 K=1.1，Q 总为各种放热量之和，煤矿深井总的冷负荷：Q 冷 =KQ 总，即：

$$Q_{冷} = 1.1 \times \left(Q_1 + Q_2 + Q_3 + Q_4 + Q_5 + Q_6 + Q_7\right)$$

二、采掘工作面降温冷负荷计算方法

（一）简化计算法的提出及依据

1. 简化计算法

只计算原岩温度超过 30℃以上部分的围岩及水体放出的热量作为工作面空间降温冷负荷。

2. 简化计算法提出的依据

目前，各种采煤工艺已基本成熟，机械化程度越来越高。但是，当围岩温度不高，即使机械化程度很高的采煤工作面也没有出现风流高温现象。相反，若矿井围岩温度很高，即使机械化程度不高的采煤工作面也会出现风流高温现象。另外，同一矿井，浅部工作面生产，风流温度不高，但开采到深部水平却出现高温现象。这都说明一个问题：造成采掘工作面高温的主要原因不是机电设备、人体、煤炭氧化等放出的热量，而是由于煤岩体及水体温度超高引起的。

《煤炭工业矿井设计规范》中，将矿井热害分为两级：（1）原岩温度高于 31℃的地区为一级热害区。一级热害矿井可以通过加强通风的手段解决风流温度偏高的问题。（2）原岩温度高于 37℃的地区为二级热害区。二级热害矿井靠加强通风难以解决风流温度超高问题，应该考虑人工制冷降温措施。

这也就是说：原始岩温度在 30℃及其以下的矿井不会出现风流温度过高现象。

基于上述理由，我们把 30℃原岩温度作为计算采掘工作面出现多余热量的基准温度，即计算采掘工作面降温冷负荷的基准温度。而且，在计算采掘工作面降温冷负荷时，忽略机电设备、人体、煤炭氧化、采空区等放出的热量。

（二）采掘工作面降温冷负荷计算数学模型

1. 计算用数学模型及计算参数选择

根据上述简化计算理念，要计算采掘工作面降温冷负荷必须确定用于计算的煤、岩及水体的计算温度。同时，选用计算用数学模型。

矿山井巷壁面对流换热系数较井巷围岩不稳定换热系数确定容易，且计算表达式简单。因此，本章在计算采掘工作面冷负荷时，选用对流换热计算模型。

由于采掘工作面不断推进，工作面煤、岩及水体由于暴露时间短，其温度基本接近该开采深度的原岩温度。因此，简化计算法中的煤岩计算温度取开采深度下的原岩温度。

2. 计算数学模型

由于矿井采掘工作面煤岩体可能为干燥煤岩体，也可能为湿润煤岩体，在进行工作面降温冷负荷计算时必须考虑煤岩壁面湿润程度的影响。

$$Q_g = (1+\xi)\cdot\alpha_x\cdot(t_y-30)\cdot U\cdot L/1000 \text{，kV}$$

式中：ζ—采掘工作面煤岩壁对流放热潜热比系数：$\xi=\frac{398728.48\psi}{B}$；$\alpha_x$—煤岩壁表面干燥时对流换热系数，建议采用$\alpha_x = 2.728\varepsilon\cdot\omega^{0.8}$，W/m².℃；$t_y$—采掘工作面原岩温度，℃；ψ—采掘工作面湿度系数，一般在 0.10 ~ 0.30 之间；B—采掘工作面风流平均绝对压力，Pa；U—采掘工作面断面周长，m；L—采掘工作面计算长度，m；采煤工作面按工作面实际长度，掘进工作面一般取距迎头 20m 的距离。

在山东省菏泽能化有限公司赵楼矿进行矿井降温方案研究时，采用此方法计算采掘工作面冷负荷，并以此冷负荷进行设备选型。降温系统实施后，采掘工作面降温效果非常理想，达到了设计要求。

第六节　矿井制冷降温技术

一、非机械制冷降温技术

从矿井开拓部署到工作面生产的每个环节都可能对矿井风流的温度产生或多或少的影响，归纳起来可分为矿井开拓部署和采区巷道布置、采矿方法及顶板管理方式、增加通风量几个方面。苏联乌克兰科学院院士谢尔班 AH，日该工学博士平松良雄和西德埃森矿山研究院的福斯教授提出的矿内风流温度预测模型，能够比较明显地体现增加巷道通风量，巷道风温下降的趋势，从理论上证明了增加风量具有降温作用。大量的现场实验也说明增加风量具有较好的降温作用，最经济的通风量为巷道长度的 0.56 ~ 0.84 倍。兖矿集团东滩煤矿研究表明原岩温度每增加 1℃，工作面气温约增加 0.5℃ ~ 0.6℃"；"当生产水平岩温为 34.8℃时，风量在 1000m³/min ~ 1400m³/min 降温效果较为明显，当综采工作面的风量增加到 1600m³/min 后，可计算出采煤工作面的风温仍在 30℃左右”；再增加风量也不会使工作面风温降到我国《煤矿安全规程》规定的 26℃；

二、机械制冷降温技术

从 20 世纪 70 年代，人工制冷降温技术开始迅速发展，使用越来越广泛、越来越成熟。德国、南非、印度、波兰、俄罗斯和澳大利亚等国家多采用该项技术，该种降温技术已经成为矿井降温的主要手段。包括：蒸气压缩式循环制冷空调，主要是以氟利昂和氨为制冷剂的冷水机组，主要是制取冷水；以热电站为热源的溴化锂制冷、串联压缩式制冷机组或氨吸收式制冷机组制取冷水；第 2 类：空气制冷空调，又有涡轮式空气制冷、变容式空气制冷、涡流管式空气制冷和压气引射器制冷等形式；第 3 类：冰冷却空调系统

（一）机械制取冷水降温空调

矿井机械制冷降温空调系统由制冷机、空冷器、冷媒管道、高低压换热器、水泵及冷却塔组成。分为制冷、排热、输冷、散冷四大系统组成，目前国外的绝大部分矿井空调属于此类。机械制取冷水空调（蒸气压缩式循环制冷空调、热电站为热源的吸收式制冷机组）利用制冷机制备的冷冻水作为供冷媒质，通过空冷器冷却风流，从而向采掘工作面供冷，这两种空调系统根据制冷站的安装位置、冷却矿内风流的地点、载冷剂的循环方式等，可分为井下集中空调系统、地面集中空调系统、井上下联合空调系统和井下分散局部空调系统四类。矿井降温技术主要有：井下集中式、地面集中式、井下地面联合集中式、分散式。德国和我国实践表明：负荷小于 2MW 的矿井，以采用分散式最优；负荷大于 2MW 的矿井，才采用集中式；集中式的 3 种型式，又以井上、下联合集中系统投资费用较高，地面集中式和井下集中式系统基本相同。井下集中式系统的致命弱点是冷凝热排放困难；地面集中式和井上下联合集中式系统必须使用高低压转换设备，此设备在冷冻水转换过程中会产生 3℃ ~ 4℃的温度跃升。

1. 蒸气压缩式循环制冷空调

矿井降温的技术装备主要有矿用制冷、空调设备，矿用空气冷却器，矿用供冷管道的保冷技术以及矿用水冷却装置等。

（1）矿用制冷机

目前国内外使用的矿用制冷机主要有四类：活塞式（往复式）、螺杆式（回转式）、离心式和吸收式。往复式制冷量较小，一般用作矿用移动式冷水机组，如 LFJ-160 矿用移动式冷风机组。在大制冷量的情况下，多采用离心式、螺杆式制冷机组。

（2）矿用空冷器

矿用空冷器主要分为两大类：表面式空冷器和直接接触式空冷器（也称喷淋式空冷器）。表面式空冷器由于结构紧凑、体积小、不污染井下工作环境、适应性强等优点而倍受青睐。

表面式空冷器为了提高其换热效率，在肋管上增设翅片以增加换热面积。这种翅片式空冷器由于矿井井下条件恶劣、粉尘浓度高，使其很难发挥应有的效率。因此，德国等一些国家又改用传热效率低的光管式空冷器，以适应井下恶劣环境；我国、南非等一些国家仍以翅片式空冷器为主，而致力于空冷器清洗装置的研制。

（3）国内应用现状

新汶矿区的孙村煤矿、河南的平顶山矿区、安徽的淮南矿区等地方也都使用的效果较好。但是根据我国目前矿井空调使用的整体情况来看，主要存在如下问题：

① 制冷系统可靠性低、降温效果差，冷损高达45%以上，系统复杂，维护困难、投入大、运营成本高。

② 矿用空冷器规格种类比较少，未形成系列产品。肋片冲压成型和胀管机械设备与技术水平还不高；空冷器的制造材料质量还不能完全过关；传热系数和换热效率比较低，防尘和清洗问题也一直没有彻底解决。其配套装置包括安全保护和自控装置的研制和开发几乎一片空白。

③ 井下高温、高湿、高尘、受限空间的四大特点，对制冷系统的制冷剂循环、冷却水循环、冷冻水循环等的影响，认识不充分。

④ 井下系统的冷凝热排放问题和地面系统高低压转换的温度跃升问题一直没有很好地解决。

⑤ 冷冻水循环水量大调节困难问题、管道的冷损较大。

⑥ 没有形成系统性的产品，缺乏实用性。

2. 热电站为热源的吸收式冷水机组

矿井降温冷源与煤矿热电站联产。采用大电网电力即外购电制冷的矿井空调系统，不仅本身电耗大，费用高，且加重矿区电力紧张、电费昂贵的局面，由此引起的煤炭成本升高将导致煤矿经济效益下降。热电站，除满足煤矿所需的热电能量外，可以配置以热电站为热源的吸收式制冷机，生产高温矿井和地面建筑所需的冷量，将大大提高煤矿的经济效益，且能改善矿区环境。用吸收式冷水机组制取冷水进行降温在日本（池岛矿）、德国等有应用。

（二）空气压缩式制冷技术

1973年煤科院抚顺分院研制了YP-100型矿用环缝式压力引射器、涡流管制冷器；1993年平顶山矿务局和原中国航空工业总公司609研究所联合研制了KKL101型矿用无氟空气制冷机；该机组在平煤五矿进行了应用。1989年南非一金矿建成了压缩空气制冷系统。

（三）冰冷却空调系统

冰冷却降温系统与水冷却降温系统不同之处：

1. 冰冷却降温系统主要是利用冰的融化潜热降温，获得相同冷量所需的冰量仅为水冷系统水量的 1/4 ～ 1/5。

2. 冰冷却系统是通过冰与水直接接触换热，换热效率高，可获得 1℃左右的低温冷水，送入空冷器的水量相应减少，减少了水泵的输送能耗。南非某矿山研究机构的试验研究表明，井下热负荷为 25MW 的矿井降温系统，采用冰冷却降温系统，水泵的输送能耗仅为水冷系统的 21%左右。

3. 冰冷却降温系统由制冰、输冰和融冰 3 个环节组成。冰的融化也是冰冷却系统中一个非常重要的环节，它关系到能否获得稳定的低温水和稳定的水流量。南非 SheerTJ 等人通过融冰试验，提出了融冰槽的结构型式；美国 Stewart 等人应用有限差分法对定量冰的融化特性进行了静态研究；一般认为连续输冰条件下，当进水温度不变时融冰槽的出水温度与冰层高度、冰粒大小、水流量等因素的关系，发现其中冰层高度、冰粒直径是影响出水温度的主要因素，并得出：当冰层高度在 1000mm 时，出水温度可接近 0℃。

第七章 麦垛山矿井概况

第一节 井田概况

一、井田位置与交通

麦垛山井田位于宁夏回族自治区中东部地区，行政区划隶属灵武市宁东镇和马家滩镇管辖。距银川市约70Km，在灵武市以东约55km处。麦垛山井田地理极值坐标位于东经106° 39′ 18″至106° 46′ 38″，北纬37° 46′ 34″至37° 54′ 33″之间。

该区公路交通方便，经过多年建设已形成较为完善的公路网。北部有国道主干线银（川）—青（岛）高速公路(GZ25)及国道307线东西向通过，距勘探区约25Km；井田内有磁窑堡—马家滩三级公路南北向通过，从马家滩向南接于盐兴一级公路，向西与211国道相接；矿区内正在建设的鸳（鸯湖）—冯（记沟）二级公路可直接通往井田。区内公路网南北交错，向西经灵武市、吴忠市可接于国道109线和包兰铁路，向东经盐池县可达延安、太原等地。

包（头）—兰（州）国铁干线于矿区西部约85km处南北向通过，与包兰铁路接轨于大坝车站的大（坝）—古（窑子）铁路专用线已延伸至古窑子车站，从古窑子车站通往灵新煤矿和羊场湾煤矿的铁路支线已建成通车。另外，正在建设的太（原）—中（卫）—银（川）铁路从井田北部通过。该区铁路网完善，煤炭外运有充分保障。

井田距离银川河东机场约40km，可从银（川）—青（岛）高速公路(GZ25)直达机场，目前银川河东机场共有8家航空公司开通直达全国15个城市的17条航线，可起降大型客机，航空运输快捷方便。

总之，矿区内、外交通十分方便。

二、地形地貌

麦垛山井田内地势较为平坦，属半沙漠低丘地形。全区地势为东南低，西北高，最高高程点位于401孔东北边的山丘上，海拔高度为+1552.00m，最低高程点位于32勘探线M2403孔附近，海拔高度为+1345.00m，最大相对高差约210m左右。地表为沙丘掩盖，多系风成新月形和垄状流动沙丘，间有被植被固定、半固定沙丘。西部黄土被侵蚀切割之后形成堰、梁、峁地形，冲沟发育，地貌比较复杂。

三、地面水系

井田内无常年地表径流。

四、气象特征

该区地处西北内陆，为典型的半干旱半沙漠大陆性气候。气候特点是冬季寒冷、夏季炎热，昼夜温差较大。根据灵武市气象站 1990 ~ 2005 年气象资料，季风从当年 10 月至来年 5 月，长达 7 个月，多集中于春秋两季，风向多正北或西北，风力最大可达 8 级，一般为 4 ~ 5 级，平均风速为 3.1m/s；春秋两季有时有沙尘暴；年平均气温为 9.4℃，年最高气温为 36.6℃（1997 年），年最低气温为 - 25.0℃（2002 年）；降水多集中在 7、8、9 三个月，年最大降水量为 322.4mm（1992 年），年最小降水量仅为 116.9mm（1997 年），而年最大蒸发量高达 1922.5mm（1999 年），为年最大降水量的 6 倍及最小降水量的 16 倍，年最小蒸发量 1601.1mm（1990 年）；最大冻土深度为 0.72m（1993 年），最小冻土深度为 0.42m，相对湿度为 7.6% ~ 8.8%。全年无霜期短，冰冻期自每年 10 月至翌年 3 月。

五、地震情况

按照《建筑抗震设计规范》(GB50011-2001) 附录 A《我国主要城镇抗震设防烈度设计基本地震加速度和设计地震分组》划分，该矿井所在地区灵武市抗震设防烈度为 8 度，设计基本地震加速度值为 0.20g，设计地震分组为第一组。

根据宁夏地震工程研究院 2008 年 5 月编制完成的《神华宁夏煤业集团有限责任公司鸳鸯湖矿区麦垛山矿井工程场地地震安全评价报告》，勘查区地震裂度为 7 度。设计以此为依据进行。

六、地区经济概况

该区经济较为落后，主要以农牧业为主，农作物一年一熟，主要农作物有荞麦、糜子、小谷、玉米、马铃薯、胡麻、葵花、麻子等。井田内坐落有五个自然村，有杨家圈弯子村、郭家洼村、周家沟村、杨家窑子村和张寿窑村。为响应国家“退耕还林”号召，区内已实行“退耕还林”“退牧还草”政策，农牧民以种草植树为主，经济来源主要靠圈养牲畜和国家“退耕还林”补贴及运输业。

七、矿区开发简史

根据西安煤矿设计研究院2004年编制完成的《宁夏回族自治区鸳鸯湖矿区总体规划（修改）》，鸳鸯湖矿区位于宁夏回族自治区灵武市以东，磁窑堡镇和马家滩乡境内。国家发改委以发改能源〔2004〕867文对该总体规划进行了批复。矿区划分为清水营、梅花井、石槽村、红柳和麦垛山5个井田，矿区总规模44.00Mt/a，其中清水营煤矿生产规模为10.00Mt/a、梅花井生产规模为12.00Mt/a、石槽村生产规模为6.00Mt/a、红柳和麦垛山生产规模均为8.00Mt/a。

目前，清水营煤矿一期已于2011年3月投产验收，梅花井煤矿一期已于2011年5月投产验收，石槽村煤矿已经进入试生产阶段。

国家发展与改革委员会以发改能源〔2008〕3485号文对该项目进行了核准。

八、地面已有建（构）筑物及设施

井田位于灵武低缓丘陵地带，区内沙丘广布，人烟稀少，目前尚无其他工业设施，村庄零星分布，有杨家圈弯子村、郭家洼村、周家沟村、杨家窑子村和张寿窑村五个自然村，且村子户数及人口较少，房子简易，故设计考虑矿井生产期间进行村庄搬迁。

第二节 矿井外部建设条件及评价

一、运输条件

该区公路交通方便，经过多年建设已形成较为完善的公路网。北部有国道主干线银（川）—青（岛）高速公路(GZ25)及国道307线东西向通过，距勘探区约25Km；井田内有磁窑堡—马家滩三级公路南北向通过，从马家滩向南接于盐兴一级公路，向西与211国道相接；矿区内正在建设的鸳（鸯湖）—冯（记沟）一级公路可直接通往井田。区内公路网南北交错，向西经灵武市、吴忠市可接于国道109线和包兰铁路，向东经盐池县可达延安、太原等地。

包（头）—兰（州）国铁干线于矿区西部约85km处南北向通过，与包兰铁路接轨于大坝车站的大（坝）—古（窑子）铁路专用线已延伸至古窑子车站，从古窑子车站通往灵新煤矿和羊场湾煤矿的铁路支线已建成通车。另外，太（原）—中（卫）—银（川）铁路从井田北部通过，正在建设。

二、电源条件

麦垛山煤矿地处鸳鸯湖矿区，承担该地区供电任务的是宁夏电力公司宁东供电局。宁东地区现有330kV变电所两座，分别为徐家庄、灵武东变电所；220kV变电所三座，分别为东山、五里坡、盐池变电所；110kV公网变电所六座，分别为磁窑堡、黑山、惠安堡、大水坑、马莲台、白芨滩变电所；110kV用户变电所五座，分别为古窑子、羊场湾、枣泉、清水营、大水坑石油变电所。其中330kV徐家庄、灵武东变电所、220kV东山变电所作为该地区110kV电网电源点，分别通过110kV线路向110kV白芨滩、磁窑堡、古窑子变电所等构成的地区110kV电网供电。

鸳鸯湖矿区目前已建成110kV变电所两座，一座为公网白芨滩变电所，主要为将来的梅花井、清水营变电所供电，并作为永利110kV变电所电源之一；另一座为用户变电所——鸳鸯湖矿区清水营矿井变电所。

为配合鸳鸯湖矿区的建设，规划在石槽村、红柳、麦垛山矿井中间位置建设永利110kV变电所，目前已建成投用。变电所进线电源两回，一回引自白芨滩110kV变电所，导线型号JL/G1A-300，线路长度15km；另一回引自灵武东330kV变电所，导线型号JL/G1A-300，线路长度50km；变电所安装两台主变，容量2×50MVA，建成后，通过35kV线路就近给石槽、红柳、麦垛山这三座矿井供电。另外，在矿井东南方向约8km处有一座银马110kV变电所，银马110kV变电所电源引自盐池220kV变电所。

矿区供电电源可靠。

三、水源条件

该区居民饮用水主要取自于马家滩供水站。对井田具有供水意义的地下水主要有供灵武矿区的金银滩水源地，供水能力为30000m³/d，水源可靠。另外，金银滩水源地西北部尚有横城、面子山水源地，预计可开采量30000m³/d ~ 40000m³/d，但勘探程度不够，目前尚不具备开采条件。

矿区附近具有供水意义的地表水有位于矿区西部60km处的黄河水。根据宁夏回族自治区政府的综合调配，在满足现有各种规划用水的情况下，国家批准宁夏回族自治区使用的黄河取水指标尚有8.35亿m³/a可供调配使用。

宁东能源化工基地距黄河仅30km左右，输水路程短，引水高程仅为200m，取水方便。为保证宁东能源重化工基地规划建设项目用水，宁夏宁东水务公司已于2003年开工建设宁东能源重化工基地鸭子荡水库，投产时工程年供水能力1.597亿立方米，2005年6月已蓄水。

四、通信条件

当地移动公司和联通公司的无线移动通讯网均可覆盖整个矿区，通信条件良好。

五、主要建筑材料供应条件

矿井建设用水泥、砖石、砂石及木材由当地供应。钢材可由银川、西安及附近购进，设备大、中修可依托黎家新庄机修厂。消防、救护及医疗依托矿区、地区的消防、救护及医疗专业部门。

六、外部建设条件综合评价

综上所述，矿井建设的外部条件良好。

第三节　矿井资源条件

一、井田地层

（一）地层

井田内未见基岩出露，被广泛地第四系风积砂或古近系的紫红色黏土所覆盖。据钻孔揭露的基岩地层有三叠系上统上田组、侏罗系中统延安组、直罗组及侏罗系上统安定组。各地层由老至新如下：

1. 三叠系上统上田组 (T3s)

仅在井田的西北及北部的少量钻孔见到，最大揭露厚度 59.52m，临区揭露最大厚度 217.40m，临区资料最大沉积厚度 756m。其为一套河湖相杂色碎屑岩沉积组成，为侏罗系延安组煤系 (J2y) 含煤建造沉积的基底。岩性以黄绿、灰绿色厚层状中、粗粒砂岩为主，夹灰、灰绿色粉砂岩、泥岩薄层及含铝土质的泥岩。砂岩的分选性及磨圆性中等，具有大型板状、槽状及楔状交错层理。本组的顶部常见灰绿色是鲕粒的铝质泥岩与延安组分界。

2. 侏罗系中统延安组 (J2y)

为一套内陆湖泊三角洲沉积，是井田的含煤地层。钻孔揭露厚度平均 358.25m。岩性为灰、灰白色中、粗粒长石石英砂岩、细粒砂岩；深灰色、灰黑色粉砂岩、泥岩及煤等组成。底部的一套灰白、有时略带黄色具红斑的粗粒砂岩、含砾粗砂岩（宝塔山砂岩）与下伏三叠系上统上田组 (T3s) 呈假整合接触。

3. 侏罗系中统直罗组 (J2z)

为一套干旱、半干旱气候条件下的河流—湖泊相沉积。钻孔揭露厚度336.43 ~ 495m，平均431.16m。其岩性主要上部为灰绿、蓝灰、灰褐色带紫斑的细粒砂岩、褐色粉砂岩、泥岩，夹粗、中粒砂岩。中下部以厚数十米至百米左右的厚层状的灰白、黄褐或红色含砾粗粒石英长石砂岩（七里镇砂岩）与其下煤系地层假整合，局部呈冲刷接触。在20线及其以北该砂岩成为1煤顶板，而其南1煤被冲刷剥蚀，该砂岩又成为2煤顶板砂岩。该砂岩在HG物性曲线上具有幅值平缓、细齿状特点，而在1煤（或2煤）上方时而有放射性异常出现，此与煤系地层的HG物性曲线幅值变化大区别甚为不同。

4. 侏罗系上统安定组 (J3a)

为干燥气候条件下沉积的河流、湖泊相的红色沉积物，俗称为“红层”。本井田只在北、西部的少数钻孔见到，揭露最大厚度为565.09m，临区（红柳井田）本组最大厚度为423.74m，可见在本井田有增厚之势。其岩性为灰褐、紫红、紫褐色的粉砂岩、泥岩，夹灰白、灰绿色中、细粒砂岩。底部普遍有一层褐红色粗粒砂岩与下伏直罗组假整合。

5. 古近系渐新统清水营组 (E3q)

在井田20线北部西侧的沟谷中常见，而井田其他部位仅零星出现。厚12.07 ~ 115m，平均85.50m。其岩性主要由淡红色亚黏土及黏土组成，偶尔有浅绿或蓝灰色薄层泥岩，局部为砾石层或砂层。不整合于下伏各地层之上。

6. 第四系 (Q)

井田内广泛分布冲、淤积的黄沙土，底部常见变质岩、灰岩等组成的卵砾石或钙化结核。顶部为现代沉积的风成沙丘或黄土层。覆盖在各地层之上，厚1.20 ~ 32.80m，平均厚6.13m。

（二）含煤地层

本井田含煤地层为侏罗系中统延安组 (J2y)，主要岩性为灰白色中、粗粒砂岩，灰、深灰色粉砂岩，煤系总厚度358.25m。含煤30余层，有编号的煤层22层，没有编号、局部存在的薄煤尚有5 ~ 8层。含煤总厚27.40m，含煤性7.65%。

依照岩性特点，成因标志、标志层、煤层特征、相序组合等诸因素并参照物性特征将延安组地层自下而上划分为四个中旋迴，即4个成因地层单位，成为不同成因的含煤段。每个含煤段又根据湖水的进退、三角洲的伸缩等特点，将每个中旋迴细分为不同的亚旋迴，又划出18个次一级的亚旋迴。

4个含煤段含煤性不同，第Ⅰ含煤段含煤性好，主要煤层 (18) 厚度大、稳定。第Ⅳ含煤段含煤性次之，可采集局部可采的煤层为 (1、2、3-1、3-2、4-1、4-3)，储量也较大。第Ⅱ含煤段较前两含煤段含煤 (6、7、8、9、10、12、16) 明显逊色，只有6煤稳定，厚度较大。第Ⅲ含煤段含煤性最差，仅有5号煤组的2 ~ 3层不可采的薄煤层，是个弱含煤段，其特征成为煤系对比的组段标志段（即组段标志层）。由下至上各段含煤性叙述如下：

1. 延安组第一段（Ⅰ)J2y[1]

该段起于J2y底部中、粗粒“宝塔山”砂岩，止于18煤顶板滨湖粉砂岩或三角洲砂岩。段厚52.45m。在1702#至905#的长条带、厚度大(60m ~ 100m)，南部2606#厚度亦达60m,除此没有明显的变化规律性,忽厚忽薄,均在30m ~ 50m之间。该段含煤18下、18（包括18-1、18-2）及多层不稳定的薄煤，主要煤层厚度6.64m，含煤性17.7%。

该段依岩性、沉积成因、岩相组合等因素，自下而上划分为2个亚旋迴。

$Ⅰ_{1\text{-}1}$：旋迴投产时，河水横流，形成厚层的中、粗粒砂岩，有时含小砾石，具槽状、楔形板状层理，是典型的冲积河道相沉积物，向上逐渐过渡到粉砂岩，具缓波状及小的交错层理，有植物碎片化石。常见不稳定的薄煤层，此为河漫滩相与沼泽相交替更迭所致，其后振荡处于相对稳定时期，保持了较长时间的沼泽环境，故而形成18下较厚的煤层（厚0m ~ 5.79m，平均厚1.47m，局部可采）以及其上下多个不稳定的薄煤。随着18下沉积的终止Ⅰ 1-1旋迴也就结束了。

18下及其上、下的薄煤形成第一个煤组，它在人工放射性曲线上成为簇状异常，对比清楚。

$Ⅰ_{1\text{-}2}$：18下煤沉积之后该区进入了第二个旋迴，投产时的擅动又数次的河漫滩相、沼泽相的交替迭出，沉积了粉砂岩、细粒砂岩及煤层，其后全井田已趋于平坦（甚至延至全矿区），沼泽广布，沉积了18煤。当18煤形成的中后期，振荡运动在井田内产生了差异。大致分为三带：第1带中央带1902#、1406#、807#这一南北线以东与2801#、2604#、2406#、2006#的弧形线以西的中间地带（近南北向带宽约2公里，南北长4公里），振荡运动仍保持在相对阶段，物质供应与下沉保持均衡状态，沉积了厚煤层（18煤煤层本身只有薄层夹矸），此带亦即18-1与18-2煤合并区，煤层厚度大多5m ~ 6m，稳定，对比可靠。

第2带，位于第1带的西面。在此带Ⅰ 1-2旋迴的中后期表现出较强的沉降，形成了浅湖和三角洲相沉积（厚0.80m ~ 39.45m），直至后期形成了三角洲平原，与第1带保持在同一个水平面上，第1带的沼泽向此延展并连成片，沉积成18-2煤，一般厚度3m ~ 4m，稳定（只有1个点不可采），对比清楚、可靠。

第3带，位于第1带以东。在Ⅰ 1-2旋迴的中后期，振荡运动亦表现出下降趋势，但下降的力度远较第2带小，多为滨湖、浅湖相沉积（厚度0.80m ~ 10m左右），在Ⅰ 1-2旋迴的中后期，此带亦与第1、2带处在同一水平面上，沼泽由第1带延伸至全井田。但此带的18-2煤原厚度较薄，一般2m左右，仅少数达3m。对比清楚、可靠。随着Ⅰ 1-2旋迴泥炭沼泽相的末期，中旋迴Ⅰ也就结束了。

18煤在人工放射性曲线上形成较宽的异常，与18下煤配合在人工放射性与自然放射性曲线上形象如蝴蝶双翅平展飞翔姿态。而18-2与18-1两煤，在上述曲线上如同滑翔机双翅飞展。

2．延安组第二段（Ⅱ）$J2y^2$

该段起于18煤(18-2)的顶板至6煤的顶板，平均厚度136.69m。主要岩性为灰、灰白色中、细粒砂岩夹灰黑色粉砂岩，含煤8层，可采的煤为6煤（8线以北薄，其南则可采，厚度渐增），局部可采的有7、8、9、10、12、16、17总厚9.46m，含煤性6.9%。该段沉积厚度以1404#、2804#两孔为最厚，厚度达170m，然后向四周逐渐减少，降至115 ~ 120m。

按岩相成因及组合等因素，该段从下向上又划分为7个亚旋迴。

$Ⅱ_{-1}$：本旋迴起于18煤顶板，止于17煤，顶部的砂岩厚15m左右。其下为分流河道相、河漫滩相、沼泽相、滨湖相。含煤1层（17煤），厚0m ~ 1.24m，平均0.54m，局部可采。

$Ⅱ_{-2}$：本旋迴起于17煤板砂岩，止于12煤下部砂岩的底界。平均厚25m左右。底部为冲积河道中、细粒砂岩，向上为滨湖波浪带粉砂岩相、泥炭沼泽相，止于浅湖相的粉砂岩。含煤1层（16煤），局部可采及不可采薄煤1 ~ 2层，形成煤组。

$Ⅱ_{-3}$：起于12煤底部砂岩顶，止于10底板砂岩，平均厚39m，底部为冲积相砂岩相向上河漫相粉砂岩、泥炭沼泽相及滨湖相。含局部可采煤1层（12煤）及不可采薄煤1 ~ 2层，形成了煤组。12煤及16煤两组煤在人工放射性曲线上均成紧密的簇状异常，对比清楚。

$Ⅱ_{-4}$、$Ⅱ_{-5}$：均为冲积、沼泽简单旋迴，分别厚22m、17m。分别含局部可采煤10煤、9煤，对比清楚、可靠。

$Ⅱ_{-6}$：亦为滨湖—沼泽旋迴，平均厚25m。含局部可采7、8煤。对比清楚、可靠。

$Ⅱ_{-7}$：起于6煤底板砂岩，止于6煤顶板砂岩，平均厚12m。该旋迴基本处于煤系的中部。亦属于冲积—沼泽相旋迴。含稳定的6煤，在8线以南一般均大于2m，近于3m。8线及其以北，煤层分叉变薄，出现不可采点。6煤其上有近60m弱含煤段，再加上6煤一般厚度大（3m左右），据此6煤对比清楚、可靠。

3．延安组第三段（Ⅲ）$J2y^3$

从6煤顶板砂岩起，止于4-3底板，平均段厚59.98m。除北端和东南端外，一般厚度均在60 ~ 70m。该段岩性相对较细，多以细粒砂岩、粉砂岩为主。含不可采的薄煤2 ~ 3层(5-1、5-2)，一般厚度小于0.50m，该段含煤性最差，在1%左右，属于弱含煤带。

由于该段厚度较稳定、弱含煤，煤层虽薄但层位较稳定，它又处在煤系的中上部，如此特征构成了煤层对比的重要标志。

该段有2个亚旋迴Ⅲ-1及Ⅲ-2，均为水下三角洲—滨湖—泥炭沼泽型旋回。Ⅲ-1在水下三角洲回之后的滨湖末期，出现数次短期的滨湖—泥炭沼泽的交迭更替，沉积了5-1、5-2等小薄煤层，层位却又较稳定。它们对其下的6煤和其上的4-3煤的确认起着重要的作用。

4．延安组第四段（Ⅳ）$J2y^4$

该段下起4-3底板，上至直罗组的“七里镇”砂岩底界，平均段厚109.13m。1801#、1503#、1305#一线以西厚约100m ~ 110m，其南90 ~ 100m左右。其粒度较粗，岩性主要为灰、灰白色的粗粒砂岩、灰黑色粉砂岩。含煤10余层，含煤总厚10.97m，含煤性10%。主要的煤层有1、2、3-1、3-2、4-1、4-3各煤层，其中2、3-1、3-2、4-3稳定或较稳定，均为中厚煤层，大部可采，而且有北厚南薄之势。1、4-1局部可采，另有3下只在南部局部可采。

该段按地层成因及特征，划分7个亚旋迴，从下至上分为：

Ⅳ-1：起于4-3底部中、粗粒砂岩，往往含小砾石，止于4-2顶板粉砂岩，厚近22m。含煤4-3、4-2，底部是冲积河道沉积，向上为滨湖到泥炭沼泽，而后又出现分流河道、滨湖及泥炭沼泽(4-2)等沉积。

Ⅳ-2：厚近10m，起于4-1底板中粒砂岩，它为分流河道沉积，向上过渡成滨湖及泥炭沼泽，形成4-1煤。

4-1、4-2、4-3组成一个煤组，结构单纯，在人工放射性曲线上明显出现三个较紧密的单一异常。构成煤层对比的特征，对比清楚、可靠。

Ⅳ-3：起于4-1顶板粗粒砂岩，有时含小砾石，为分流河道沉积，向上为决口扇沉积、泥炭沼泽（3下）及浅湖沉积。全厚18m左右。含3下（仅南部可采）及其上的薄煤1层。

Ⅳ-3底部的含砾砂岩在8线的东端具有冲刷作用，807#该砂岩把4-1、4-2全部冲刷殆尽。

Ⅳ-4：为滨湖、泥炭沼泽、浅湖旋迴，厚15m左右，含较稳定煤3-2，大部可采。

3下、3-2之间往往存在一薄煤，三者成为煤组，层位稳定，对比可靠。

Ⅳ-5: 厚18m左右，由底部的分流河道沉积，向上过渡泥炭沼泽，形成了3-1煤，较稳定，大部可采。

Ⅳ-6: 与Ⅳ-5沉积相似，平均厚13m左右，含2煤，较稳定，层位可靠，一般3m左右，有时具夹矸。

Ⅳ-7：位于煤系的顶部，厚15m左右，由分流河道、决口扇及泥炭沼泽等岩相组成，含1煤。该煤平均厚1.51m。在20线以北存在，层位稳定，但厚度由北向南逐渐。20线以南由于直罗组底部砂岩向下冲刷、切削加剧，故而1煤不复存在。

由以上各亚旋迴特征可知，成煤投产时在Ⅰ时期，煤层变化大，不稳定，经一段时期的准平原化作用，最后形成辽阔、稳定的大沼泽，形成18煤，至此完成一个中旋迴。

其上又经过几次不同程度的地壳振荡，致使环境变迁，沉积了编号为7 ~ 17的局部稳定可采的煤层，而6煤形成时全井田乃至矿区又出现了第2次平原化，至此完成了Ⅱ中旋迴。

其后井田地势下降明显，出现三角洲前缘的较细物质沉积，在较长时间内沼泽化作用弱，致使Ⅲ旋迴没有形成较厚煤层，仅仅沉积了2 ~ 3个薄煤层(5-1、5-2)。

在Ⅲ形成后，振荡作用加剧，冲积、洪积、沼泽化反复出现，地势高低不明显，所以沉积了广泛分布的4煤组、3煤组、2煤、1煤。至此最后完成了Ⅳ旋迴，延安组的含煤建造至此终结。

二、井田构造

（一）井田地质构造特征

麦垛山井田地处华北地台、鄂尔多斯盆地西缘褶皱冲断带的南北向逆冲构造带，是烟墩山逆冲席的前缘带，井田内构造线总体为NNW向，断裂、褶曲构造非常发育，规模较大。根据地震解释成果和钻孔揭露显示，由西向东有于家梁 - 周家沟背斜、长梁山向斜和一些较小的次一级褶皱。还有一系列的北北西和北东东向两组断裂，前者以逆断层为主，后者由于受南北扭应力和张应力的作用，产生了一系列北东东向的正断层。井田内地层倾角10° ~ 30° 之间，局部可达60° 。井田中部向南形成断层带，共发育断层25条，其中，落差大于100m的断层有10条。

（二）褶曲

1. 于家梁—周家沟背斜

为地震解释的于家梁背斜和周家沟背斜。根据钻孔揭露资料和控制的煤层底板等高线走势，结合矿区大的构造体系和格局，经地质分析、研究确定，地震解释的于家梁背斜和周家沟背斜是同一背斜，即于家梁—周家沟背斜，在第22勘探线的2205孔附近被F9和F10断层错开。地震解释的于家梁背斜和周家沟背斜实为其错开的北段和南段。

位于该区西部，贯穿井田南北，轴向北北西，呈S型展布。北端被麦垛山正断层切割后延伸至东庙勘探区，井田内向南逐渐抬升隆起，至12地质勘探线的1203孔北东方向约320m处，二煤层的标高1190m，为轴部最高点，向南开始向东南方向宽缓倾伏，在21 ~ 23勘探线处，轴部被断层错开，南段受断层影响，两翼倾角增大，并延展至区外。受于家梁断层和东部断层的挤压切割影响，北段背斜两翼较陡，轴部宽缓，南段受F9、F10影响，西翼向南倾角逐渐增大，东翼地层倾角相对较陡约40° 以上，波幅0m ~ 840m，最浅部位在32线，2、3-1、3-2煤层被剥蚀。区内延伸长度约15km，属可靠构造。

在背斜北段宽缓的轴部，发育有次一级的两个背斜和一个向斜，即A_1小背斜、A_2小向斜和A_3小背斜。随着向南部延展，A_1小背斜、A_2小向斜逐渐地消失，A_3小背斜成为主体背斜。

A_1小背斜：该隆起褶曲位于勘探区西部，轴部走向为NW，在D_{12}地质勘探线处最高向南北两方向倾伏，同时在D_{12}地质勘探线处A_3小背斜合在于家梁—周家沟背斜的轴部，西翼被于家梁断层切割，A_1背斜西翼较陡，东翼较平缓。区内轴长6.7Km左右，幅度约30m。

A_2小向斜：该凹陷褶曲位于三维勘探区中部，在D_{20}地质勘探线处尖灭，走向为NW，其两翼倾角较缓，基本上属于对称向斜，区内轴长2.5Km左右，幅度约20m。

A_3小背斜：该背斜位于三维勘探区东部，轴部走向为NW，在D_{12}、D_{11}地质勘探线处并于A_1背斜上，为于家梁—周家沟背斜主体，向东南被断层切割，其两翼不对称，西翼地层倾角相对较缓为5° ~ 15°；东翼地层倾角向南逐渐变陡，15° ~ 25°，断层处倾角较大。

2. 长梁山向斜

位于该区东部，轴向北北西，呈S型展布，北端被麦垛山正断层和杨家窑正断层切割后延伸至东庙勘探区，南端被杜窑沟逆断层切割并延伸至区外红柳井田。由2 ~ 18线共计16条测线控制，区内延伸长度约8km，属于可靠构造。其北部两翼对称，地层倾角相对较陡为20° ~ 35°。褶曲波幅70m ~ 840m，最深部位在2线，2号煤层深度为1250m左右。其南部东翼被杜窑沟逆断层切割成不完整的向斜，西翼为一向东倾的单斜构造，地层倾角较陡为20° ~ 46°。

另外，在长梁山向斜东翼的807孔附近，有一小的隆起，为长梁山向斜东翼上的次级构造。

（三）断层

受燕山运动的影响，中生界产生了大量的褶皱和断裂构造。该区断裂、褶皱相伴生，非常发育，规模较大，构造线总体方向北北西。断裂构造有北北西和北东东向两组断裂，前者以逆断层为主，后者以正断层为主。

依据地震解释成果并结合钻探揭露地质资料，经地质分析研究，井田内共发育断层25条。可靠断层19条，较可靠断层5条，控制程度较差1条。按断层性质划分为两类：逆断层21条，正断层4条；按断层走向划分为两组：北北西 ~ 北西走向断层20条，北东 ~ 近东西斜交断层5条；按断层落差大小划分为四级：落差大于等于100m的断层8条，落差在50m ~ 100m的断层3条，落差在20m ~ 50m的断层7条，落差在5m ~ 20m的断层7条。

对井田内各断层特征如下：

1. 杨家窑正断层

位于该区北部，是麦垛山井田的北部边界。该断层走向北东，断面南倾，倾角60° ~ 77°，落差0m ~ 120m，断层的西端尖灭，东端延伸至红柳井田，区内延展长度约为3km。该断层具有平推性质，北盘东移，南盘西错。东部石槽村勘探区内由三维地震资料较好的控制，红柳井田内由37 ~ 39线，共计三条测线控制，该断层控制可靠，属查明断层。

2. 麦垛山正断层

位于该区北部，可作为麦垛山井田的北部边界。该断层走向北东，为断面南倾的正断层，倾角60° ~ 75°，落差20m ~ 160m，断层的两端均延伸至区外，区内控制长度约为5km。该断层具有平推性质，北盘东移，南盘西错，把于家梁逆断层、于家梁支二逆断层、于家梁—周家沟背斜轴、长梁山向斜轴等错开，平推断距0 ~ 400m。红柳井田内由37线控制；区内由33 ~ 36线和3线，共计五条测线控制。该断层控制可靠，属查明断层。

3. 于家梁逆断层

位于该区西侧，为井田西部边界断层，有二维和三维地震共同控制，是一条一级主干逆断层带，呈 S 型展布，走向北北西，断面东倾，倾角约 61° ~ 70°，落差 130m ~ 700m，断层的两端均延展至区外，区内控制长度约为 15km。由 2 ~ 32 线，共计十九条测线控制，该断层南段可靠，北段由于资料较差，控制程度较低，其落差和位置误差可能较大，属查明断层。

4.F_1 逆断层

位于井田西北部，401、601 孔的西面。为于家梁断层北段的一条分支断层，呈向东凸出的弧形展布，走向南部呈近南北、北部转为北北西，断面东倾，倾角约 58° ~ 68°，落差 80m ~ 300m，断层的南端与于家梁断层合并，北端延展至区外，区内控制长度约为 3km。由 2 ~ 7 线，共计六条测线控制，该断层控制较可靠，属基本查明断层。

5. 石荒洼正断层

位于该区东北部，407 孔的南面，走向近东西，为断面北倾的正断层，倾角 56° ~ 77°，落差 0m ~ 90m，断层的西端尖灭，东端延伸至红柳井田，区内延展长度约 2km。红柳井田内由 37 线控制，区内由 36 线、5 线、6 线，共计三条测线控制。该断层控制可靠，属查明断层。

6.F_2 正断层

位于该区东北部，606 孔的北面，走向近东西，为断面南倾的正断层，倾角 71 ~ 77°，落差 0m ~ 130m，断层的两端尖灭，区内延展长度约 1km。由 35 线、6 线两条测线控制，控制可靠，为查明断层。

7.F_3 逆断层

位于该区东北部，1006 孔的东北面，走向北西，为断面东倾的逆断层，倾角约 51° ~ 62°，落差 0m ~ 90m，断层的两端尖灭，区内延展长度约 1km。由 9 线、10 线、36 线，共计三条测线控制，控制较可靠，为基本查明断层。

8.F_4 逆断层

位于该区东北部，807 孔东面，走向北北西，为断面西倾的逆断层，倾角约 73° ~ 76°，落差 0m ~ 90m，断层的两端尖灭，区内延展长度约 2km。由 7 ~ 9 线，共计三条测线控制，控制可靠，为查明断层。

9.F_5 逆断层

位于 1103 孔附近，由三维地震控制，走向 NW，倾向 NE，倾角约 57°，落差 0m ~ 5m，仅断 6、18 煤层，该断层由地震 InLine793 线 ~ InLine812 线、CrossLine269 线 ~ CrossLine280 线和 1103 孔控制，控制可靠。为详细查明断层。

10.F_6 逆断层

位于 1401 孔和 1402 孔之间，由三维地震 (3DF7) 和二维地震 (MF13) 共同控制，走向 NW，倾向 NE，倾角约 65° ~ 71°，落差 0m ~ 10m，区内延展长度 730m 左右，控制较可靠。为查明断层。

11.F_7 逆断层

位于12至14地质勘探线之间，由三维地震(3DF8)和二维地震(MF7)控制。走向NW，倾向NE，倾角约31° ~ 37°，落差0m ~ 27m，区内延展长度约为1820m，该断层由地震和1303孔、1403孔、1504孔控制，控制可靠。为详细查明断层。

12.F_8 逆断层

位于该区中部，1504孔附近，走向NNW，倾向SSE，倾角约45°，落差0 ~ 6m，区内延展长度235m左右，该断层由地震InLine604线 ~ InLine628线、CrossLine292线 ~ CrossLine328线控制，控制可靠。为详细查明断层。本断层在北端并于F7断层上，断距也随之减小直至消失。钻探的1504孔已验证F8断层在此位置的可靠。

13.F_9 逆断层

位于该区中南部，走向北北西，为断面东倾的逆断层，倾角约65° ~ 75°，落差0 ~ 320m，断层的北端尖灭，南端延展至区外，区内延展长度约为9km。由14 ~ 32线、34线，共计二十条测线控制，控制可靠。为查明断层。

14.F_{10} 逆断层

位于该区中部1206 ~ 2005 ~ 3005孔附近。是一条由三维解释的(3DF1)断层和二维解释的(MF1、MF3、MF5)断层经地质综合分析研究确定的组合断层。走向北北西，为断面西倾的逆断层，倾角约51° ~ 62°，落差0m ~ 180m，断层的北端尖灭，南端延展至区外，区内延展长度约为9km。由12 ~ 32线、35线测线和2105、2205、2305、2405、2505、2605、2705等孔控制，控制可靠，为查明断层。

15.F_{11} 逆断层

位于该区中部，1406、1806孔附近，由二维地震解释的(MF4、MF6)断层经地质综合分析研究确定的组合断层。走向北北西，为断面西倾的逆断层，倾角约59° ~ 62º，落差0m ~ 30m，断层的两端尖灭，区内延展长度约2km。由16 ~ 22线，共计7条测线控制，控制较可靠，为基本查明断层。

16.F_{12} 逆断层

位于1601孔东，区内延展长度约1160m，走向NW，倾向NE，倾角60º ~ 64º，落差0m ~ 8m，仅断1煤。该断层由地震InLine500线 ~ InLine616线、CrossLine180线 ~ CrossLine208线控制，控制较可靠，为查明断层。

17.F_{13} 逆断层

仅断6 ~ 10煤层。位于1704孔西约80m，走向NNW，倾向SSE，倾角40º ~ 47º，落差0m ~ 6m，该断层断6 ~ 10煤，由地震InLine508线 ~ InLine560线、CrossLine300线 ~ CrossLine324线和1604孔、1704孔控制，控制可靠，为详细查明断层。

18.F_{14} 逆断层

位于1604孔和1704孔东约80m处，由三维地震解释的(3DF4、3DF5)断层经地质综合分析研究确定的组合断层。走向NNW，倾向NEE，倾角约37º，落差0m～7m，该断层断2～4-3煤，延展长1.2Km，由地震测线和1604孔、1704孔控制，控制较可靠，为查明断层。

19. 杜窑沟逆断层

位于该区东南部，为麦垛山井田的东南部边界。该断层呈S型展布，走向北北西，为断面东倾的逆断层，倾角约66° ～77° ，落差0m～330m，断层的北端尖灭，南端延展至区外，区内延展长度约为8km。由16～32线，共计十七条测线控制，控制可靠，为查明断层。

20. F_{15} 逆断层

位于该区西南部，2601孔附近，由三维的(3DF0)和二维的(于家梁之一)断层共同控制。为于家梁断层南段的一条分支断层，呈向东凸出的弧形展布，走向南部呈近南北、北部转为北北西，断面东倾，倾角约58° ～68° ，落差0m～30m，断层的南端与于家梁断层合并，北端尖灭，延伸长度约为2km。由26线、27线两条测线控制，并由三维地震测线和2601孔控制，控制可靠，为详细查明断层。

21. F_{16} 逆断层

位于井田中部，2105孔附近。走向北北西，断面西倾，倾角约50º～57º，落差0m～25m，两端尖灭，控制长度约0.5km，有2105孔控制，仅断2～4-3煤，控制可靠，为查明断层。

22. F_{17} 逆断层

位于该区中南部，由二维地震解释的(MF4、MF12)经地质综合分析研究确定的组合断层。走向北北西，为断面东倾的逆断层，倾角约57° ～68° ，落差7m～33m，断层的两端尖灭，区内延展长度约为2km。由21～24线，有二维地震和2105孔、2205孔、2305孔、2405孔控制，仅断2～3-2煤，控制可靠，为查明断层。

23. F_{18} 逆断层

位于该区中南部，2605～2805孔附近。走向北北西，为断面东倾的逆断层，倾角约65° ～67° ，落差0m～33m，断层的两端尖灭，区内延展长度约为2km。由二维地震和2605、2705、2805孔控制，断2～6煤，控制可靠，为查明断层。

24. F_{19} 逆断层

位于该区中南部，2805孔内，走向北北西，断面西倾，倾角约18° ，落差0m～19m，由2805孔控制，延伸长度约0.5km，仅断16～18煤，控制可靠，为查明断层。

25. F_{20} 逆断层

位于该区中南部，2605和2606孔之间。推断其走向为北北西，断面西倾，倾角约65° ，落差0m～27m，断层的两端尖灭，由M2203孔控制，延伸长度约0.5km，仅断16煤。控制较可靠，为基本查明断层。

另外，二维地震在井田外的东庙勘查区，解释一条北东东向展布的正断层。其走向北东，断面南倾，倾角约 67°，落差 0m ~ 20m。

除上述详细查明和查明的断层外，勘查区还有可能发育有一系列落差 5m 左右的小断层。

（四）岩浆岩

井田内无岩浆岩活动。

（五）陷落柱

地质勘探井田内为发现陷落柱。

（六）其他构造

井田内无其他特殊构造。

三、煤质

（一）煤类

根据《中国煤炭分类国家标准》，以体现煤化程度的浮煤干燥无灰基挥发分 (Vdaf) 产率、镜质组最大反射率 (Rºmax)、透光率 (PM)、焦渣特征、黏结指数 (G) 为依据，确定该区各可采煤层的煤类。

该区各可采煤层浮煤挥发分平均为 27.94 % ~ 31.60 %，镜质组最大反射率为 0.473 ~ 0.634，透光率为 77% ~ 92%、焦渣特征为 2、黏结指数为 0，该区各可采煤层的煤属低变质不具黏结性的不粘煤。

该区部分煤层极少量零星可见挥发分大于 37% 的点，无法连片为长焰煤区域，所以煤类全部确定为不粘煤。以浮煤挥发分 28% 为界，将不粘煤分为 NB21 和 NB32。

（二）煤的物理性质

本井田各可采煤层，煤的颜色均为黑色，条痕为褐黑色，沥青和弱沥青光泽，阶梯状、参差状和平坦状断口，裂隙较发育，部分裂隙被方解石和黄铁矿充填，煤中常见黄铁矿结核。煤为条带状结构，层状构造。各可采煤层平均真密度为 1.44 ~ 1.51，平均视密度为 1.31 ~ 1.37。各煤层煤的物理性质变化不大。

第八章　麦垛山井下局部降温

第一节　工程概况

一、项目背景

2015 年 8 月，麦垛山煤矿 130602 首采工作面投入试生产，该工作面在掘进和安装过程中都出现了高温热害现象，结合邻近矿井工作面的降温经验，矿井采取了加大工作面风量的措施，但效果并不是很明显，工作面温度仍然高达 33℃。井下高温热害已经成为制约矿井安全生产的突出问题。为进一步促进煤矿安全生产，保证井下职工的健康，减少煤矿事故，针对麦垛山煤矿生产情况，编制该设计。

项目名称：神华宁夏煤业集团公司麦垛山煤矿井下局部降温方案设计：

建设地点：麦垛山煤矿井下

项目单位：神华宁夏煤业集团公司麦垛山煤矿

该次编制原则结合矿方要求及实际采集数据，达到如下要求：

1. 矿井热害防治，应以预防为主，综合防治。

2. 应推广应用国内外已有的新技术、新装备和成熟的经验，优先推广应用国内先进成熟技术及装备。

3. 所采用的技术装备，应符合《煤矿安全规程》及国家相关法律法规的规定。

4. 所采用的技术措施，应进行能效分析，符合国家节能减排政策。

5. 对于新设计的矿井，应根据矿井通风难易程度、矿井热环境条件变化，分期分步骤实施热害防治措施。

6. 热害防治工艺的设计，应结合矿井实际条件，简单实用、经济合理。

二、矿井设计概况

（一）井田位置及范围

麦垛山井田位于宁夏回族自治区中东部地区，行政区划隶属灵武市宁东镇和马家滩镇管辖。距银川市约 70Km，在灵武市以东约 55km 处。整个井田呈北西～南东向条带状展布，南北长约 14km，东西宽约 4.5km，勘探区面积约 65km²。

（二）地形地貌

麦垛山井田内地势较为平坦，属半沙漠低丘地形。全区地势为东南低，西北高，海拔高度为＋1552.00m～＋1345.00m，最大相对高差约 210m 左右。地表为沙丘掩盖，多系风成新月形和垄状流动沙丘，间有被植被固定、半固定沙丘。西部黄土被侵蚀切割之后形成堰、梁、峁地形，冲沟发育，地貌比较复杂。

（三）地表水系

井田内无常年地表径流。

（四）气象及地震

该区地处西北内陆，为典型的半干旱半沙漠大陆性气候。气候特点是冬季寒冷、夏季炎热，昼夜温差较大。季风从当年 10 月至来年 5 月，长达 7 个月，多集中于春秋两季，风向多正北或西北，风力最大可达 8 级，一般为 4～5 级，平均风速为 3.1m/s；春秋两季有时有沙尘暴；降水多集中在 7、8、9 三个月，年最大降水量为 322.4mm（1992 年），年最小降水量仅为 116.9mm（1997 年），而年最大蒸发量高达 1922.5mm（1999 年），为年最大降水量的 6 倍及最小降水量的 16 倍，年最小蒸发量 1601.1mm（1990 年）；最大冻土深度为 0.72m（1993 年），最小冻土深度为 0.42m，相对湿度为 7.6%～8.8%。全年无霜期短，冰冻期自每年 10 月至翌年 3 月。

三、资源条件

（一）井田地质

井田内未见基岩出露，被广泛地第四系风积砂或古近系的紫红色黏土所覆盖。基岩地层有三叠系上统上田组、侏罗系中统延安组、直罗组及侏罗系上统安定组。

井田内构造线总体为 NNW 向，断裂、褶曲构造非常发育，规模较大。由西向东有于家梁—周家沟背斜、长梁山向斜和一些较小的次一级褶皱。还有一系列的北北西和北东东向两组断裂，前者以逆断层为主，后者由于受南北扭应力和张应力的作用，产生了一系列北东东向的正断层。井田内地层倾角 10°～30°之间，局部可达 60°。井田中部向南形成断层带，共发育断层 25 条，其中，落差大于 100m 的断层有 10 条。本井田构造属于简单类型。

（二）煤层

井田内延安组含煤地层平均总厚 358.25m，含煤层 30 层，平均总厚 27.40m，含煤系数为7.65%。其中编号煤层22层，自上而下编号为1、2、3-1、3-2、3下、4-1、4-2、4-3、5-1、5-2、6、7、8、9、10、12、16、17、18-1、18-2及18、18下煤。全区可采煤层2层、大部可采煤层11层、局部可采煤层7层、不可采煤层2层。可采煤层平均总厚24.60m。

（三）井田水文地质条件

麦垛山井田地形地貌以缓坡丘陵为主，地形北高南低。井田内无常年地表径流。

井田含水层按岩性组合特征及地下水水力性质、埋藏条件等，由上而下划分为以下五个主要含水层，第四系孔隙潜水含水层（Ⅰ）、侏罗系中统直罗组裂隙孔隙含水层（Ⅱ）、2煤～6煤间砂岩裂隙孔隙承压含水层（Ⅲ）、6煤～18煤间砂岩裂隙孔隙承压含水层（Ⅳ）、18煤以下至底部分界线砂岩含水层组（Ⅴ）。

该矿井较为稳定的隔水层有：直罗组底部砂岩含水层顶板的粉砂岩、泥岩为主的隔水层；各主要煤层及其顶底板泥岩、粉砂岩组成的隔水层，主要包括如下五层：古近系砂质黏土岩隔水层、直罗组底部砂岩含水层顶板隔水层、Ⅲ含水层各段顶板隔水层、Ⅳ含水层各段顶板隔水层、Ⅴ含水层顶板隔水层。

矿井正常涌水量994.0m³/h、最大1193m³/h。

（四）其他开采技术条件

煤层顶底岩性：井田内各可采煤层顶底板岩性主要为砂岩及粉砂岩，泥岩次之，部分煤层在局部范围内有泥岩或炭质泥岩的伪顶、伪底，在煤系地层的顶部有一定数量的粗粒砂岩及中粒砂岩构成煤层的直接顶板。

瓦斯：该矿井为瓦斯矿井。

煤尘爆炸性：井田内各煤层煤尘均有爆炸性危险。

煤的自燃：井田内各煤层均有自燃倾向，属易自燃煤。

四、项目建设必要性

由于工作面温度高达33℃，矿井前期设计的地面集中降温系统以及局部临时降温系统均没有如期建设。因此，解决130604采煤工作面及后续工作面的热害问题是影响当前矿井安全生产管理中的主要问题。

五、编制依据及研究范围

（一）根据项目工程特点，编制依据如下

1.《煤矿安全规程》（2016）。

2.《煤矿井下热害防治设计规范》(GB50418-2007)。

3.《矿井降温技术规范》(MT/T1136-2011)。

4.《采暖通风与空气调节设计规范》(GB50019-2003)。

5.《建筑给水排水设计规范》(GB50015-2009)。

6.《工业循环冷却水处理设计规范》(GB50050-2007)。

7.《工作场所有害因素职业接触限值物理因素》(GBZ2.2-2007)。

8.《中华人民共和国职业病防治法》（2012）。

9.《麦垛山矿井初步设计说明书》（2013）。

10.《麦垛山矿井初步设计安全专篇》（2011）。

（二）设计范围

1. 根据矿井基础资料，分析、计算预测矿井降温所需冷负荷。

2. 根据矿井降温冷负荷及井下具体条件确定机械降温系统及主要设备选型、工艺技术、布置方案等。

第二节　井下降温冷负荷计算

一、矿井热环境分析

（一）地面大气环境

根据灵武市气象站资料，该区属半干旱沙漠大陆性季风气候。昼夜温差大，降水量稀少。季风从当年 10 月至来年 5 月，长达 7 个月，多集中于春秋两季，风向多正北或西北，风力最大可达 8 级，一般为 4 ~ 5 级，风速最大为 20m/s，平均风速为 3.1m/s；年平均气温为 8.8℃，年最高气温为 41.4℃（1953 年），年最低气温为 -28.0℃（1954 年）。

（二）地质地热环境

1. 地温状况

在井田的邻近矿区发现有地温异常区，并有一、二级热害区存在。

本井田勘探期间未布置地表恒温带长期观测孔；测温钻孔的布置，均选择在勘探线上不同的构造部位和煤层的深部，并能连成剖面，能满足控制和编制地温剖面图、等温线平面图的需要。在施测的 122 个钻孔中，简易测温钻孔 49 个，近似稳态测温钻孔 2 个。简易测温和近似稳态测温都采用点测法进行测量，测量过程完全按照《煤田地球物理测井规范》中 7、12、13 条款的要求进行测量，精度符合地质设计要求。

2. 恒温带温度及深度的确定

麦垛山井田位于鸳鸯湖勘探区的南部，井田勘探共施测近似稳态测温钻孔 2 个，第一次井温测量与钻井液循环间隔时间短，测量的温度与相应深度岩层的自然温度差值较大，地质勘探报告只列出 2 个钻孔第二次～第六次测温的数据列表如下：

把两个近似稳态测温钻孔中同一深度不同时间所测量的温度取算术平均值，然后计算出每 10m 之间的温度差值。从表中可以看出，在 1503 号钻孔中 70m ～ 80m 之间温度差值为 0.19℃，1805 号钻孔中 50m ～ 60m 之间温度差值为 0.15℃，说明了地表气温变化和地下地温梯度增温变化，在 60m ～ 70m 之间达到平衡，所以确定钻孔深度 65m 处为恒温带的深度。第六次测温是在钻孔内泥浆停止循环至少 72 小时以后进行测量的，测量的温度与相同深度岩层的自然温度基本接近，对两个近似稳态测温钻孔第六次在 60m 和 70m 深度处测量的温度，取算术平均值，得到温度值为 12.02℃。按照实测近似稳态测温钻孔的测量成果和列表计算得到的结果，经对比确定：麦垛山井田恒温带的深度为 65m，温度为 12.02℃。

3．地温梯度的计算

（1）孔底测量温度的校正

由于简易测温是在泥浆停止循环较短时间内进行的测量，测井前后所测量的温度与在相应深度岩层的自然温度是有一定差异的。因而要进行孔底温度校正，才能得到各个钻孔孔底较为真实的温度。通常可以认为，钻孔测井后 72h 所测量的温度与同深度岩层的真实温度非常接近，所以把两个深度不同的近似稳态测温钻孔的第二次（即测后或零时）与第六次（即 72h）500m—孔底测量的温度，列表并进行计算，得出孔底温度校正系数为 97.3%，因此第二次测量的井温是相应深度岩层真实温度的 97.3%。

（2）地温梯度的计算方法

地温梯度就是钻孔深度每增加 100m，地温变化的数值，即：

$$TG_{100}=100\times\frac{T_2-T_1}{H_2-H_1}(^{\circ}C/100m)$$

式中 H1、T1 分别为恒温带的深度和温度，H2、T2 分别为钻孔孔底的测量深度和校正温度。

勘探报告根据以上公式，计算出每个测温钻孔的平均地温梯度，表中所列都为钻孔的平均地温梯度。实际上在以井温和孔深的二维坐标系中，制作井温相关图时，简易测温的两条曲线，一般都有一个交点，即中性点。该点所测量的温度基本上是其对应深度岩层的自然温度，用光滑曲线连接恒温点、中性点和井底校正温度点，就可以得到该钻孔的地温校正曲线，多为光滑曲线。在计算地温梯度时，只利用了恒温点和井底的深度与温度，得出的结果就是单孔的平均地温梯度。

4．煤层地温值和热害区深度的确定

根据恒温点、中性点、孔底温度校正点三个特征数据连接而成的地温校正曲线，基本为一条平滑曲线，地温值与深度值成正比关系，反应了地温梯度基本恒定，主要岩石导热率比较均衡。因此，用曲线方程求出各主要煤层底板对应的温度和 31℃、37℃在各测温孔相应的深度。计算方法如下：

地温 T=(H-H1)×(T2-T1)/(H2-H1)+T1

深度 H=(T-T1)×(H2-H1)/(T2-T1)+H1

式中：H、T 为任意深度上的温度及任意地温值相对应的深度，H1、T1 为恒温点的深度和温度；

H2、T2 若 H、T 位于中性点以上为中性点深度和温度，若位于中性点以下，则为井底深度和温度。

5. 高温区的分布

该井田属地温异常区，根据全井田 49 个测温孔资料统计，井底温度达 31℃以上的钻孔 44 个，占总测温孔的 89%，其中：井底温度达 37℃以上的钻孔 19 个，占测温孔数的 38%，因此，本井田有一、二级热害区存在。

根据 44 个有一级热害区的钻孔统计，地温值为 31℃最浅的点为 1404 孔垂深 500.14m（相当于标高 954.50m），最深的点为 2403 孔垂深 848.78m（相当于标高 552.05m）；地温值为 37℃最浅的点为 1404 孔垂深 637.70m（相当于标高 816.94m），最深的点为 2607 孔垂深 931.64m（相当于标高 448.91m）。

（三）矿井生产环境

根据设备列表，麦垛山实现了高度机械化采煤法，综采工作面局部机电设备装机容量达到 6285W。由于通风能力有限，局部机电设备发热严重。

二、工作面热害现状

（一）邻近矿井热害情况

该矿井邻近矿井有石槽村矿、红柳等矿井，邻近矿区有枣泉、羊场湾等矿井。目前羊场湾煤矿一、二分区及枣泉均已实施局部降温系统，石槽村矿，枣泉等矿井深部也存在一级—二级热害。

（二）该矿井致热因素

1. 由于机巷和辅助运输巷通风路线长，安装期间，从机巷车场绕道至 14# 联络巷，风流温度由 22℃升高至 28℃，升高 6℃。辅助运输巷内无大型机电设备，温度升高主要因素为围岩散热；

2.130602 工作面为综合机械化开采，机械化程度高，机电设备总装机功率大，达到 6825kW，安装期间和回采期间同一测点温差为 2℃左右，可见机电设备散热对工作面风流温度的影响较大；

通过上述分析，麦垛山煤矿 130602 采煤工作面热害首要致因为地温，其次为机电设备散热，运输过程中的煤炭散热、人员散热等影响较小。所以该次设备布置主要为消除地温及机电设备发热。

三、热害评价

根据《煤矿安全规程》(2010) 第一百零二条规定：“生产矿井采掘工作面气温不得超过26℃，采掘工作面气温超过30℃，机电设备硐室的空气温度超过34℃时，必须停止作业。新建，改、扩建矿井设计时，必须进行风温预测计算超温地点必须有制冷降温设计，配齐降温设施”。

经矿方监测，在各煤巷掘进工作面掘至1000m左右时均不同程度地出现了高温显现。工作面作业环境干球温度在28.1℃～33℃之间，均超过了《煤矿安全规程》及国家或行业相关标准要求的规定，属高温作业区。

按照国内外高温热害矿井生产情况统计，如不采取降温措施，采掘工作面效率将下降30%以上，对矿井生产不利。同时一线工人的热害疾病，如湿疹、关节炎、心动过速等的发病率将达90%以上，严重者会出现中暑昏倒。如在平顶山某矿，采掘工作面工人先后有35人晕倒在作业地点，本矿采掘工作面也曾有人昏倒在作业地点。另外，因高温热害需将采掘工作面人员时间缩短，因此，需增加采掘工作面生产技术人员，增加了劳动成本，同时因高温热害所引起的劳保仅医疗费支出大大增加，因此，采取降温措施虽然增加了投资和运行成本，但对提高生产效率，减少人力资源成本和劳保医疗支出是有利的。

四、综合防治对策

鉴于影响该矿井热环境的因素较多，热源散热量大，在矿井设计中，已采取或考虑了一些综合防治对策。

1. 选择合理的采煤方法

回采工作面采用后退式回采，“U”型通风，以减少采空区遗煤的氧化散热。

2. 合理增大采掘工作面风量，把井巷风速控制在允许范围内，尽量缩小风流与井巷围岩的交换面积，减少围岩传热量。同时，适当增大工作面风量，不仅能降低风流温度，而且能合理提高工作面风速，改善人体的散热条件。

3. 煤岩巷施工时采取湿式掘进，以降低煤岩体温度。

4. 采煤工作面结束后及时封闭采空区，抑制采空区的氧化散热。

5. 合理组织生产，矿井所在地昼夜温差较大，早、晚、夜间气温相对较低，井下采用“四六”工作制，充分利用早、晚、夜间的凉爽气候条件安排生产。

6. 井下主排水泵房、变电所等实行独立通风，以减少机电设备向进风流中的散热。

五、井下降温冷负荷计算

（一）治理目标

麦垛山井下降温工程工作面设计制冷目标：针对 130604 工作面并兼顾后续工作面的低温热害进行方案设计，将工作面回风巷距煤壁 10 米处的空气温度控制在 28℃（含 28℃）以下，湿度 80%。

（二）负荷计算

1. 井下设计参数

根据《热害防治规范》中采掘工作面需冷量计算公式：

$Q = G \times (i1 - i2)$

式中 Q——采、掘工作面的需冷量；kW

G——采、掘工作面的质量风量；kg/s

i1——处理前采、掘工作面的风流焓值；kJ/kg

i2——处理后采、掘工作面的风流焓值；kJ/k

麦垛山煤矿 130604 采煤工作面夏季 8 月份回风口实测最高干球温度为 33℃，相对湿度接近 95%，工作面配风量 $1500m^3/min(25m^3/s)$，空气密度按 $1.22kg/m^3$ 计算。

根据 GB50418-2007《煤矿井下热害防治设计规范》5.3.5 条规定，制冷站冷负荷应将计算所需冷负荷再乘以 1.1 ~ 1.2 的附加系数确定。

第三节　矿井热害治理方案

一、制冷方案比选

麦垛山井下热害属于机电设备发热，井下局部降温制冷设备体积小、重量轻，可方便的设于平板车上，设备安装、移动、拆卸容易；无须凿掘专门硐室，直冷式降温效果好，并且可以在 130604 工作面采掘完后移动到下一个工作面，矿井局部机械制冷降温就是针对高温矿井某些采掘工作面的局部高温点，采用整体制冷降温机组来减轻这些高温点所带来的危害。在回采工作面，可以在进风顺槽内安设局部制冷机组，在掘进工作面可以选择某一位置（比如某联络巷）安设制冷机组，制取矿井降温所需的冷冻水或低温制冷剂，然后通过与局部制冷机相配套设备，降低进入采掘工作面的风流温度，进而改善采掘工作面作业环境。

同时由于全矿井降温系统投资大，建设周期长，无法解决当下的井下热害问题。根据矿井实际情况，该矿的热害防治可采取多种途径，分阶段分步骤实施。结合这一思路，所以该次方案仅对局部制冷方式进行论述。

二、130604 回采工作面制冷降温设备选择

（一）系统工艺

制冷循环共分为三个部分：

冷冻系统：制冷机组内的制冷剂 (3℃) 通过循环，经蒸发器与工作面环境热空气进行热交换，带走工作面热量，实现工作面降温；吸收热量后的制冷剂升温至 (18℃) 回到机组蒸发器侧，通过制冷机组中冷媒工质相变转换进行热交换，制冷剂再次被冷却至 (3℃) 进入末端循环系统。

冷却系统: 冷却水通过主机冷凝器侧吸收制冷剂中的热量升温至 (40℃), 冷却水 (40℃) 循环至冷却器处换热，冷却水被降温至 (30℃) 返回制冷机组。冷却器换热吸收的热量，通过喷淋蒸发降温及排风降温，由 130604 回风巷经由回风主井排至地面。

主机系统：制冷剂循环系统将制冷区域（工作面）的热量送至蒸发器，吸收热量的冷媒工质 (R407C) 由液态蒸发为气态，低温低压的工质气体经压缩机吸气压缩，将高温高压（1.6MPa、85 度）的工质气体排至冷凝器，同时冷却水循环系统通过制冷机组冷凝器换热后送至冷却器。

一般情况下，局部移动式冷风降温系统主要由制冷机组主机（包括压缩机、冷凝器、膨胀节流阀）、蒸发器、空冷器三部分关键核心设备组成。

（二）主要制冷机组选型

1. 机组选择结合麦垛山煤矿生产条件，在 130604 结束后，可转移到 130606 工作面继续使用。根据计算冷负荷，选用制冷量为 450kW 的移动式局部制冷机组 4 台及与之配套蒸发器 4 台对该采煤工作面进行制冷降温。

冷却器是一种与地面冷却塔功能相似的设备，主要作用是带走制冷机组主机产生的冷凝热，保证系统的正常运行。

2. 配套局扇的选型

制冷主机蒸发器的空气压降要求大于 1150Pa，所选风机参数需满足在风量 Q=800m³/min 时，风机全压大于 1250Pa，功率 P=2×37KW。制冷主机蒸发器共选用 4 台，与制冷主机运行方式一致，为 3 用 1 备。

冷却器的空气压降要求大于 1000Pa，参数需满足在风量 Q=840m³/min 时，风机全压大于 1100Pa，P=2×45KW。冷却器共选用 4 台，与制冷主机运行方式一致，为 3 用 1 备。

（三）主要水泵选型

1. 循环冷却水管路及循环冷却水泵选型设计

制冷主机距冷却器距离 3000m，需铺设冷水管和热水管各 3000m，合计 6000m。

冷却水循环管路铺设路线：制冷站—130602 工作面辅助运输巷—措施巷—130604 工作面辅助运输巷——130604 工作面辅助运输巷跨巷段——冷却站。所有冷却水管需做隔热处理。

冷却水管一次安装在 130604 工作面辅助运输巷，方便接续工作面 130606 继续使用，管路无须回撤和再次搬家。

根据 ZLF-450 型局部制冷机技术参数可知，冷却水的总流量需满足 150m³/h。

V=Q(t1-t2)

V——冷却水量

Q——制冷量

P——水的比热

t1——机组出水温度 40℃

t2——机组进水温度 30℃

Q=1680/(40-30)/1.163=150m³/h。

根据公式 Dx=1.1284

式中：V——水循环量，m³/s；

Vj——水流速，m/s；

Dx——管道直径，m。

在矿井制冷系统中，冷却水一般采用 1.5m/s 的经济流速，则上式为：Dx=0.2149m≈215mm

由以上计算可知，从经济和实际两方面考虑，循环水管路主管可选用直径 D273×8 无缝钢管，支管可选用 D108×5 无缝钢管。

制冷站和冷却站当前设计距离为 3000m 计算，冷却站与制冷站的高差为 180 米，冷却站在高点，系统为 U 型管，水泵扬程不考虑高差。循环水管道总长度为 6000m，随工作面的回撤，二者距离将缩短。计算得出管道最大沿程阻力为 70m 水柱。设备阻力（冷凝器、冷却器、过滤器及相关阀门等）为 20m 水柱，考虑局部阻力损失，按 20% 计，选型水泵扬程应不低于 110m 水柱。考虑矿井涌水水质和井下使用要求，选用矿用防爆耐磨潜水泵。

冷却水泵型：MD100-45×4

Q=55-125m³h，H=204-132mH2O，P=90kW，1140/660V.

冷却水泵用选用 3 台，采用 2 用 1 备的运行模式。

由制冷机组主机中冷凝器出来的温度为 40℃左右的冷却水，冷却水管道在需进行隔热处理。否则，冷却水的热量又散发至巷道中，影响降温效果。

采用井下洒水补充水量损耗，预计补充水量 1m³/h，水质符合饮用水标准。

2. 喷淋水管路及喷淋水泵选型设计

冷却器喷淋管路（长度 20m）水流路线：喷淋水泵—DN100 淋管（钢管或高压胶管）——阀门—喷淋水进口。喷淋水需要流量为 25m³/h，扬程需要为 40m。

喷淋水泵型号：MD25-30×2

Q=30-55m³/h，H=68-54mH$_2$O，P=15kW

采用井下洒水补充水量损耗，预计补充水量 4m³/h。

喷淋水泵选用 3 台，采用 2 用 1 备的运行模式。

3. 热水箱：设置冷却水补水箱

既可散去部分热量，冷却循环水系统通过水箱缓冲，有利于水流的稳定，在水质过硬的情况下，还可在水箱中投入软化剂软化循环水。水箱采用不锈钢成品水箱，水箱容积 5m³。水箱在排热冷却器附近水平放置，箱内配有水位指示传感器和浮阀。

（四）设备布置位置

主机和蒸发器安装在工作面（130604 机巷），可随工作面回撤的而移动，以保持最佳的降温效果，布置平面见图。

制冷站设在 130602 辅助运输巷中部，靠近措施巷附近，制冷站安装有 4 台 ZLF-450 制冷主机（其中一台备用）、4 台 TS-450PB 蒸发器（其中一台备用）以及与之配套的对旋局扇 4 台主机均落地安装。由于矿上现在回风巷压缩严重，断面过小，无法安装制冷主机，设计中考虑进行扩巷，扩巷宽度为 3 米，净断面为 26.14m²，扩巷长度为 35 米。

TS-450PB 蒸发器与风筒连接后，通过胶质风筒将冷风送到回采工作面；

总共安装 4 套制冷主机设备，实际运行采用 3 用 1 备的形式。随着工作面回撤，根据实际的需冷量，可以采用 2 用 1 备的运行方式，撤下的一台主机可以根据生产进度安装在采掘工作面。

冷却站集中设在 130604 工作面辅助运输巷跨巷段与主水平回风大巷西侧交叉位置，距总回近，排热方便，巷道空间大，场地平整，冷却站设备可放置，无须掘进专门硐室。据现场实测，该地点回风风量达 1200m³/min 左右，风温 27℃ -29℃，可满足冷却站排热要求。冷却站设备主要有 LQ-600 型排热冷却器 4 台（3 用 1 备）及与之相配套的排热局扇、水泵和水箱。

为了加强散热，将主水平回风大巷与主水平半煤岩运输巷中连通的主水平回风大巷 2# 泄水巷改造为敞开式的冷却水池，水池按照清水考虑，需要砌墙及抹灰。

三、130606 掘进工作面制冷降温设备选择

（一）主要制冷机组选型

1. 机组选择结合麦垛山煤矿生产条件

随着 130604 工作面回撤，根据实际的需冷量，可以采用 2 用 1 备的运行方式，撤下的一台主机可以根据生产进度安装在 130606 掘进工作面使用。

掘进工作面选用 TS-450B 型移动式局部制冷机组 1 台及与之配套蒸发器 ZLF-450F1 台对该采煤工作面进行制冷降温。

2. 配套局扇的选型

制冷主机的局扇使用掘进工作面的通风局扇。

冷却器的空气压降要求大于 1000Pa，所选风机型号为：FDBNO7.1

Q=815-563m³/min，P=2×30KW 全压 =1364-6161Pa

（二）主要水泵选型

1. 循环冷却水管路及循环冷却水泵选型设计

制冷主机距冷却器距离 400m，需铺设冷水管和热水管各 400m，合计 800m。

根据 ZLF-450 型局部制冷机技术参数可知，冷却水的总流量需满足 50m³/h。

V=Q(t1-t2)

V——冷却水量

Q——制冷量

ρ——水的比热

t1——机组出水温度 40℃

t2——机组进水温度 30℃

Q=560/(40-30)/1.163=48.2m³/h。

根据公式 Dx=1.1284

式中：V——水循环量，m³/s;

Vj——水流速，m/s;

Dx——管道直径，m。

在矿井制冷系统中，冷却水一般采用 1.5m/s 的经济流速，则上式为：Dx=0.1392m≈139mm

由以上计算可知，从经济和实际两方面考虑，掘进循环水管路主管可选用直径 D159×6 无缝钢管，支管可选用 D108×5 无缝钢管。

制冷站和冷却站当前设计距离为 400m 计算，冷却站与制冷站的高差为 40 米，冷冻站在高点，循环水管道总长度为 800m，计算得出管道最大沿程阻力为 20m 水柱。设备阻

力（冷凝器、冷却器、过滤器及相关阀门等）为 20m 水柱，考虑局部阻力损失，按 20% 计，选型水泵扬程应不低于 100m 水柱。考虑矿井涌水水质和井下使用要求，选用矿用防爆耐磨潜水泵。

冷却水泵型：MD46-30 × 5

Q=60m³/h，H=125mH_2O，P=37kW，1140/660V，冷却水泵用选用 2 台，采用 1 用 1 备的运行模式。

2. 喷淋水管路及喷淋水泵选型设计

冷却器喷淋管路(长度20m)水流路线:喷淋水泵—DN100淋管(钢管或高压胶管)——阀门—喷淋水进口。喷淋水需要流量为 25m³/h，扬程需要为 40m。

喷淋水泵型号：MD25-30 × 2Q=25m³/h，H=60mH_2O，P=11kW

采用井下洒水补充水量损耗，预计补充水量 1m³/h。

喷淋水泵选用 1 台，采用 1 用 1 备的运行模式。

3. 热水箱：设置冷却水补水箱

既可散去部分热量，冷却循环水系统通过水箱缓冲，有利于水流的稳定，在水质过硬的情况下，还可在水箱中投入软化剂软化循环水。水箱采用不锈钢成品水箱，水箱容积 5m³。水箱在排热冷却器附近水平放置，箱内配有水位指示传感器和浮阀。

（三）设备布置位置

掘进工作面的制冷站设在掘进工作面的巷口，制冷站安装有 1 台 ZLF-450 制冷主机、1 台 TS-450PB 蒸发器以及与之配套的对旋局扇。TS-450PB 蒸发器产生的冷风可通过胶质风筒送到电气平台。制冷站设备落地安装。

冷却站集中设在 130608 工作面机巷措施巷，排热方便，冷却站设备可放置，无须掘进专门硐室。据现场实测，该地点回风风量达 600m³/min 左右，风温 27℃ ~ 29℃，可满足冷却站排热要求。冷却站设备主要有 LQ-600 型排热冷却器 1 台及与之相配套的排热局扇、水泵和水箱。制冷系统工艺流程见图。

四、降温管路选择

（一）降温管路系统

矿井局部降温系统制冷量为 450kW，根据目前国内外同类制冷机组配套电机情况，电机功率一般为 132kW，冷凝器排出总热量包括制冷剂在蒸发器中吸收的热量以及在压缩过程中获得的机械功，单台主机排热量为 560kW。该热量均由通过冷却器随总回风排出。

（二）管路选型

1. 降温管路的管径计算公式如下

D＝（4×Q/(π×v×3600)）1/2

D——降温管管径，m；

Q——降温管流量，立方 /h；

v——降温管经济流速，1.2m/s ~ 2.5m/s。

2. 降温管路的壁厚计算

（1）回采工作面冷却水管路设计

根据开拓开采布置及水系统流量等参数，降温管路选用 20 号热轧钢无缝钢管，经以上计算公式计算确定，选用的无缝钢管管径和管壁厚度如下：

（2）回采工作面循环冷却水管路设计

在矿井制冷系统中，冷冻水 1.5m/s 的经济流速，从经济和实际两方面考虑，回采工作面主管选用直径 D273×8 无缝钢管，支管可选用 D108×5 无缝钢管。

（3）掘进工作面循环冷却水管路设计

掘进工作面管路单独设置，根据空冷器技术参数可知，单个掘进面需冷却水量为 $50m^3/h$。

冷却水循环管路主管可选用直径 D159×6 无缝钢管。

（4）管道试压

管路及各构件安装前、整条管路安装完毕必须进行水压试验，试验压力不小于规定压力的 1.5 倍。

（三）管路防腐及保温

1. 管路保温

为保证降温管内的水温变化不超过 0.6℃ /km，管路采用预制成品保温管，在连接完成后，应对全部管路接口段的构件采取包裹隔热保温层进行保温处理。

为防止降温管路受撞击破坏，设计除接口部分以外的管路，在保温层外部再增加一层不燃性玻璃钢保护层，保护层厚度为 5mm，玻璃钢保护层可现场加工。该次设计仅冷却水回水。

2. 管路安装

井下降温冷冻水经运输大巷及采掘运输巷送至采掘工作面降温地点。降温管路根据用水点的水量及水压情况，并设置减压阀。降温管路沿巷道架空敷设。

井下降温管道采用热轧无缝钢管，当管径 DN≤50、P ≦ 1.6MPa 时，采用丝扣连接；当管径 DN ＞ 50、P ＞ 1.6MPa 时，采用快速管接头连接。

第四节　电气及自动控制系统

一、电气

（一）设计依据

1.《20KV 及以下变电所设计规范》GB50053-2013；

2.《煤炭工业矿井设计规范》GB50215-2015；

3.《供配电系统设计规范》GB50052-2009；

4.《低压配电设计规范》GB50054-2011；

5.《煤矿安全规程》2016；

6. 有关的规定、文件等；

7. 工艺专业提供的技术资料及平面图。

（二）设计范围

井下 10kV 供配电系统。

井下 660V 供配电系统。

（三）供、配电系统

1. 负荷等级

根据《煤炭工业矿井设计规范》，井下降温及风源热泵设备负荷按二级负荷要求配电。

2. 供电回路及电压等级的确定

井下局部系统采用高压 10/0.69kV 单电源供电，130604 回采工作面局部降温设备（制冷站）660V 电源取自 130604 风巷中部联络巷新设移变 KBSGZY-800/10/0.69800kVA 低压侧；高压电力电缆接 13 采区变电所高爆 5205#PBG50-10Y，高压电力电缆采用 MYPTJ-10kV3 × 50+3 × 25/3+3 × 2.5mm² 型矿用屏蔽监视型橡套软电缆，低压电力电缆采用 MYP 型矿用移动屏蔽橡套软电缆，井下电压等级为 10kV 及 660V。

130604 回采工作面局部降温设备（冷却站）660V 电源取自 130602 机巷绕道新设移变 KBSGZY-630/10/0.69630kVA 低压侧；高压电力电缆接至 13 采区变电所高爆 5203#PBG50-10Y，高压电力电缆采用 MYPTJ-10kV3 × 50+3 × 25/3+3 × 2.5mm² 型矿用屏蔽监视型橡套软电缆，低压电力电缆采用 MYP 型矿用移动屏蔽橡套软电缆，井下电压等级为 10kV 及 660V。

130606 掘进工作面局部降温设备（制冷站、冷却站）10kV 电源取自 130606 掘进工作面引至新设 KBSGZY-400/10/0.69400kVA 高压侧；高压电缆接原有移变 KBSGZY-500/10/1.2500kVA 电源电缆。

高压电力电缆采用 MYPTJ-10kV3 × 35+3 × 16/3+3 × 2.5mm² 型矿用屏蔽监视型橡套软电缆，低压电力电缆采用 MYP 型矿用移动屏蔽橡套软电缆，井下电压等级为 10kV 及 660V。

3. 配电系统

根据工艺专业提供的配电设备，在 130604 回采工作面设置局部降温设备（制冷站），将配电设备设置局部降温处。共设置 1 台 KBSGZY-800/10/0.69 矿用隔爆移动变电站（新增）、1 台 QJZ2-1600/660-8 矿用隔爆型组合开关、1 台 KBZ-400/660 矿用隔爆真空馈电开关、2 台 QBZ-80/660VF4 × 80 矿用隔爆型组合开关为设备提供供电电源。

在 130604 工作面辅助运输巷跨巷段与主水平回风大巷西侧交叉位置处设置局部降温设备（冷却站），将配电设备设置局部降温处。共设置 1 台 KBSGZY-630/10/0.69 矿用隔爆移动变电站（新增）、1 台 QJZ2-2000/660-11 矿用隔爆型组合开关、4 台 ZJT-90/660V 矿用隔爆型兼本质安全型交流变频器、1 台 KBZ-400/660 矿用隔爆真空馈电开关、2 台 QBZ-80/660VF4 × 80 矿用隔爆型组合开关为设备提供供电电源。

在 130606 掘进工作面局部降温设备（制冷站、冷却站），将配电设备设置局部降温处。共设置 1 台 KBSGZY-400/10/0.69（新增）矿用隔爆移动变电站、1 台 QJZ2-1600/660-4 矿用隔爆型组合开关、1 台 QJZ2-1600/660-8 矿用隔爆型组合开关、1 台 KBZ-200/660 矿用隔爆真空馈电开关、2 台 QBZ-80/660VF4 × 80 矿用隔爆型组合开关为设备提供供电电源。

冷却水循环泵采用变频启动运行方式，矿用隔爆型兼本质安全型交流变频器以 660V 向防爆冷却水循环泵供电，电缆采用 MYP-1.14/0.6 型煤矿用阻燃橡套电缆。其他均由矿用隔爆型组合开关直接启动。

QBZ-80/660kVF4 × 80 矿用隔爆型组合开关向冷却器配套局扇供电。电动蝶阀由厂家配套提供控制箱，电源引自组合开关。

4. 导线选择及负荷计算

（1）导线选择

该工程供电由 13 采区变电所引出 10kV 高压单回电缆线路。电缆采用电缆挂架悬挂敷设。电缆与风压管、供水管在巷道同一侧敷设时，必须敷设在管子上方，并保持 0.3m 以上的距离。通讯与信号电缆与电力电缆敷设在巷道同一侧时，应敷设在电力电缆上方 0.1m 以上的地方。因泵与电气设备距离较近，为防止漏水及溅水，建议泵与电气设备之间加装隔板。

（2）负荷计算

经过用电负荷统计和估算，负荷统计如下：

130604 回采工作面局部降温设备（制冷站）电力负荷统计表。

设备总容量：772kW

用电设备工作容量：580kW

有功负荷：464kW

无功功率：348kvar

视在功率：580kVA

功率因数：0.8

130604 回采工作面局部降温设备（冷却站）电力负荷统计表。

设备总容量：678.5kW

用电设备工作容量：483.5kW

有功负荷：386.8kW

无功功率：290.1kvar

视在功率：483.5kVA

功率因数：0.8

130606 掘进工作面局部降温设备（制冷站、冷却站）电力负荷统计表。

设备总容量：329kW

用电设备工作容量：277kW

有功负荷：221.6kW

无功功率：166.2kvar

视在功率：277kVA

功率因数：0.8

5. 井下局部降温设备接地

（1）在设备旁装设局部接地极。

（2）局部接地极设置在巷道水沟内，接地极板采用面积不小于 0.6m²，厚度不小于 3mm 的钢板，放置于水沟深处。

（3）连接主接地极的接地母线，采用截面不小于 50mm²，的铜线。

（4）电气设备的外壳与接地母线或局部接地极的连接采用厚度不小于 4mm，截面积不小于 50mm² 的扁钢。

（5）橡套电缆的接地芯线，除用作检测接地回路外，不得兼作他用。

（6）接地系统电阻值 ≤2 欧姆。

6. 照明

该工程中设备布置点照明已有，不做变动。

二、自动控制系统

HG/T20505-2000《过程测量和控制仪表的功能标志及图形符号》

HG/T20507-2000《自动化仪表选型设计规定》

HG/T20508-2000《控制室设计规定》

HG/T20509-2000《仪表供电设计规定》

HG/T20510-2000《仪表供气设计规定》

HG/T20511-2000《信号报警、安全连锁系统设计规定》

HG/T20512-2000《仪表配管配线设计规定》

HG/T20513-2000《仪表系统接地设计规定》

HG/T20514-2000《仪表及管线伴热和保温设计规定》

HG/T20515-2000《仪表隔离和吹洗设计规定》

HG/T20516-2000《自动分析器室设计规定》

HG/T20699-2000《自控设计常用名词术语》

HG/T20700-2000《可编程控制器系统工程设计规定》

为进一步提高井下降温系统的控制及管理水平，设计对井下降温系统进行生产过程自动化控制，设置监控分站、区域控制器等自动监测设备，实现自动化控制及监测。

系统应具有监视状态、报警、状态诊断等功能，以上设备可实现就地监测和控制，系统预留与上级管理单位调度系统实现数据通信功能。

采用的系统应技术先进、安全可靠、经济实用。系统投运后能实现“无人值班，少人值守”的功能要求。

系统硬件和软件采用模块化、结构化设计，使系统能适应功能的增加和规模的扩充。

（一）系统方案：

井下降温自动化系统能够实现以下功能：

1. 设备监控功能

实时监测井下核心设备运行状态等；并且实现主要设备远程启停控制功能。

2. 实现系统状况实时监测功能

实现系统中比如水箱水位、管路压力、冷凝器进出口水温、管路中水的流量及降温处理后环境温度等监测。并形成模拟量的实时监测曲线方便系统的监测监控。

3. 系统自动功能

配合整个系统中监测数据和控制功能，根据操作人员在人机界面上的设定关联压缩机控制的 PLC 实现整个系统的自动调解实现温度控制。

4. 系统工艺的闭锁功能

通过程序设定实现系统中关联设备的工艺逻辑闭锁关系，根据工艺要求而定。

系统软件能显示监控主站及分站的运行状态及网络状态。

5. 系统显示设备故障

当设备出现故障不能启动时，系统会提醒操作员或者以声光报警的形式提醒巡检的工作人员尽快处理故障保障系统的正常运行。

系统软件具有数据存储、查询功能。系统软件可查询历史数据和操作记录；可生成系统运行图。系统具有通过记录的数据能实现历史数据和历史报警数据的查询和打印。

系统具有网络通信功能，可方便地接入全矿井综合自动化系统。

（二）系统具体配置

地面部分由于原来已经形成了自动化控制平台，只需要将井下降温系统集成到原来自动化平台中不需要额外增加设备。操作员考虑可能要放置到安全监测室增加一台工业计算机。软件方面考虑新增加的操作员站工业计算机增加一套和原自动化系统相兼容的 IFIX3.5 软件。

系统设计充分考虑现场工况情况，考虑在冷却站放置隔爆兼本质安全型 PLC 主站，负责控制周边冷却水循环泵及喷淋泵的启停控制、水管进出口水温监测、水管进出口水压监测、水泵的轴温、油压及油温监测等；水箱的水位监测；冷却器局扇的开停监测、冷却站总电源开关的控制及各种阀门的控制等。制冷机组自带控制保护箱，由控制保护箱通讯将制冷机组 PLC 内部的信息悉数上传至主控 PLC。在制冷站及冷却站设置隔爆兼本质安全型 PLC 分站，负责控制蒸发器局扇的开停监测、制冷站位置的温度监测、制冷站总电源开关的控制及各种阀门的控制等。主站及分站之间通过通讯电缆进行连接，主站上设置以太网通讯模块通过交换机将系统的实时状态传输至以太网上，控制室中的上位机通过以太网取得系统的实时数据结合人机界面实现一个由下到上有硬到软的完整系统。

制冷机组应自带控制保护箱，并应自带所需的各种传感器，详见后附系统图。

控制保护箱功能：控制保护箱带有各种控制仪器，用于保护制冷机组的热力系统，防止制冷剂的压力和压缩温度过度增长。控制箱内设有微处理控制器，为本安型，供电电源为 12VDC，具有“Exia(ib)I”标志。控制器输入：控制开关量输入为 16 ~ 32 个；pt100 温度传感器模拟量输入为 8 ~ 12 个；电流标准为 4mA ~ 20mA 的模拟输入。配有 LCD 显示功能。

（三）系统功能

系统实施以后井下降温自动化系统能够实现如下各种功能：

系统符合新标准，并取得新煤安标志证 (MA)。

1. 降温系统工况的实时在线显示

根据系统实际布置情况，在控制室的操作员界面上绘制出和现场相符的动态图，结合现场传感器和 PLC 主站采集数据实时的反映设备的运行状况及各传感器在线监测的数据的动态显示。

2. 实时曲线

在操作员站界面上采用先进的组态软件和通用的计算机语言，将系统运行中所有重要的模拟量数据形成直观的曲线图，方便操作员对设备运行状态的实时掌控。

3. 历史曲线

通过知名的国际历史数据库，将设备运行的重要数据存储不少于 60 天，可以查询。方便对设备运行的历史情况查询，通过历史数据库的分析可以避免设备产生故障。并方便地将所以历史数据打印输出。

4. 系统设备间逻辑闭锁

通过 PLC 程序设定，可以实现存在逻辑关系的设备，只能在满足逻辑关系的条件下才能操作，避免不合理操作引发事故。

5. 远程启动停止设备

操作员在操作员站上操作鼠标，激发组态软件将指令发送至实时数据库，数据库通过工业以太环网将映射到数据库中的 PLC 中的控制点置 0 或置 1，通过现场的中间继电器控制现场设备的启动停止。在阀门控制部分要求设备提供方所供阀门必须具备远程控制功能。

6. 联网功能

地面上位机预留 Internet 网络接口，提供通信协议，使联上 Internet 网的计算机可以随时查看各皮带的运行状态。

7. 报表管理功能

进行生产管理，包括事件记录、运行日志报表、各设备累计运行时间及起、停时间等。

8. 打印功能

实现各种报表的打印，打印有关资料，如各胶带输送机运行日志报表、运行时间，停运时间，故障信息等。

9. 系统远程控制功能

通过现场的控制箱的旋转开关，选择设备是工作在远程控制状态还是工作在就地控制状态，当设备选择就地控制模式时远程的操作员站只具有监测功能，只是监测实时的数据不能操作现场设备。当设备的工作模式选择为远程工作模式时，地面的操作员起到监控作用，可以在地面控制设备的启动停止，地面校正参数。但是现场的停止和急停按钮仍可以将设备回复到原始的停止状态，保证设备及检修人员的安全。

10. 系统温度调整

将分站监测的系统传输到冷却站的 PLC 主站，系统实现根据现场温度自动调解制冷机组的工作状态，达到即能实现设定温度又能实现系统节能运行的目的。

（四）热工自动化设备选型

按照设计规范要求，井下热工仪表选用煤安型智能仪表，温度仪表选用一体化煤安型温度变送器，压力仪表选用煤安型压力变送器，流量仪表选用煤安型差压式一体化流量计。

第五节　投资概算

一、投资范围

该投资是包括该次设计规定范围内的井巷工程、土建工程、设备及工器具购置、安装工程和其他基本建设费用、预备费等的总投资。

二、编制依据

（一）工程量

根据设计提供的工程量和主要机电设备及器材清册。

（二）概算指标

1. 土建工程采用《煤炭建设地面工程概算指标》（2011 统一基价）和《煤炭建设地面工程预算定额（2013 统一基价）；《建筑工程计价定额》（2008 定额），《装饰装修工程计价定额》（2008 定额），《市政工程计价定额》（2008 定额）等；

2. 安装工程采用《煤炭建设机电安装工程概算指标》（99 统一基价）和《安装工程计价定额》、不足部分执行市场询价；

3. 其他基本建设费用指标采用中煤建协定 [2011] 第 72 号文颁发的《煤炭建设其他费用规定》；

4. 地区材料价格参考宁夏回族自治区计价定额安装工程主要材料价格信息（上、下册）及 2014 年《宁夏建材价格指南》（第五册）；

5. 矿区概算价差综合调整系数及人工费调整系数参照煤西价字（2017）第 45 号文；

6. 大型设备主要采用厂家询价；

7. 基本预备费：按 4%计算。

三、项目投资概算

麦垛山煤矿井下局部降温项目工程费用总投资为 3877.24 万元，其中：设备购置 1520.60 万元，安装工程 1704.21 万元，井巷工程 129.92 万元，其他费用 373.38 万元，基本预备 149.12 元。

第九章　麦垛山副立井风换热

第一节　工程概况及项目建设必要性

《中华人民共和国环境保护法》（2015 年 1 月 1 日起实施）、《锅炉大气污染物排放标准》(GB13271-2014) 已经实施。宁夏回族自治区环境保护厅依据《大气污染防治行动计划》，要求 2017 年年底前，银川对于具备拆除条件的 20 吨以下燃煤采暖小锅炉实施拆除；20 吨及以上的锅炉增加脱硫除尘设施，锅炉烟气排放达到《锅炉大气污染物排放标准》。

2017 年 4 月，某院出版了《神华宁夏煤业集团公司麦垛山煤矿副立井、主斜井工业场地供热热源及管路方案设计》，考虑麦垛山煤矿副立井和主斜井的供热均接入电厂 0.8MPa，220℃的过热蒸汽，通过在矿区建设换热站替代原有锅炉系统。根据 5 月 17 日《神华宁夏煤业集团有限公司专题会议纪要》（[2017] 第 113 次）会议精神："麦垛山煤矿主斜井、副立井工广供热，采用在井下主水平设置水源热泵，增设管路为井上职工公寓提供采暖用低温热水，同时兼顾井下制冷降温工况，达到投资效益的最大化。对井口空气加热进行改造；工广建、构筑物所需供热（剩余）负荷，可通过锅炉烟气改造达标后，为工广建、构筑物提供采暖所需蒸汽"。由于井下降温系统仅能提供 1680kW 的热量，远远无法满足供热需要，2017 年 8 月，该院出版了《麦垛山煤矿副立井锅炉脱硫除尘改造初步设计》，将原有 20t 锅炉烟气进行脱硫、除尘改造，达到环保要求，解决麦垛山煤矿副立井工业场地地面建筑冬季供热的环保问题。

由于麦垛山煤矿副立井场地的回风热源较为丰富，该方案考虑利用矿井回风余热直接换热供暖技术，利用回风中提取的热量进行进风井筒的供热。

第二节　矿区采暖及供热现状及热负荷校核

一、副立井工业场地供热现状

麦垛山煤矿副立井工业场地锅炉房设有 2 台 20 吨和一台 10 吨的蒸汽锅炉，冬季用于地面建筑采暖和井筒防冻，夏季仅10吨蒸汽锅炉运行，供行政办公楼、食堂空调系统的蒸汽双效溴化锂吸收式冷水机组。

副立井工业场地一般工业建筑物、生产系统均设置集中热水采暖系统，热媒为锅炉房换热后提供的110/70℃高温水，目前汽水换热系统运行良好；高大的工业建筑如综采设备中转库、机修车间等采用蒸汽采暖，热媒为锅炉房提供的0.3MPa饱和蒸汽；倒班楼、文体活动中心采用低温地板辐射采暖，行政办公楼、食堂均采用全年性中央空调。综合办公室、值班室等小空间散热器采暖，胶轮车库、材料库等大空间采用吊顶风柜等形式。

二、副立井工业场地热负荷校核

（一）气象资料

冬季采暖室外计算温度： - 13.1℃

冬季通风室外计算温度： - 7.9℃

夏季通风室外计算温度：27.6℃

夏季通风室外计算相对湿度：48%

冬季室外平均风速：1.8m/s

夏季室外平均风速：2.1m/s

冬季主导风向：西北风及偏西风

极端最低温度平均值： - 27.7℃

最大冻土深度：88cm

考虑到该工程处于室外空旷地区，附近没有其他建筑物，该次设计冬季采暖室外计算温度采用 -16℃。

（二）井筒防冻

1. 井筒防冻现状

目前副立井井筒防冻采取空气加热机组加热井筒进风的形式。空气加热室先吸取部分新风并将其加热至70℃，再送入井筒与井筒的其余进风混合，混合后空气的设计温度为2℃，从而达到井筒防冻的目的；混合空气靠负压吸入井筒；空气加热热媒为室外供热管网提供的饱和蒸汽；空气加热室与副立井井口房联建。副井空气加热热媒为0.3MPa饱和蒸汽。该次改造后利用矿井回风余热进行井筒防冻。原有空气加热系统继续保留，作为备用。

2. 井筒防冻热负荷校核

井筒防冻室外计算温度：tr=-25.4℃（历年极端最低温度平均值）

空气加热温度：tr=10℃

冷热风混合温度：tn=2℃

考虑到各风井的风量要满足初期及后期的整体要求，该设计按进风量大的设计，具体如下。

副立井、主斜井、矸石斜井井筒防冻：

副立井总进风量为 204.4m³/s，井筒防冻总耗热量为 6948.48kW

加热风量 V 副立 =6948.68/(1.01 × 1.16 × 35.4)=167.5m³/s

（三）地面建筑物热负荷校核

工业场地内凡经常有人工作、休息及生产工艺对室温有一定要求的建筑物均设置集中采暖。

考虑到该工程处于室外空旷地区，附近没有其他建筑物，该次设计冬季采暖室外计算温度采用 -16℃。

麦垛山煤矿副立井工业场地建筑耗热量表见下表 9-1。

表 9-1 副立井场地采暖热负荷统计表

序号	建筑物名称	室内计算温度	建筑体积	体积热指标	计算温差	耗热量		
						采暖	通风	合计
		℃	m³	W/m³K	℃	kW		
一	副立井工业广场							
（一）	工业建筑							
1	副井井口房	15	15895	1.2	31	591.3		591.3
	空气加热室	15	2140	3	31	199		199
2	副井提升机房							
	提升大厅	15	10750	0.9	31	299.9		299.9
	电气控制室	18	328	2.3	34	25.6		25.6
3	制氮车间	15	11000	1.1	31	375.1		375.1
4	空气压缩室	15	1958	1.9	31	115.3		115.3
5	通风机房							
	风门间	8	1817	1.6	24	69.8		69.8
	值班室	18	1140	1.2	34	46.5		46.5
6	机修车间	15	26367	1.5	31	1226.1		1226.1
	办公室	18	1140	1.2	34	46.5		46.5
7	1# 综采设备中转库	8	44014	0.6	24	633.8		633.8
	2# 综采设备中转库（预留）	8	44014	0.6	24	633.8		633.8
8	器材库	8	22116	0.6	24	318.5		318.5

续表

序号	建筑物名称	室内计算温度	建筑体积	体积热指标	计算温差	耗热量		
						采暖	通风	合计
		℃	m^3	W/m^3K	℃	kW		
	器材库办公室	18	1590	1.7	34	91.9		91.9
9	器材棚	8	19932	0.75	24	358.8		358.8
10	消防材料库	8	1469	1.5	24	52.9		52.9
11	油脂库	8	1305	1.5	24	47		47
12	无轨胶轮车库	10	14760	0.75	26	287.8	116.5	404.3
	附属用房	18	1440	1.15	34	56.3		56.3
13	加油站	15	1277	1.3	31	51.5		51.5
14	坑木加工房	15	2280	1.5	31	106	47.6	153.6
15	锅炉房	15	19750	0.8	31	489.8		489.8
16	锅炉房上煤栈桥 1	8	201.6	2.9	24	14		14
17	锅炉房上煤栈桥 2	8	504	2.5	24	30.2		30.2
18	生活污水处理站							
	处理设备间	15	1243	1.5	31	57.8		57.8
	SBR 反应池	15	1243	1.5	31	57.8		57.8
19	日用消防水池、泵房							
	日用消防泵房间	15	3570	1.2	31	132.8		132.8
	泵房值班室	18	455	2.7	34	41.8		41.8
	消毒制药间	15	350	2.3	31	25		25
	制水间	15	455	2.4	31	33.9		33.9
20	35KV 变电所	18	1200	1.6	34	65.3		65.3
21	地面制浆站							
	制浆车间	15	2016	1.6	31	100		100
	材料库、控制值班室	18	252	2.4	34	20.6		20.6

续表

序号	建筑物名称	室内计算温度	建筑体积	体积热指标	计算温差	耗热量		
						采暖	通风	合计
		℃	m^3	W/m^3K	℃	kW		
22	大门及门卫室	18	252	2.4	34	10.8		10.8
23	厕所	16	212	2.1	32	14.2		14.2
24	区队库房	8	3593	1.7	24	146.6		146.6
25	综掘一队彩板房	18	158573	0.5	34	1347.8		1347.8
26	综掘九队彩板房	28	158573	0.5	34	1347.8		1347.8
27	生产准备了库房	18	3593	1.7	24	146.6		146.6
28	综采一队彩板房	18	158573	0.5	34	1347.8		1347.8
29	新建生活区	18	158573	0.5	34	1347.8		1347.8
	小计							12575.9
（二）	生活福利建筑							
1	联合建筑	18	41231	0.5	34	700.9	210.3	911.2
	澡堂网箱						1295	
2	行政办公楼	18	23240	0.6	34	474.1		474.1
3	文体中心	18	29686	0.5	34	504.7		504.7
4	职工食堂	18	13770	0.7	34	327.7		327.7
5	倒班楼（共6栋）	18	158573	0.5	34	2695.7		2695.7
6	门卫室（共3处）	18	392	2.4	34	32.0		32.0
7	公共厕所（共2处）	16	252	2.4	32	19.4		19.4
	小计							6259.8
	总计							18835.7

综上，麦垛山煤矿副立井工业场地地面建筑采暖耗热量为：18835.7kW。

洗浴热水热负荷为2017.4kW（采暖季采用室外管网提供的0.3MPa饱和蒸汽，非采暖季采用太阳能热水系统）。

供热总热负荷为：20853.1kW。

室外管网漏损系数取1.25。

地面建筑冬季采暖总热负荷为：26066.38kW（由2台20t锅炉供暖）。

井筒防冻总耗热量为6948.48kW（由风风换热系统供暖）。

第三节　麦垛山煤矿可利用热源及方案总体

一、麦垛山煤矿可利用热源

（一）矿井水余热

麦垛山煤矿矿井水目前正常涌水量994.0m³/h、最大涌水量1193.0m³/h，温度20℃。若矿井水余热进行回收利用，按照提取后的温度为5℃计算，最大可提取的热量为7291kW，矿井水余热无法满足矿区供热需要。且目前矿井水从井下水仓提升后，直接排至红柳矿井水处理站统一处理，若为提取矿井水余热新建水池、泵房等设施代价过高。

（二）矿井回风余热

麦垛山煤矿回风斜井最大回风量为310m³/s，最小回风温度18℃，湿度85%，利用风源热泵将回风余热提取后的回风温度为5℃，湿度100%。

最大可提取热量用焓差法计算可知：

$$Q_{\max} = M \times (I_2 - I_1) = 9132kW$$

M—风量，m³/s；I1—降温前焓值，kj/kg；I2—降温后焓值，kj/kg 提取的回风余热虽然不足以对整个矿区进行供热，但足以解决冬季井口防冻的问题，本初步设计着重对回风余热利用进行探讨。

（三）电厂余热

矸石电厂位于麦垛山东侧7.7km处，根据电厂提供的汽机技术协议，一期每台机组四段抽气提供厂用汽能力为60t/h，五段抽气厂用汽能力为40t/h。经过咨询汽机厂，此两级抽气同时抽气时，通过提高汽机进汽量，机组能发出铭牌功率330MW。

二期工程每台汽轮机100%负荷时四段抽气具有对外最大40t/h（蒸汽参数：0.8MPa(a)，220℃）的供厂用汽（用于对外供热）的能力，可以满足麦垛山煤矿副立井的供热需要。

（四）现有锅炉脱硫除尘改造

根据麦垛山煤矿锅炉近期烟尘监测报告，烟尘排放浓度为166mg/m³，SO_2排放浓度为40mg/m³，NOx排放浓度为264mg/m³。依据《锅炉大气污染物排放标准》中大气污染物特别排放标准的规定，该锅炉房烟尘、SO_2、NOx排放均超标。按照现行环保政策《宁夏大气污染防治行动计划》，20吨锅炉经过脱硫除尘改造，烟气排放达标以后，允许继续使用。通过对20吨锅炉的改造，可以解决地面建筑物采暖的问题。

（五）结合井下降温系统

根据《神华宁夏煤业集团有限公司专题会议纪要》（[2017] 第 113 次）会议精神，麦垛山煤矿主斜井、副立井工广供热，采用在井下主水平设置水源热泵，增设管路为井上职工公寓提供采暖用低温热水，同时兼顾井下制冷降温工况，达到投资效益的最大化。对井口空气加热进行改造；工广建、构筑物所需供热（剩余）负荷，可通过锅炉烟气改造达标后，为工广建、构筑物提供采暖所需蒸汽。

根据某院 7 月出版的《神华宁夏煤业集团公司麦垛山煤矿 130604 局部降温方案设计》，麦垛山副立井能利用井下降温的热量仅有 1680kW，远远无法满足麦垛山副立井工业场地的采暖需要，若采用该余热需要增加热泵系统，使采暖系统更加复杂，故障点增加。且根据麦垛山井下降温设计预测的情况，随着回采工作的进行，热害呈逐渐降低的趋势，故可提取的热量也相应会减少，降低了热泵系统的可靠性。

二、设计总体思路

若采用电厂余热，2017 年矸石电厂 1-4# 机组全部 100% 工况下运行，再增加一期机组冷段 100 吨抽气，目前除电厂自用气和红柳煤矿供热外，还有 60 蒸吨（折合饱和蒸汽）对外供热能力，完全可以满足麦垛山煤矿 50.5 蒸吨（折合饱和蒸汽）的供热需要，但根据 5 月集团公司对《神华宁夏煤业集团公司麦垛山煤矿副立井、主斜井工业场地供热热源及管路方案设计》审查意见来看，接矸石电厂蒸汽管路方案由于电厂蒸汽凝结回水水质要求很高（硬度 ≤5 μ mol/L，铁 ≤100 μ g/L，TOCi≤400 μ g/L），满足凝结回水水质要求代价太大，该方案在经济上不可行。

若将现有 2 台 20t 锅炉进行脱硫除尘改造，烟气达标排放，是符合现行政策的。且该方案对原有系统改动量最小，初期投资和运行费用均为最少，较为理想。但由于供热能力有限，仅能解决地面建筑物采暖的问题。

若采用矿井回风余热，总共可提取的热量为 9132kW，虽然低于麦垛山煤矿 35369kW 总的耗热量，但可以解决井口防冻 6948kW 的需热量。

麦垛山煤矿根据环保政策，在拆除燃煤锅炉后，可能利用的热源主要有矿井回风余热、电厂余热、蓄热电锅炉、天然气锅炉等，经过上述分析，可以看出，采用脱硫除尘改造解决地面建筑物采暖，再采用回风余热直接换热供暖解决井筒防冻问题，是目前最为理想的思路。

第四节 回风余热换热系统

一、回风余热系统原理

（一）技术原理

煤矿是个巨大的蓄热体，蕴藏丰富的地热资源。进入煤矿的空气不断与煤矿的巷道、机电设备、淋水等进行热交换，最终，空气温度与煤矿的地温达到平衡。煤矿的地温基本恒定，致使煤矿回风的温度全年基本恒定，受外界气温的影响很小。另一面井下机电设备散热（一般机电设备功率的 20%）、煤尘氧化散热、地下水散热、人员散热等均进入矿井回风中。故而，煤矿回风是一种稳定的较优质的余热资源。麦垛山煤矿副立井冬季矿井回风温度最低为 18℃左右。“风—风”换热见图 9-1，室外新鲜空气通过间壁式热交换器与矿井回风直接进行热交换，通过风道将换热后的新风直接送入进风井，该系统特别适用于进出风井之间距离相对较近的情况。

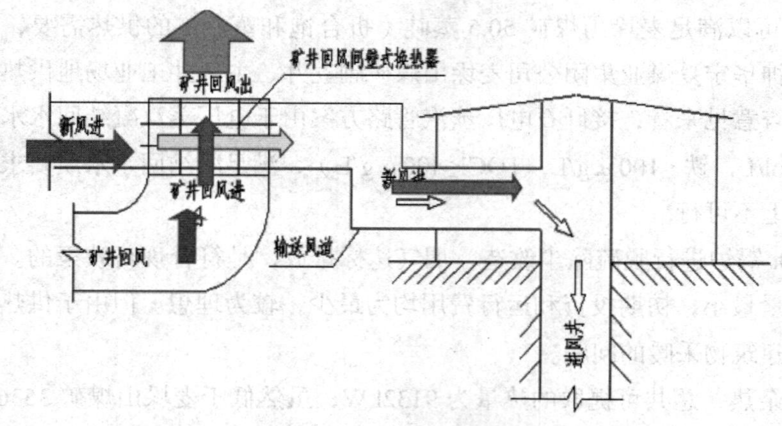

图 9-1　矿井回风直接换热原理图

（二）矿井回风空气进入间壁式冷却器内，当间壁式冷却器表面温度低于矿井回风的露点温度，矿井回风中的水蒸气就会凝结，从而在间壁式冷却器外表形成一层流动的水膜见图 9-2。紧靠水膜处为矿井回风的界限层，可以认为与水膜相近的饱和回风层的温度与间壁式冷却器外表上的水膜的温度大约相等。因此，矿井回风的主体部分与间壁式冷却器表面的热交换是由矿井回风的主流和凝结的水膜中间存在的温差（$t - t_i$）而产生的，质交换是因为矿井回风主体和凝结水膜附近的饱和回风层当中的水蒸气当中分压力差，即含湿量之差（$d - d_i$）而引起的。根据麦凯尔 (Merkel) 方程计算方法。

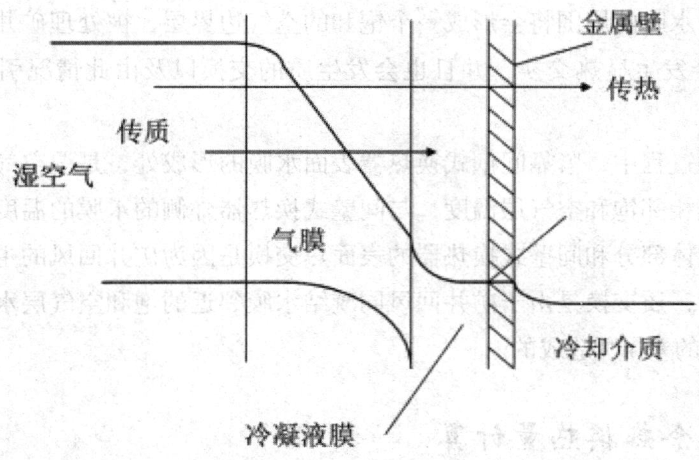

图 9-2 湿空气在换热面上冷却换热示意图

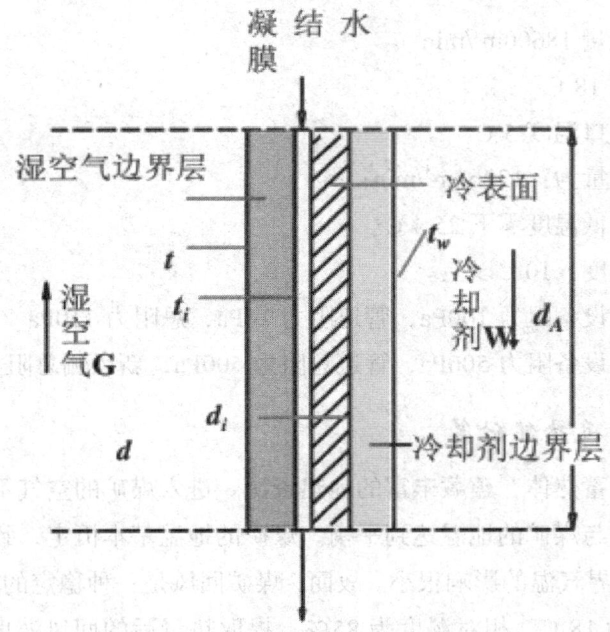

图 9-3 湿空气冷却与降湿

用间壁式换热器与矿井回风换热时，与矿井回风进行热质交换的介质不和矿井回风直接接触，热质交换是利用间壁式换热器的金属面壁来实现的。矿井回风与被加热介质的流动方式一般为逆流或逆交叉流。

当间壁式换热器表面温度，低于被处理矿井回风的干球温度，但还不低于其机器露点温度的时候，则矿井回风只被冷却且不析出凝结水。这个过程称之为定湿冷却或干冷（干冷工况）。

如果金属表面温度低于矿井回风的露点温度，则矿井回风不但被冷却，而且会有凝结水析出，并且在金属表面上形成水膜。这个过程称为减湿冷却过程或湿冷过程（湿工况）。

在这种过程中，在水膜的周围将会形成一个饱和的空气边界层，被处理矿井回风与间壁式换热器之间不但会发生显热交换，并且也会发生质的交换以及由此情况引发的空气潜热交换。

在冷却减湿的过程中，紧靠间壁式换热器表面水膜的形成处，是湿空气的边界层，这时就可认为与水膜相邻饱和空气层温度，与间壁式换热器外侧的水膜的温度大致的相等；因此，矿井回风主体部分和间壁式换热器的表面热交换是因为矿井回风的主流与凝结水膜两者的温差而产生，质交换是由于矿井回风同凝结水膜邻近的饱和空气层水蒸气之间的分压力差(即含湿量的差)所造成的。

二、回风余热换热量计算

（一）设计数据

1. 矿井回风侧流量 18600m³/min
2. 回风进口温度 18℃
3. 提热后回风出口温度 5℃
4. 矿井新风侧流量为：12264m³/min；
5. 新风侧进口最低温度零下 25.4℃。
6. 新风侧出口温度：10℃以上。
8. 回风侧压损：设备阻力 100Pa，管道阻力 10Pa，总阻力 110Pa
9. 新风侧压损：设备阻力 500Pa，管道总阻力 500Pa，新风侧总阻力 1000Pa。

（二）矿井回风热能计算

煤矿是个巨大的蓄热体，蕴藏丰富的地热资源。进入煤矿的空气不断与煤矿进行热交换，最终，空气温度与煤矿的地温达到平衡。煤矿的地温基本恒定，致使煤矿回风的温度全年基本恒定，受外界气温的影响很小。故而，煤矿回风是一种稳定的较优质的余热资源。

按照回风温度为 18℃，相对湿度为 85%，提取热量后的回风温度为 5℃，相对湿度为 100%计。

1. 回风热能提取前空气参数

干球温度：18℃

相对湿度：85%

露点温度：15.44℃

含湿量：12.86g/kg

大气压：86.6kPa

焓：50.70kJ/kg

密度：1.03kg/m³

2. 回风热能提取后空气参数

干球温度：5℃

相对湿度：100%

露点温度：5.0℃

含湿量：6.2g/kg

大气压：86.6kPa

焓：20.6kJ/kg

密度：1.102kg/m³

3. 可提取热量计算

采用焓差法计算

最大可提取热量：Q1=M1(I1 × 1.03-I2 × 1.1)=9163.91kW

式中：

M—风量，m³/s；

I1—风井降温前焓值，kj/kg；

I2—降温后焓值，kj/kg

根据计算，风井场地回风可利用热量和设计热负荷如下表 9-2：

序号	项目	热量 / 热负荷 (kW)
1	麦垛山副立井回风最大可利用热量	9163.91
2	麦垛山副立井进风热负荷	6948.68
3	换热效率	90%
4	理论提取热量	8247.52
5	富裕系数	1.19

根据上表 9-2 可知，根据现有数据的计算，麦垛山煤矿副立井回风中提取的热量完全可以经过利用加热井筒进风。

三、换热工艺设计方案

该工程采用间壁式换热器的方式回收回风的热量，新风与间壁式换热器直接换热，将新风加热至 10℃以上通过保温风道送入进风井井口，与部分未加热的冷空气混合后进入井筒内，进入井筒的空气温度不低于 2℃。

为满足井筒防冻的要求，进风需被换热器加热的风量为：

6948.68/(1.01 × 1.16 × 35.4)=167.5m³/s

（一）换热器选型

按照设计工况，单台间壁式换热器换量为 3500kW，共总换热量为 7000kW。机组采用工业级 PLC，全中文微电脑控制器，可编程序控制器的用户运行程序可以方便地调整，可以根据不同的天气变化和井口温度自动调节运行满足用户的多种要求。机组配换热器进风过滤装置。

（二）换热器换热面积确定

矿井回风间壁式换热器总传热系数确定

我们规定矿井回风和新风侧壁面处的对流换热系数分别为 hf、hx，则根据传热学的公式，换热器的总传热系数为：

$$K=\frac{1}{\frac{1}{h_f}+\frac{\sigma}{\lambda}+\frac{1}{h_x}}$$

式中：hf—矿井回风侧的对流传热系数，W/m²・K；

hx—新鲜风流侧的对流换热系数，W/m²・K；

λ—板片材料的导热系数，W/m²・K；

δ—板片厚度，m；

由于矿井回风换热侧的换热属于湿工况下换热，在湿工况下，由于壁面凝水的生成，使得其换热工况变得较为复杂。通过查阅相关资料，目前还没有针对湿工况下间壁式换热器的对流换热系数的测定研究，参考《热质交换原理与设备》中关于表面式冷却器在此工况下的对流换热系数计算公式，对上式进行修正，修正后的换热器总传热系数的公式为：

$$K=\frac{1}{\frac{1}{h_g\cdot\xi}+\frac{\sigma}{\lambda}+\frac{1}{h_x}}$$

相当于矿井回风侧对流传热系数增大了 ξ 倍。

取 hf=50W/m²·K，hx=60W/m²·K，ξ 取 1.2。

给定矿井回风用间壁式换热器材质为 0.8mm 厚不锈钢 304，查物性数据手册导热系数为 17.4W/m·K

则总传热系数 K=30W/m²·K，

传热温差取对数平均温差

$$\Delta T=\frac{\Delta T_1-\Delta T_2}{\ln\frac{\Delta T_1}{\Delta T_2}}=\frac{27.4-5}{\ln\frac{27.4}{5}}=13.1$$

换热器传热面积为

$$A=\frac{500\times1000}{30\times13.1}=1272m^2$$

考虑到富裕系数取单台换热器换热面积 1800m²，FFH3500 型换热器由 7 个模块组成，总换热面积 12600m²。

（三）风道设计

1. 新风风道

新风风道设计采用镀锌钢板，厚度选用 1.2mm 厚，架空敷设。保温采用高压聚乙烯高倍发泡体橡塑材料保温，保温层厚度 50mm，保温外侧采用 0.5mm 厚钢板作为保护层。

根据风量，麦垛山煤矿副立井新风风道取直径 1.5 米圆形风道 6 趟，单个风管风速为 15.8m/s，风道系统阻力 173Pa。

2. 回风风道

考虑到回风的水汽较大，具有一定的腐蚀性，因此回风风道设计材料采用 4mm 厚 Q235 钢板，内外涂防腐涂料，架空敷设，采用高压聚乙烯高倍发泡体橡塑材料保温，保温外侧采用 0.5mm 厚钢板作为保护层。保温层厚度 50mm。

回风风道阻力位 30Pa，换热器阻力为 100Pa。总的回风侧系统阻力为 130Pa。根据现有风机性能曲线，增加的 130Pa 阻力，风机工况点仍在设计效率范围内。回风侧无须增加风机。

（四）通风风机

1. 回风侧风机

由于新增回风侧换热系统阻力不影响通风机运行，不再新增风机。

2. 新风侧风机

选用 6 台 YTHL-12C 型风机，每个新风风道内放置一台，单台风机流量 Q=120000m³/h，风压 P=1200Pa，电机功率 N=55kW。风机采用变频控制，根据室外温度进行调节，以调整加热后的新风进风量。

（五）冷凝水系统

该系统温度最低时，最大冷凝水析出量约为：5t/h，日冷凝水析出总量：120t/d，冷凝水直接外排。

（六）非供热季节、反风通风系统转换系统

该系统是一个安装于回风塔顶部的风道密封门，在冬季密封们处于关闭状态，矿井回风经引风风道提取热量后，排入大气中。在春、夏、秋非采暖季节，密封封门处于开启状态，不影响风机正常运行。

第五节　供配电及智能化系统

一、节供配电

（一）设计范围

1.220V/380V 低压设备配电系统。

2. 自动控制系统。

（二）电气设计

1. 负荷等级

因风风换热系统为井筒提供保温，根据《煤炭工业矿井设计规范》，该工程用电负荷按二级负荷要求配电。

2. 供电电源及电压等级的确定

为保证供电的安全性、可靠性，该工程采用低压 380V 双回路供电，一回路电源引自空压机房 10kV 配电室内新增低压配电柜，另一回路电源引自 35kV 变电所 0.4kV 侧。由于空压机房低压配电室还有一台配电柜的备用位置，因此在低压侧新增一台低压配电柜为该工程提供 380V 低压电源。

4. 低压供电系统接线形式及运行方式

在风管旁新建一间 380V 低压配电室，内设 5 台 GGD 型低压配电柜，为各个用电设备进行供配电，电缆均采用 ZRYJVP-1kV 型电力电缆沿室内电缆沟及室外架空电缆桥架敷设，风机设备均采用变频器进行启动运行。

5. 负荷统计

经过用电负荷统计和估算，380V 负荷统计如下：

设备总容量：340.0kW

用电设备工作容量：340.0kW

有功负荷：289.5kW

补偿前无功负荷：178.20kvar

补偿容量：100Kvar

补偿后无功负荷：78.20Kvar

视在功率：299.88kVA

6. 导线选择

电力线路均采用电缆敷设引至各用电设备，低压电缆采用 ZRYJVP-1kV 交联聚乙烯绝缘护套电缆，电缆根据具体情况可采用电缆在电缆沟内、在电缆桥架内及电缆穿水煤气钢管不同的敷设方式。

（三）照明配电

1. 该工程建筑物照明电源电压为 220V/380V，电源引自低压配电柜照明回路，采用三相五线或单相三线制供电。

2. 低压配电室照度取 200Lx。照明灯具选用铝合金吊杆节能荧光灯；有吊顶场所设格栅荧光灯具，灯具选用高显色性 T8 型荧光灯，配置高功率因数电子镇流器；采用金属卤化物灯，配置高功率因数电感镇流器，所有镇流器均符合国家能效标准；照明灯具主要以节能型灯为主。

3. 该工程除设正常照明外，在低压变配电室设置备用照明，应急照明时间不小于 180min。应急、疏散指示照明回路采用阻燃型电缆（线）并按规范、规程进行敷设安装。

（四）动力配电

该工程内用电设备采用变频启动运行的方式，在每台设备旁设置就防爆型地控制箱能够实现就地控制。

（五）电气节能和环保

该工程照明按照节能标准设计并全部选用节能环保型灯具，配节能型整流器。

该工程内用电设备采用变频启动运行方式。

（六）防雷与接地

1. 该工程配电室经计算达不到三类防雷。

2. 低压配电室内需做总等电位接地系统，接地形式采用 TN-C-S 系统。利用建筑物钢筋混凝土中的钢筋网作自然接地体，在室外电源进线处 PEN 线做重复接地。要求整个接地系统的接地电阻不大于 4 欧姆，与弱电系统一同作联合接地，其接地电阻不大于 1 欧姆。

3. 进出建筑物的水暖管道，配电箱及电气入户管，水煤气管道，建筑物钢筋网等金属物体均需做等电位联结。总等电位联接线采用 40×4 镀锌扁钢。所有插座均需采用漏电保护。

4. 在各建筑物电源总配电柜内设过电压保护，要求装第一级电涌保护器 (SPD)。

5. 室外风风换热管道可做接闪器，利用管架立柱作防雷引下线，引下线与立柱基础住进可靠焊接，风管壁厚不应小于 2.5mm。风风换热管道还应做防静电接地安装。

二、智能化系统

根据工艺流程，该系统设置自动控制系统一套。

（一）设计原则及范围

1. 控制系统

在电控室内由 1 套 PLC 控制箱组成，负责对乏风换热器设备状态进行监控。主要检测点有温度、风速，设备状态，设备启停，故障报警信号。

2. 控制系统的监控范围

该项目控制系统监控范围包括以下内容：

（1）检测换热器乏风回风部分的进风、出风温度，及相应的风速。

（2）检测换热器新风部分的进风、出风温度，及相应的风速。

（3）检测立井混合新风进口温度。

（4）监测控制 6 台新风风机的启动、运行、故障信号。

（5）现场配有 3 台新风机的远程启动防爆控制箱（盒），与相应控制柜干接点联动控制。并具备远程和本地切换功能。

3. 控制设备选型

（1）PLC

PLC 站均采用稳定可靠、配置灵活的西门子系列可编程序控制器。

（2）控制系统、仪表配线及安装

控制柜及仪表配线采用屏蔽控制电缆以抗外界干扰，控制线路与电力电缆采用同一路径敷设，室内电缆采用沿电缆桥架，或穿管敷设；室外控制电缆穿钢管埋地敷设。

（二）仪表设计、选型和电线电缆

根据工艺要求，水处理系统装有流量计、温度计、压力表、pH 计、浊度仪。

（三）报警系统

所有报警的一次接点在装置正常操作时将是闭合的，并且在异常条件下断开。

提供第一原因事故报警，报警操作顺序将按照 ANSI/ISAS18.1 报警顺序和说明。

（四）连锁系统

连锁系统的设计按照一旦装置发生故障时，将起到安全保护的原则进行。在系统故障或电源故障的情况下，连锁将使设备处于安全位置。

（五）系统防雷措施

系统防雷通过在设备电源和仪表处设置避雷器，并通过接地系统的等电位连接，以达到最佳的防雷效果。

第六节　结构设计

一、工程概况

神华宁夏煤业集团公司麦垛山矿井回风余热直接供暖循环利用技术设计由二座3600KW换热设备基础，新风出口支架、风机支架、新风进口支架组成，地上各单体基本情况见下表9-3：

编号	单体名称	地上层数	平面尺寸 (m)	基本柱网 (m)	结构高度 (m)	结构体系
1	换热设备		6 × 8.2(2)			钢筋砼
2	新风进口支架	一层	40.0 × 4.6	7.5m × 4.6m	3.3	钢框架
3	风机支架	三层	4.5 × 6.5	4.5m × 6.5m	12.0	钢框架
4	新风出口支架	二层	130 × 6.5	12m × 6.5m	7.7m	钢框架

二、设计标准

1. 建筑结构安全等级为二级，结构重要性系数为1.0。

2. 抗震设防烈度为7度，设计基本地震加速度为0.15g，设计地震分组为第三组，设计特征周期为0.45s，抗震设防类别为标准设防类（简称丙类）。

3. 该工程结构的设计使用年限为50年。

4. 场地类别为II类，地基基础设计等级为丙级，结构重要性系数为1.0。

5. 结构的环境类别：地上一类，地下二类。

三、荷载设计标准

1. 风荷载

（1）50年重现期基本风压值0.65kN/m²；

（2）地面粗糙度类别：B类。

2. 雪荷载

50年重现期基本雪压值取0.20kN/m²。

3. 活荷载

表 9-4　楼面活荷载标准值

项目	项目	房间功能	标准值	相应国家标准
1	换热设备	换热	38KN/ ㎡	工艺提供 建筑结构荷载规范 (GB 50009-2012)
2	新风进口支架	新风进口	6KN/m	
3	风机支架		10KN	
4	新风出口支架	新出进口	1KN/m	

四、场地工程地质

1. 场地标准冻深

场地标准冻深为 1.09m。

2. 场地地形

该项目用地为麦垛山矿区场地内，场地适宜建设。

五、地基基础

该项目全部单体建筑均采用钢筋混凝土独立柱基础 + 双向基础拉梁形式。根据矿上提供资料，拟建处无地下水，场地地表以下部分为杂填土为主，其下为砂岩土，根据上述地质条件设计基础并处理地基，具体以地质报告为准。

地基处理方案：基础采用混凝土预制方桩，桩径 250 × 250，单桩承载力特征值为 280KN，桩长暂定为 9.0 米，桩顶标高相对 ± 0.000 以下 -1.450，桩端伸入 (持力层) 第砂岩石层不小于 1500mm。

六、结构分析

1. 结构设计采用的计算软件

建研科技股份有限公司编制的“PK-PM 系列软件”；

2. 基础计算

采用建研科技股份有限公司编制的 JCCAD 软件进行分析。

七、主要结构材料和强度等级

（一）混凝土强度等级基础采用 C30 钢筋混凝土，垫层为 C20 混凝土。

（二）钢筋与钢材

1. 钢筋

该工程主要受力钢筋及箍筋采用 HRB400E 级钢筋，分布钢筋采用 HPB300。

钢筋的抗拉强度实测值与屈服强度实测值的比值不应小于 1.25；钢筋的屈服强度实测值与强度标准值的比值不应大于1.3; 且钢筋在最大拉力下的总伸长率实测值不应小于9%; 钢筋的强度标准值应具有不小于 95%的保证率。

2. 钢材

（1）结构钢采用 Q345C 钢，其质量应分别符合国家标准《低合金高强度结构钢》GB/T 1591-2008 规定。

（2）所有钢结构均为抗震结构，要求钢材的抗拉强度实测值与屈服强度实测值的比值不应小于 1.2。钢材应具有良好的可焊性及明显的屈服台阶，且伸长率应大于 20%，钢材的屈服点不宜超过其标准值 10%。钢材力学性能和碳、硫、磷、锰、硅含量的合格保证必须符合标准：《GB700-88》。

（3）所有钢材均为焊接结构用钢，均应按照现行标准进行拉伸试验、弯曲试验、V 型缺口冲击等试验及熔炼分析，还应满足可焊性要求。

(4) 预埋件采用 Q345B 钢，其质量应符合国家标准《碳素结构钢》GB/T 700-2006 的规定。

第七节　环境保护

一、采用的环境保护标准及范围

（一）环境保护标准

根据麦垛山煤矿环境功能区划确认的纳污水体的功能执行下列评价标准。

1. 排放水质执行 GB8978-2002 中的二级标准。

2. 厂界声学环境执行 GB12348-2008《工业企业厂界噪声标准》II 类，工程施工期执行 GB12523-2011《建筑施工场界噪声限值》。

3. 固体废物执行 GB18599-2001《一般工业固体废物储存、处置场污染控制标准》。

4. 大气环境执行 GB3095-2012《环境空气质量标准》二级。

5. 声学环境执行 GB3096-2008《城市区域环境噪声标准》中 2 类。

（二）环境保护范围

1. 地面水环境

该工程建设在麦垛山煤矿工业广场内，无污水排出，不影响附近的地表径流。

2. 空气环境

对空气环境影响范围为厂界及周边敏感区域，使得敏感区域空气质量不受影响。

3. 噪声

厂界及附近敏感点，使其敏感点不受噪声干扰。

4. 固体废弃物

可能堆放污泥区域的土壤，使其不受污泥侵害。

二、主要污染源及污染物

工程施工将给周边造成粉尘和噪声污染。运行期的噪声将对周围环境产生影响。污染源分析如下：

（一）施工期污染源分析

场区改造等施工场地土石方运输，施工人员数十人，施工期对环境主要影响有：地面粉尘、施工机械和运输噪声，废弃物和生活垃圾，生活污水和暴雨径流造成的水土流失等。

（二）营运期污染源分析

营运期污染源主要是污水污染，固定废弃物污染，噪声源等。

1. 水污染源分析

脱硫系统浆液为闭式循环，不会对周边环境造成影响。

2. 固体废弃物分析

固体废弃物主要来自脱硫设施中产生的 $MgSO_3$ 等副产物，经过污泥压滤脱水后，含水率约 70%，运送至具有资质的单位进行处置。

3. 噪声源

噪声主要有循环水泵、定压补水泵等设备，其噪声见表 9-5。

表 9-5 工程设备噪声源

名称	噪声 (dBA)
热水循环泵	85 ~ 90
潜污泵	45 ~ 55
汽车	75 ~ 90

三、项目建设引起的环境影响及对策

（一）项目实施过程中的环境影响及对策

1. 工程建设对环境的影响

（1）工程征地的影响

锅炉房改造等均为集团已征用地，无须再征地。

（2）对交通的影响

工程建设时，由于车辆运输等原因，会使交通变得拥挤和频繁，较易造成交通问题，这种影响随着工程的结束而消失。

（3）施工扬尘、噪声的影响

① 扬尘的影响

工程施工期间，运输的泥土通常堆放在施工现场，直至施工结束，长达数月。堆土裸露，气候干旱多风，以致车辆过往扬起尘土，使大气中悬浮颗粒物含量骤增，影响厂区环境。

② 噪声的影响

施工期间的噪声主要来自供热改造建设时施工机械和建筑材料的运输，特别是夜间，施工的噪声可能影响邻近车间工作和休息，若夜间停止施工，或进行严格控制，则噪声对周围环境的影响将大大减小。

（4）生活垃圾的影响

工程施工时，施工区内几十个劳动力的食宿将会安排在工作区域内，这些临时食宿地的水、电以及生活废弃物若没有做出妥善的安排，则会严重影响施工区的卫生环境，导致工作人员的体力下降。尤其是夏天，施工区的生活废弃物乱扔，轻则导致蚊蝇滋生；重则致使施工区工人暴发流行疾病，严重影响工程施工进度，同时使附近的居民遭受蚊蝇、臭气、疾病的影响。

（5）废弃物的影响

施工期间将产生许多废弃物，这些废弃物在运输、处置过程中都可能对环境产生影响。

车辆装载过多导致沿程废弃物会散落满地，影响行人和车辆过往的环境质量。

废弃物处置地不明确或无规则乱丢乱放，将影响土地利用河流通畅，破坏自然生态环境，影响城市的建设和整洁。

废弃物的运输需要大量的车辆，如在白天进行，必将影响本地区的交通，使路面交通变得更加拥挤。

2. 建设中环境影响的缓解措施

（1）交通影响的缓解措施

工程建设将不可避免地影响该地区的交通，在制订实施方案时应充分考虑到这个因素，对于交通特别繁忙的道路，要求避让高峰时间，如采用夜间运输，以保证白天通畅。

（2）减少扬尘

工程施工中旱季扬尘和机械扬尘导致沿线尘土飞扬，建议施工中遇到连续的晴好天气又起风的情况下，对堆土表面（新增脱硫设备间基坑边堆土等处）撒上一些水，防止扬尘，同时施工者应对工地环境实施保洁制度。

（3）施工噪声的控制

运输车辆喇叭声、发动机声、混凝土搅拌机声以及地基处理声等造成施工的噪声，为了减少施工对周围环境的影响，应在施工设备和施工方法中加以考虑，尽量采用低噪声机械。对夜间一定要施工又要影响周围声环境的工地，应对施工机械采取降噪措施，同时也可以在工地周围设立临时声障之类的装置，以保证声环境质量。

（4）施工现场废物处理

工程建设需要几十个工人，实际需要的人工数决定于工程承包单位的机械化程度，水厂施工时可能被分成很多工段同时进行，工程承包单位将在临时工作区域内为劳动力提供临时的膳宿。工程承包单位应与当地环卫部门联系，及时清理施工现场的生产废弃物；工程承包单位应对施工人员加强教育，不随意乱丢废弃物，保证工人工作生活环境卫生质量。

（5）倡导文明施工

要求施工单位尽可能地减少在施工过程中对周围的影响，提倡文明施工，及时协调解决施工中对环境影响问题。

（6）制定废弃物处置和运输计划

工程建设单位将会同有关部门，为该工程的废弃物制定处置计划。运输计划可与有关交通部门联系，车辆运输避开行车高峰，项目开发单位应与运输部门共同做好驾驶员的职业道德教育，按规定路线运输，并不定期地检查执行计划情况。

施工中遇到有毒有害废弃物应暂时停止施工，并及时与地方环保、卫生部门联系，经他们采取措施处理后才能继续施工。

（二）项目建成后的环境影响及对策

1. 项目对周围的环境影响

（1）锅炉房改造等均不排放废水

整条管线正常运行为零排放，没有污水产生，不造成污染。

（2）噪声对环境的影响

噪声来源于风风换热设备的噪声，还有厂区内外来自车辆等的噪声，但控制在相关法律、法规、规范的要求范围内。

（3）视觉与景观影响

风风换热设备和风管等的建设可能对周围环境带来美学方面的一定影响，这需要由优美的建筑设计和园林绿化带克服，该工程注意建筑和园林绿化设计。

2. 对环境影响的对策

虽然该工程建成运行后对周围环境影响不大，但为了进一步减小工程对环境的影响，该工程拟采取以下措施。

（1）改善厂区工人的操作条件，总体布置与常年风向结合起来。厂前区布置在上风向，而将处理构筑物布置在主导风向的下风向，使大气环境影响最小。

（2）该工程涉及的泵等设备经过厂房隔声以后传播到外环境时已衰减很多，距机房30m噪声值已达到国家《城市区域环境噪声标准》(GB3096) 的标准值。

第八节　职业安全与卫生

一、职业安全主要危害因素

该工程的主要危害因素可分为两类：其一为自然因素形成的危害和不利影响；一般包括地震、不良地质、暑热、雷击、暴雨等因素；其二为生产过程中产生的危害，包括有害尘毒、火灾爆炸事故，机械伤害。噪声振动、触电事故，坠落及碰撞等各种因素。

（一）自然危害因素

1. 地震

地震是一种能产生巨大破坏的自然现象，尤其对构筑物的破坏作用更为明显。它作用范围大，威胁设备和人员的安全。

2. 暴雨和洪水

暴雨和洪水可能威胁新建建筑物的安全，其作用范围大，但出现的机会不多。

3. 雷击

雷击能破坏建、构筑物和设备，并可能导致火灾和爆炸事故的发生，其出现的机会不大，作用时间短暂。

4. 不良地质

同一地区不良地质对建、构筑物的破坏作用较大，甚至影响人员安全。

同一地区不良地质对建筑物的破坏作用往往只有一次，作用时间不长。

5. 风向

风向对有害物质的输送作用明显，若人员处于危害源的下风向，则极为不利。

6. 气温

人体有最适宜的环境温度，当环境温度超过一定范围，会产生不舒服感。气温过高会发生中暑，气温过低，则可能发生冻坏设备，气温对人的作用广泛，作用时间长，其危害后果较轻。

自然危害因素的发生基本是不可避免的，因为它是自然形成的，但可以对其采取相应的防范措施，以减轻人员、设备等可能受到的伤害或损坏。

（二）生产危害因素

1. 高温辐射

当工作场所的高温辐射强度大于 $4.2J/cm^2 \cdot min$ 时，可使人体过热，产生一系列生理功能变化，使人体体温调节失去平衡，水盐代谢出现紊乱，消化及神经系统受到影响，表现为注意力不集中，动作协调性、准确性差，极易发生事故。

2. 振动与噪声

振动能使人体患振动病，主要表现在头晕、乏力、睡眠障碍、心悸、出冷汗等。

噪声除损害听觉器官外，对神经系统、心血管系统亦有不良影响。长时间接触，能使人头痛头晕、易疲劳、记忆力减退，使冠心病患者发病率增多。

3. 火灾、爆炸

火灾是一种剧烈燃烧现象，当燃烧失去控制时，便形成火灾事故，火灾事故能造成较大的人员及财产损失。

爆炸同火灾一样，能造成较大的人员伤亡及财产损失。

一般来说，该工程火灾及爆炸事故发生的可能性较小。

4. 其他安全事故

压力容器的事故能造成设备损失，危及人身安全。此外，触电、碰撞、坠落、机械伤害等事故均对人身形成伤害，严重时可造成人员的死亡。

二、卫生防治措施

（一）抗震

该工程区域的地震基本烈度为 8 度，结构设计过程中按此进行抗震设计。

（二）抗洪

场地外无河流。厂区地面标高高于最高洪水位。在厂区内设相应的场地雨水排除系统，以及时排除雨水，避免积水毁坏设备和构筑物。

（三）防雷

设计对建筑物已采用避雷带防直击雷，并对其他非金属的屋顶设置与避雷带共同构成不小于 10 米宽金属网防感应雷，对其他第三类防雷建筑物采用避雷或防直击雷措施。

（四）防不良地质

根据资料显示，厂区及四周无影响稳定性的活动断裂或滑坡，无不良地质存在。

（五）防暑

为防范暑热，采取以下防暑降温措施：在生产厂房采取自然通风或机械通风等通风换气措施，宁夏气温不高，一般不需设空调，控制室、化验室等特殊需要时也可设置空调设备。

（六）合理利用风向

辅助建筑物坐北朝南，且为主导风向的上风向，以避免风向因素的不利影响。

（七）减振降噪

在生产过程中泵房噪音较大，在设备选型上优先选用低噪声设备，对噪声源采取了隔声、减振措施，并选用密闭隔音材料，高压泵选用变频调速，另采用能力回收装置取代段间增压泵等。经以上处理后噪音可大大降低，可降低 35dB 以上。

强振设备与管道间采用柔性连接方式，防止振动造成的危害。

在总图布置中，根据声源方向性，建筑物的屏蔽作用及绿化植物的吸纳作用等因素进行布置，减弱噪声对岗位的危害作用。

主要生产场所设置能起到隔声作用的操作室、休息室、噪声级均可低于 85dB(A)。办公室内噪声低于 60dB(A)。对于操作工人接触噪声不足 8 小时的场所及其他作业地点的噪声均满足《工业企业噪声控制设计规范》中的标准要求。

（八）防火防爆

在总平面布置中，各生产区域，构筑物及建筑物的布置均留有足够的防火安全间距，道路设计则满足消防车对通道的要求。

在工艺设计中，在可能有燃爆气体的室内设自然通风及机械通风设施，使燃爆性气体的浓度低于其爆炸下限。二氧化氯消毒器采用负压抽送，不使有害气体逸出设备。

有爆炸危害的室内设不发火花地面。

污泥处理系统的设备及管道均有跨接和静电接地装置。

在爆炸和火灾危险场所严格按环境的危险类别选用相应的电气设备和灯具；并按有关防雷规范的要求对建筑物采取相应的避雷措施。

厂区设计有相应的消防给水管网及室内消火栓。

（九）其他

1. 为了防止触电事故并保证检修安全，两处及多处操作的设备在机旁设事故开关，1KV 以下的设备金属外壳作接零保护；设备设置漏电保护装置。

2. 为了防止机械伤害及坠落事故的发生，生产场所梯子、平台及高处通道均设置安全栏杆，栏杆的高度和强度符合国家劳动保护规定，设备的可动部件设置必要的安全防护网、罩，地沟、水井设置盖板，有危险的吊装口、安装孔等处设安全围栏；厂内水池边设置救生衣、救生圈；在有危险性的场所设置相应的安全标志及事故照明设施。

3. 绿化对净化空气、降低噪声具有重要作用，是改善卫生环境，美化厂容的有效措施之一，并且绿化能改善景观，调节人的情绪，从而减少人为的安全事故。

第九节　投资概算与运行费用

一、投资概算

（一）编制说明

1. 投资范围

该项目投资是神华宁夏煤业集团公司麦垛山煤矿副立井回风余热直接供暖循环利用初步设计规定范围内的土建工程、设备购置、安装工程、其他工程建设费用和预备费等投资。

2. 编制依据

（1）工程量：依据设计提供的工程量编制。

（2）概算指标

① 土建工程参考《煤炭建设地面建筑工程概算指标》（2011 年版）、《宁夏回族自治区建筑工程计价定额》（2013 年版）及《宁夏回族自治区装饰装修工程计价定额》（2013 年版），不足部分参与算价。

② 安装工程参考《煤炭建设机电安装工程概算指标》（99 统一基价），不足部分执行市场询价。

（3）其他

① 煤炭工业西安工程造价管理站文件矿区煤西价字 (2013) 第 35 号“关于神华宁夏煤业集团有限责任公司煤炭建设项目初步设计概算地区价差综合调整系数的批复”。

② 地区材料价格参考 2017 年《宁夏工程造价》第 3 期；电缆和不足部分执行宁夏建设工程造价管理站发布的宁夏回族自治区计价定额《安装工程主要材料价格信息》的上、下册和市场询价。

③ 取费标准：参考煤规字【2011】第 72 号文颁发的《煤炭建设工程造价费用构成及计算标准》进行取定。

④ 依据集团公司技术委员会造价审查中心意见，概算安装工程取费执行煤规字 (2000) 第 48 号文颁发的《煤炭建设工程造价费用构成及计算标准》。

⑤ 预备费：按 4%计取。

（二）项目总投资

神华宁夏煤业集团公司麦垛山煤矿副立井回风余热直换供暖循环利用工程总投资概算为 2394.21 万元，其中：土建工程 34.91 万元，设备购置 1259.17 万元，安装工程 877.69 万元，其他基本建设费用 222.45 万元。

表 9-6 麦垛山煤矿锅炉脱硫除尘改造工程总概算

单位：万元

序号	生产环节或费用名称	估算价值						占总投资比重（%）
		建筑安装工程			设备及工器具购置	工程建设其他费用	合计	
		土建工程	安装工程	小计				
一	风—风换热供热	33.77	690.31	724.08	1155.56		1879.64	78.51
二	原有设备拆除	1.13	8.83	9.96			9.96	0.42
三	风—风换热供热配电		178.55	178.55	103.61		282.16	11.78
	小计	34.91	877.69	912.59	1259.17		2171.76	90.71
四	工程建设其他费用					222.45	222.45	9.29
五	基本预备费（6%）	此工程三个月之内完成						
	合计	34.91	877.69	912.59	1259.17	222.45	2394.21	100.00

二、运行费用分析

（一）基本参数：（根据矿方提供数据）

综合电价：0.53 元 / 度

水费：7.4 元 / 吨

氧化镁价格：800 元 / 吨

工资人均为 80000 元 /a

参照 2009 年颁发的《煤炭建设项目经济评价方法与参数》及《矿井原煤设计成本计算方法》，结合现行财务制度规定的成本开支范围，根据项目设计的方法以当地的人工、材料、电力等价格为基础，按成本费用要素进行计算正常生产年份的成本如下：

（二）成本费用

1. 燃料费

该工程无燃料费

2．水费

该工程不消耗水资源。

3．动力费

动力费主要指采暖期耗用的全部电力，其中运行电费 28.2 万元。

270 × 24 × 150 × 0.5 × 0.58=28.2 万元

风风换热系统功率 270kW，负荷率 0.5。

4．职工薪酬

人数为 2 人，一名为管理人员，年工资为：12 万元 / 年。

5．修理费

按设备及其安装工程固定资产的原值和提存率计算，设备的提存率为。经计算修理费为 5 万元 / 年。

6．其他支出

劳动保险费等：劳动保险费、待业保险费、工会经费与职工教育经费、住房公积金等按原煤设计成该工资的 53.65%计算。

7．折旧费

折旧年限按规定计算，煤炭地面工业建筑及构筑物为 40 年，其他设备为 20 年。

8．摊销费

无形资产及递延资产通过摊销进入成本中，按 10 年平均摊销计算。

序号	项目	年生产成本（万元）
1	燃料费用	0
2	水费	0
3	动力费	28.2
4	薪酬工资	12
5	修理费	5
6	其他支出	6.44
7	折旧	125.92
8	摊销费	22.25
9	总计	199.81

9．节能减排量

DSO2=38430 × 24 × 365 × 1085 × 10-9=454 吨 / 年

每年的 NO × 削减量为：

DNO × =38430 × 24 × 365 × 203 × 10-9=68.33 吨 / 年

由此可见，用回风余热换热系统代替燃煤锅炉后，在环保减排方面有非常突出的贡献。

总之，回风余热系统作为矿区特有的低温热源，不仅在运行费上较低，并且没有直接对环境造成任何污染，一次解决了环境污染防治的问题，是矿区目前理想的供热热源。

结束语

随着我国煤矿开采深度的加大，热害问题越来越严重，同时矿井热害也严重威胁着我国矿井产业的发展，有效防治热害，并不断创新供暖技术，寻求更安全更绿色环保的供暖方式，对于井下作业人员的身体健康和生命安全以及矿井的生产效率都有很大改善。只有正确认识矿井热害，正确处理与对待矿井高温问题，才能把高温危害降到最低，同时，我们也只有在实践中才能找到最为切实可行的应对措施，并对其进行有效防治。